大飞机出版工程

总主编　顾诵芬

机载软件适航标准教程

Research on Airborne Software Airworthiness Standards

郑　征　蔡　喁　申　岳　编著

内容提要

本书从理论和实践两个维度深入解读了民用飞机机载软件最具代表性的符合性方法RTCA DO-178C标准。作为机载软件的适航符合性方法,DO-178C标准在国内的应用方兴未艾。作者就该标准的相关内容和知识,结合目标、过程和数据,对DO-178C标准进行了系统性的解读。同时根据机载软件项目经验,对DO-178C标准在机载项目实施过程中出现的典型情况进行分析和总结。最后,通过与其他行业安全相关软件常用研制标准的对比,为研制单位在现有基础上快速建立满足DO-178C要求的软件研制体系提供参考。考虑到DO-178B与DO-178C标准将长期共存,除非强调DO-178B标准的典型差异,本书的内容也适用于DO-178B标准。

图书在版编目(CIP)数据

机载软件适航标准教程/郑征,蔡喁,申岳编著. —上海:上海交通大学出版社,2022.1
(大飞机出版工程)
ISBN 978-7-313-24134-4

Ⅰ.①机… Ⅱ.①郑… ②蔡… ③申… Ⅲ.①机载计算机—软件—适航性 Ⅳ.①V247.1

中国版本图书馆CIP数据核字(2022)第007590号

机载软件适航标准教程
JIZAI RUANJIAN SHIHANG BIAOZHUN JIAOCHENG

编　　著:郑　征　蔡　喁　申　岳
出版发行:上海交通大学出版社　　地　　址:上海市番禺路951号
邮政编码:200030　　电　　话:021-64071208
印　　制:上海盛通时代印刷有限公司　　经　　销:全国新华书店
开　　本:710 mm×1000 mm　1/16　　印　　张:19.25
字　　数:332千字
版　　次:2022年1月第1版　　印　　次:2022年1月第1次印刷
书　　号:ISBN 978-7-313-24134-4
定　　价:168.00元

再版前言

《机载软件适航标准 DO－178B/C 研究》一书出版至今已近十年。作为一本面向细分领域的专业图书，能得到广大读者的厚爱让我们始料未及。过去十年是我国民用飞机（简称“民机”）产业历史上值得记忆的机遇期。在此期间国内民机产业蓬勃发展，多个型号纷纷走下生产线甚至已经投入航线运行。在这些型号的合格审定中，不少国产高安全级别复杂系统按照民机标准也取得了批准。可以说国产民机机载软件的研制规模和能力均取得了跨越式发展，这其中与正确认识和解读适航关键工业标准，建立满足适航要求的研制过程，并最终克服“适航门槛”是分不开的。

与此同时，适航审查能力和实践水平也得到了极大提升。我国适航审查人员在对美国和欧洲的适航双边拓展、进口航空器适航审查等场合下地出色表现，特别是对国外项目审查中发现和纠正的软件缺陷和错误，再次印证了当前我们对 DO－178 系列标准理解是正确的，所采用的审查方法是有效的。

然而，软件是现代民机产业的关键基础，软件工程师团队一直是民机研发产业链中规模较大的技术团队。正因如此，软件标准和过程要求的任何变化将对产业界产生非常重要的影响。国外自 21 世纪之初启动 DO－178C 标准编制，到 2011 年标准颁布，再到 2017 年美国和欧洲的相关指导 DO－178C 标准使用的软件适航咨询通告的正式发布，经历了近 20 余年。我国很多研制单位也对 DO－178B 标准到 DO－178C 标准的转换表示了关注，特别是担心旧的标准尚未吃透而新的标准接踵而来，从而使当前机载项目的进度和成本变得不可控。为此本书继续沿用上一版针对 B 和 C 两个版本标准进行差异对比的基本框架，对 DO－178C 标准中不同于旧版本的要求进行重点描述，方便读者快速建立起对新旧版本的理解。

本书结合作者在国内外民机项目中的研究、研制、适航审定以及参加DO-178C系列标准编制的经验，向读者解读了DO-178C标准的由来、软件研制过程要求、标准的运用等重点问题。希望能够通过这些描述向读者揭示出DO-178C标准隐藏在其字面下的实际要求，帮助工业部门理解DO-178C标准对软件生命周期过程各项目标、活动和数据要求的真正含义，最终研发出符合国内外适航要求的机载软件产品。本书相比上一版主要对以下部分进行了更新：

(1) 全文以DO-178C标准为基准，并充分兼顾DO-178B标准，标识出了明显存在差异的目标或要求。

(2) 第1、2、3章对第一版的内容进行了小规模完善，例如增加了过程保证与层次化方法的论述、补充了DO-178C标准新变化等章节的内容。

(3) 第5章对DO-178C标准的目标解析进行了解读上的更新。

(4) 第6章对内容进行了统筹考虑，调整了原先第7章中应属于附加考虑的章节和内容。

(5) 第7章增加了对软件研制单位在应用DO-178B/C标准过程中的常见问题的说明。

最后，根据我国开展适航审定30余年来的经验看出，适航不仅仅是一个保证公众安全的市场准入机制，相关标准也不仅仅是给研制单位提出的一场过关考试，适航经验和标准实际上是国外先进民机研制单位数十年研发和管理经验的总结。深入理解和掌握适航相关标准对国内研制单位构建和建立自己的成熟体系，减少弯路同样具有非常重要的作用。

本书立足于对标准的解读和解析，定位于机载软件适航领域的入门教材，很多在软件研制和表明适航符合性过程中较为深入的难点问题将在后续时间与读者见面探讨。同时，由于作者时间仓促、水平有限，书中难免存在疏漏和错误，欢迎大家提出宝贵意见。

编著者

前　言

随着现代电子计算机技术在民用飞机(简称“民机”)中的大规模使用,机载软件在民机中承担着日益重要的角色。当今的民机机载软件广泛分布在飞控、液压能源、环控、舱门和起落架、动力装置、防火、电源、照明系统以及几乎全部的航空电子系统中。机载软件不仅存储和处理大量对安全飞行至关重要的数据,还能辅助飞行人员进行逻辑判断、引导飞机进入正确的航线乃至直接控制飞机的飞行。正如许多其他工业领域内使用的软件一样,合格的计算机软件能够满足设计要求并且能在几乎无须维护的情况下长时间无故障运行;存在缺陷的软件则可能直接影响飞机和乘客的安全,并且通常很难发现、定位和修改。

长期以来,人们在研制民机和机载系统的过程中总结出了一套确保民机安全性的民机适航法规、规章和标准。这些适航法规、规章和标准的引入,使得发达国家民机及其机载系统的安全性水平稳步提高。其中,美国航空无线电委员会(RTCA)于2011年出版的DO-178C文件便是使用最为广泛的民机机载软件适航标准。考虑到机载软件已经渗透到飞机中几乎全部的系统中,可以毫不夸张地认为,DO-178C标准是当今民机研制过程中最为重要的基础符合性方法之一。

然而,由于DO-178C标准主要基于欧美等发达国家的机载软件研制实践经验编写,因此与我国航空工业的实际情况存在较大差异,并且标准本身为能适用于不同研制环境下的机载软件开发项目,有些要求看上去似乎太过笼统或者距离实际运用要求相去甚远。这些问题长期困扰着我国航空工业和适航管理部门。

本书结合作者在国内外民机项目中的研制、适航审定以及参加 DO-178C 系列标准编制的经验，向读者解读了 DO-178C 标准的由来、软件研制过程要求、标准的运用等重点问题。希望能够通过这些描述向读者揭示出 DO-178C 标准隐藏在其字面下的实际要求，帮助工业部门理解 DO-178C 标准对软件生命周期过程各项目标、活动和数据要求的真正含义，最终生产出符合国内外适航要求的机载软件产品。

本书共计 10 章，其中：

第 1—3 章，主要介绍 DO-178C 的背景和基础。

第 4—5 章，重点讲解 DO-178C 所要求的软件生命周期过程。通过逐条对这些过程的目标进行分析，解释了它们与过程的另外两个基本要素（即“活动”和“数据”）之间的关系。

第 6—7 章，结合作者的心得体会，对标准使用过程中可能遇到的典型问题进行了讨论。

第 8—9 章，考虑到我国工业部门许多院所在军用飞机、交通运输等领域有着丰富的软件研发经验，熟悉相关领域的标准。为更快的让读者掌握 DO-178C 标准，我们对 DO-178C 的关联标准和相似标准进行了对比分析。

第 10 章，为全书的总结。

在本书的附录部分分别提供了常用机载软件术语中英文对照、软件生命周期目标矩阵表等，并结合案例介绍了软件审定计划的编写方法，以方便读者在实际工作中参考。

本书是适航审定工作和学术研究工作相结合的产物，编写工作得到了中国民用航空上海航空器适航审定中心及北京航空航天大学等单位的大力支持。民航上海航空器适航审定中心的欧阳旭坡副主任和王泽新主任共同编写了本书第 2 章的大部分内容，从全机级和系统级的高度阐述了航空器机载系统适航管理的原理和现状。此外，由中国商用飞机有限责任公司的孙景华女士完成的“中英文术语对照表”（详见本书附录 B）为在民机机载软件领域使用统一的术语进行交流提供了可能。同时，特别感谢北京航空航天大学的郝鹏同学和朱悦妮同学，他们在繁忙的学习和研究工作之余，帮助进行了大量的文字整理、图表绘制、校对和编排工作并提出了大量宝贵的建议。

由于作者时间仓促、水平有限，因此书中难免存在疏漏和错误，欢迎大家提出宝贵意见。

目　　录

1 绪 论

作为航空电子设备的“大脑”——机载软件，它的产品质量不仅影响系统和设备本身的功能、性能，甚至会危及飞机的安全性。因此，系统和设备制造商、飞机制造商和适航管理部门都十分关注机载软件的质量控制。RTCA DO-178B/C 标准(以下将以 DO-178C 为说明基准，并简称 DO-178C)就是为适应这一要求并经过十多年实践检验的适航指导性文件。DO-178C 是针对民用航空机载软件的开发和适航认证所制定的标准，它面向不同等级的软件，定义了一系列的目标、针对这些目标的验证独立性要求、实现这些目标所应提供的生命周期数据证据，并定义了这些数据的构型控制类别。

对于民用飞机来说，机载软件通常通过 DO-178C 来表明其对民用航空规章的符合性。判别是否可以通过适航认证的一个根本依据是，针对软件的等级，检查软件的研制过程是不是满足了标准所规定的目标(及其独立性、控制类别等)。例如，对于 A 级的软件来说，DO-178C 中所规定的 71 个目标必须完全达到，缺一不可。除此之外，DO-178C 对于军用飞机航空电子设备的软件质量控制也同样有借鉴作用。虽然当前不同的国家应用不同的标准，但是许多军用飞机的机载软件开始根据 DO-178C 进行符合性审查，比较典型的有美国、法国、俄罗斯和中国。

DO-178C 的目的是为机载软件的研制提供指南，保证其按照适航要求的安全性实现预期功能，其主要包括三个方面的内容：

(1) 各软件生命周期过程中所要达到的目标。

(2) 为达到目标实施的工作和设计考虑及指导。

(3) 表明目标已被满足的证据。

本章将从机载软件和 DO-178 系列标准的发展和概述两个方面对 DO-178B 和 DO-178C 的相关背景进行介绍，主要目的是说明该标准的应用对象、涉及领域及演化历史，从而为后续知识的介绍打下基础。

1.1 机载软件

1.1.1 机载计算机

机载计算机在现代飞机各组成部分中占有举足轻重的位置，是现代航空电子系统的基础和核心，其研制、生产和应用水平已成为衡量飞机先进性的重要标志。机载计算机通常是飞机上各种计算机的总称，包括导航计算机、大气数据计算机、飞行控制计算机、任务计算机、雷达信号/数据处理机、显示控制处理机和通用综合处理机等。

机载计算机系统完成飞行的数据采集、信息处理和指挥控制任务。根据飞机各子系统的应用分工，具体包括航电系统功能（如导航、飞行管理等）、飞控系统、机电系统（液压、环控）等任务系统。相比一般计算机，机载计算机系统具有更高的要求，具体表现在如下几点：

(1) 抗恶劣性强：如能在较大的温度变化范围内（根据预期的飞行高度在－55℃～＋85℃范围内选择），冲击过载达 20 g，以及振动、潮湿、盐雾、电磁干扰、空间粒子辐射等条件下工作，为此要采用经过严格筛选的元器件。

(2) 可靠性高、可维修性好、性能稳定：现代飞机价格昂贵，在飞行中无法维修，计算机一旦失效，后果严重。为保证其工作可靠，除采用高可靠性器件以外，还须采用余度技术、自检测和监控技术。用多台机载计算机构成同构或者异构的计算机系统，并且能自动检测诊断、故障，重构计算机系统，保持系统总体能正常工作。

(3) 实时性强：飞机速度快，飞行环境和飞机姿态也瞬息多变，因此飞机上的计算机应当能够实时地采集数据进行运算，实施控制。它的数据采样间隔时间一般仅为几毫秒至几十毫秒，计算周期等于采样间隔时间或是它的几倍。这样的时间性能要求需要机载软件有及时的响应能力和处理能力。

(4) 体积小、重量轻、功耗低：现代飞机所用微机多以大规模或超大规模集成芯片的中央处理器（central processing unit，CPU）为核心，采用单片微机和二次集成微机。互补金属化物半导体（Complementary Metal - Oxide - Semiconcluctor，CMOS）集成芯片功耗低、可靠性高，是现代机载电子计算机较理想的元器件。

1.1.2 机载软件的重要性

机载软件系统是机载计算机的大脑。机载软件主要分为两类：系统软件

(也称“软件平台”)和应用软件。系统软件管理机载计算机本身及应用程序,应用软件最终控制各机载设备实现各种功能。系统软件、应用软件和机载计算机硬件一起就构成了嵌入式计算机系统。系统软件是指建立在机载计算机(或称“目标计算机”)硬件平台上,支持相应机载设备应用软件运行的软件层,包括软件运行平台和软件开发平台两部分。其中软件运行平台主要指嵌入式实时操作系统,是机载软件的核心;而软件开发平台则支持应用软件的开发。

可以毫不夸张地说,现代飞机每一个动作的完成都离不开机载软件的支持,驾驶员的每一个意图也必须依靠机载软件才能实现。同时,机载软件还有一个明显的发展趋势,那就是它所完成的功能将越来越多。以美国军用飞机的发展为例,第二代战斗机 F-111 的航电系统,20%的功能是通过软件实现的;第三代战斗机 F-16,这个比例达到 40%;到最先进的第四代战斗机 F-22 中,航电系统功能中竟有 80%是通过软件实现的。机载软件的规模呈超几何级数增长,如美国 F-106 战斗机的早期型号仅装备 1 台计算机,其作战飞行程序为 4 K,占据了计算机存储器容量的绝大部分;F-111D 战斗机的作战飞行程序约 51 K;F-16 战斗机早期型号(F-16A)的作战飞行程序为 128 K;20 世纪 70 年代末舰载 F/A-18 战斗机的作战飞行程序则增加到约 700 K;F-22 战斗机机载软件的规模已达到 170 多万条语句。F-35 的代码量是 F-22 软件代码量的 4 倍多,达到了惊人的 800 万条语句。

20 世纪 80 年代以来,飞机设计明显从以硬件为基础的解决方案向以软件为基础的解决方案转变。航空电子综合系统在现代飞机中所占比重不断上升,已由电子机械密集型向软件密集型过渡,软件规模大幅度增长。其主要原因在于:系统功能扩大,由此要求更复杂的软件;硬件和软件在功能分配上有很大转移,软件在系统功能中所占的比重已从 10%上升到 50%甚至更多;由于使用环境日趋复杂,驾驶员的负荷接近饱和,因此希望通过软件来改善人机接口。

1.1.3 机载软件体系结构

机载软件是飞行中自动控制与管理的实现者,是飞机工作的灵魂。目前对其任务的描述,基本上分为两类,即面向飞行任务处理的功能(由主计算机承担,同时负责总线的管理)和面向传感器任务处理的功能(由子系统计算机完成)。

每一台计算机仅执行有针对性的任务,如对某些物理量的测量数据进行转换和处理。在总线控制器的控制驱动下,各子系统的数据通过总线实现共享,并由主计算机获取相关信息,完成面向飞行任务的计算与处理并向驾驶员提供关键信息的显示。

当不同类型的飞机承担不同的任务时，航空电子综合系统所承担的责任各不相同，它所包含的子系统数量和类型也可能有多有少，因此飞行任务和传感器任务的界限可能是模糊的，这表现在飞行任务处理的功能可能有大有小。但是，从基本的功能出发，依照对飞行安全的要求，飞行任务可以分为四类，即飞行的基本任务、系统与驾驶员接口的人机工程任务、导航任务和航线服务任务。如果系统规模达到对单个主计算机难以承担的程度，则系统设计中可以将上述任务的一部分分配到合适的子系统管理计算机中，用多层总线的拓扑结构完成系统功能。飞行任务细述如下：

(1) 基本的飞行任务：由维持飞机安全飞行的子系统组成的任务，如关系到飞行安全的飞行控制系统和环境控制系统。

(2) 人机工程任务：包括直接与驾驶员接口的系统和功能，如与提供系统控制能力的总线控制器紧密联系的座舱控制和显示功能。

(3) 导航任务：决定飞行的当前位置和指引飞机飞向何处的功能。

(4) 航线服务任务：包括客货舱运营所必需的功能，旅客服务和支持航线运行所必需的任务等。

安全性设计是软件设计的重要环节，尤其对于机载软件而言，它的输出会直接或间接地影响硬件的运行，其重要性不言而喻。但是，在进行安全性工作时却遇到许多实际的困难，诸如设计手段不规范、没有明确的验证方法和有效的评估数据、无法准确评估软件中错误的数量等。尽管如此，软件界还是达成了共识，即软件的质量更主要靠过程(包括规范设计、严格管理等)来保障。增加过程控制虽然会增加一定的工作量，但确实是目前最可行、可信的手段。这就要求我们转变传统的设计观念，软件作为一种高度复杂的智能产品，是无法仅靠各种测试和老化试验等硬件测试手段来保障质量的。

因此，机载软件研制过程管理是飞机型号研制的必然趋势。应将软件开发和管理过程看作是矛盾的对立与统一，过分强调软件的特殊性而忽视软硬件过程管理的诸多共性，会使许多概念难以理解和把握，阻碍型号软件过程管理的有效实施；简单地将软件工程与传统的硬件工程同等对待，忽视软件本身的特点和难点，也难以满足型号软件的质量、进度、成本和过程管理的要求。所以必须制定系统化、规范化的软件管理措施，对型号软件的开发和生命周期实施过程管理，从而确保飞机型号系统安全、可靠地完成规定的任务。同时，只有将机载软件作为产品对待，才能实现对其实施有效的过程管理，也才能从根本上解决目前飞机型号研制中不断出现的问题。

1.2 RTCA DO－178C 发展概述

20 世纪 70 年代末期，数字式计算机在飞机设备和系统中的应用迅猛增加，这一事实表明，在如何使用这些设备和系统并满足管理当局的合格审定要求方面，需要提供指导性文件。由美国航空无线电技术委员会（Radio Technical Commission for Aeronautics，RTCA）执行委员会成立的特设委员会发现，在现有的 RTCA 最低性能标准（minimum performance standard，MPS）和美国联邦航空局（Federal Aviation Adiminstration，FAA）的技术标准规定（Technical Standard Order，TSO）充分概括了系统及设备合格审定所必需的功能和性能要求的情况下，审定过程对软件提出的要求还需要另外的指导性文件。该委员会建议，RTCA 成立一个特别委员会，研究制定软件规则，来支持以软件为基础的设备和系统的合格审定。

1980 年 5 月，RTCA 成立了 SC－145 特别委员会“数字航空软件”来开发和编制软件实践指南，用于支持基于软件的机载系统和设备的开发。欧洲民用航空电子组织，即现在的欧洲民用航空设备组织（European Organization for Civil Aviation Equipment，EUROCAE），早就成立了 WG－12 工作组来编制类似文件，并在 1980 年 10 月出版了 ED－35 文件《机载系统软件实践和文档编制的建议》。考虑到民用飞机设计和制造越来越呈现国际多元合作的格局，建立统一的国际标准有利于相关研制和取证工作的开展。EUROCAE 最终没有出版该文档，而是与 RTCA 合作开发了一套通用指南。SC－145 编制的 RTCA DO－178《机载系统和设备合格审定中的软件考虑》通过了 RTCA 执行委员会的批准，并于 1982 年 1 月出版。之后不久，EUROCAE 出版了 ED－12。DO－178 和 ED－12 标准的内容完全一致，仅在欧美两方具体使用时分别应用对应的文件编号而已。本书其他章节将采用美国的文件标题即“DO－178”来描述这一系列的工业标准。

1983 年初，RTCA 执行委员会决定修订 DO－178 文件，在文档中反映安装了含机载软件的设备的飞机和发动机在合格审定中获取的经验。为此，专门成立了 SC－152 特别委员会。

经过该委员会的努力，一个修订的 RTCA 文件，DO－178A《机载系统和设备合格审定中的软件考虑》于 1985 年出版。之后不久，EUROCAE 出版了 ED－12A。同样，它与 DO－178A 在技术内容上是相同的。

文件 DO－178A 的 1.0、2.0、3.0 与 DO－178 相应章节的内容基本相似，后面各章节按需要进行了修改，从而表现出了较大的差别。在必要的地方增加了一些修改说明。4.0 的术语汇编与 DO－178 的相应章节相比，内容更加简明，删去了该文件中未使用的术语。DO－178A 中的 5.0 与 DO－178 不同，文件中进行了重要更改，放宽了 DO－178 中软件验证的工作等级(level of efforts)与功能危急程度等级之间的严格关系。DO－178A 叙述了一个更灵活的方法，使得系统设计技术有可能对已知功能危急程度的软件验证工作产生影响。这一较大的灵活性对系统的设计者，尤其是对关键等级的设计者帮助极大。DO－178A 的 6.0 采用了新的标题，该标题强调了其内容的性质为“指导准则”，而不是“需求”的意思。引言一节概述了本章内容，并且用图描绘了软件的开发和验证过程，强调了该过程的反馈路径和活动的重叠性。对介绍的验证活动的各段落进行了修改，并对增加的测试覆盖范围的概念进行了描述，包括以需求为基础和软件结构为基础的测试及与它们有关的覆盖范围分析。验证保证矩阵表指出了每一个软件等级所需要的保证条件，该表取代了 DO－178 中的验证和确认危急程度矩阵表。增加了支援软件工具可用于简化验证过程的概念，并且对系统确认和环境测试各阶段进行了更改，使其仅包括软件因素，而不涉及总系统。DO－178A 对 7.0 和 8.0 没有进行重大修改，但有一些更改重点概述如下：

(1) 软件质量保证和软件配置管理已分开叙述。

(2) 详述了软件质量保证所研究的内容。

(3) 增加了配置审查一段。

(4) 在文档方面有以下不同：

a. 对要求交付的文档已经进行了修改。

b. 增加了一个新文档“合格审定中软件方面的计划”。

c. 对“完成概要”给以较大的突出，并对其内容进行了更改。

d. 对文档内容进行了修改。

e. 删除了图 8－2。

总的来说，DO－178A 与 DO－178 相比较，只是部分内容作了适当调整，但基本结构不变，内容也仍是以需求为主。在 FAA 的技术标准规定中有明确规定，凡是以数字计算机为基础的机载电子设备，其软件部分的适航合格审定必须以该文件为指导准则。此外，DO－178A 还可以用来支持原始型号和补充型号的适航合格审定，并且对设备的使用和维护，对设备在整个生命周期内的修改，以及修改后的重新合格审定，都起着重要的指导作用。

DO－178A 标准在国际范围内获得了相对广泛的认可。自从 1985 年 DO－178A 出版以来，世界上所有的航空器制造商、航空电子工业及合格审定机构均将 DO－178A 或等效的 EUROCAE ED－12A 作为确定带有软件的系统和设备的可接受性的主要指南。自 DO－178A 发布以来，航空机载软件技术又有了突飞猛进的发展，如许多软件模块已发展成标准的商用模块，软件的验证和测试技术不断提高，以需求为主体的 DO－178A 已不能满足软件发展的需要。然而，SC－152 并未预料到软件技术如此迅速的发展，软件技术的迅猛发展以及一些关键场合的不同解释，都显示需要对该指南进行修订。为此，早在 1989 年初，FAA 正式要求 RTCA 成立一个特别委员会对 DO－178A 进行修改。为此，RTCA 与美国航空无线电公司（Aeronautical Radio, Incorporated, ARINC）、航空驾驶员协会、国家商务飞机协会、运输协会和 FAA 等机构的代表协商后，专门成立 SC－167 委员会，又经过近三年的努力，于 1992 年 12 月发布了 DO－178B。它对 DO－178A 进行了脱胎换骨的改写，还在编制时吸取了硬件评估的技术和经验，特别是有关可靠性评估技术中所采用的方法。FAA 于 1993 年 11 月以咨询通告 AC20－115B 的形式推荐了 DO－178B，用于建立一套开发人员、安装人员和用户在使用计算机技术设计航空系统及设备时都应遵循的软件要求，同时撤销 RTCA DO－178A。该标准也就是当前在航空业界所应用的版本，无论是 FAA 还是欧洲联合航空局（Joint Aviation Authorities, JAA）都将 DO－178B 作为机载软件开发的标准。

需要注意的是，软件工程标准的类型有很多，其中包括过程标准（如方法、技术、度量等）、产品标准（如需求、设计、部件、描述、计划、报告等）、专业标准（如职别、道德标准、认证、特许、课程等）、记法标准（如术语、表示法、语言等）。DO－178B 属于过程管理标准，类似的标准还有很多，例如 GJB 5000A、ESA PSS－05－0、IEC 61508－3、IEC 50128、MIL－STD－498。要想深入地掌握 DO－178B，需要将 DO－178B 与相关软件标准进行比较分析。更多的关于标准比较分析内容可参考本书第 9 章。

自 1992 年以来，全球的航空业和合格审定机构已经将 DO－178B/ED－12B 的考虑因素用作机载系统和设备合格审定中软件批准的适航性符合验证方法。在 DO－178B/ED－12B 的运用中获取了一定经验，同时也产生了一系列与文件内容和应用相关的问题。SC－190/WG－52 在编制 DO－248B/ED－94B 时解决了其中的一些问题。然而，DO－248B/ED－94B 不包括将其用作符合性方法的额外指导意见，仅仅是进行了阐述。另外，硬件和软件技术的发展产生了软件开发方法，也产生了一些问题，这些问题在 DO－178B/ED－12B 或 DO－248B/ED－94B 中没有明确的解释。本书的第 7.2 节讨论了应用过程中可能会遇到的对标准的偏离情况，可供参考。

2004 年，FAA 和航空业代表发起了与 RTCA 的关于 2002 年以来软件技术发展的讨论。之后，RTCA 指定专门的软件委员会对这个问题进行了评估，确定需要根据技术进步改进指导意见。这个专门的软件委员会包括了欧洲专家，他们向 RTCA 建议成立专门的委员会解决这些问题。2004 年 12 月，RTCA 和 EUROCAE 批准了该联合委员会/工作组的成立，即第 205 特别委员会/第 71 工作组（SC－205/WG－71）。SC－205/WG－71 联合委员会于 2005 年 3 月第一次召开联合会议，此后每年两到三次定期召开联合会议来商讨和修订 DO－178B，编制新的文件 DO－178C。新的 DO－178C 标准于 2011 年 12 月正式颁布。与它一同颁布的还有 DO－248C、DO－330、DO－331、DO－332、DO－333 这些相关标准或附加标准，涵盖了机载软件、软件工具、基于模型的开发、面向对象技术的使用以及形式化技术等近年来较为常见的机载软件技术领域。需要说明的是，根据民航适航审定的通常惯例。DO－178C 系列标准并不强制提供追溯要求。也就是说在 2011 年 12 月前申请适航审定（以申请书为准）的机载软件项目通常并不强制申请人采用 DO－178C 系列标准的要求。而对于 2011 年 12 月后提交审定的项目，需要看申请国局方对新标准的接受情况而定。

DO－178C 继承了 DO－178B 的核心文件、原则和过程，同时增加高层次建模的支持、面向对象编程和形式化方法，强调从需求到代码的双向可追溯性。DO－178C 还提供了一个工具鉴定标准文件，以证明用于建模、面向对象编程和形式化方法的工具具有与其作用相称的置信度。

1.3 本章小结

本章着重介绍了机载计算机的特性和软件的重要性，在此基础上引入了适航标准 DO－178C 的介绍。由于 DO－178C 存在大量机载软件，因此其应用将广泛存在于飞机、发动机、技术标准规定的设备中。在此读者能够清楚机载软件适航标准对机载软件具有符合性要求即可。

2　相关知识概述

2.1　适航及民用航空器安全性

适航是适航性的简称，它是民用航空器（aircraft）表征其安全属性的专用名词，具体含义是：民用航空器的适航性是指该航空器包括其部件及子系统整体性能和操纵性能在预期的环境和使用限制下的安全性和物理完整性的一种品质。这种品质要求航空器应始终处于保持符合其型号设计和始终处于安全运行状态。

对于满足中国技术标准规定（Chinese Technical Standard Order，CTSO）、零部件制造人批准书（parts manufacture approval，PMA）要求的产品，如发动机、螺旋桨等需取得适航证的产品，由于不是终端使用，有时是不能通过对这些产品的直接判定确定安全性，即必须安装到飞机才能判定安全性。但是，由于可以通过取得相应的适航证来确定其安全性，因此它是具备适航性的，即物理完整性。

民用航空器产品始终追求安全性、经济性、舒适性和环保性，安全性是基础和前提。民用航空器产品的安全性在设计（制造）时赋予并在使用（维修）时体现，是通过政府管理（适航当局）活动，制造商设计、制造和服务活动，民用航空产品使用（承运人）活动所共同创造的。

2.1.1　适航标准

适航标准是政府相关管理部门颁布的一类特殊的航空器产品技术性标准，它规定了民用航空器适航性的设计要求以及设计准则，体现了基于公众利益、用户和产品制造商可以接受的产品安全标准，并以公众利益为主。通常可以认为适航标准规定了民用航空器产品的最低安全标准，因此尽管适航标准不作为民用航空器的设计目标，却是设计的最低要求，不允许任何偏离。

典型的适航标准有运输类飞机适航标准（CCAR－25），正常类、实用类、特技类和通勤类飞机适航规定(CCAR-23),正常类旋翼航空器适航规定(CCAR-27),运输类旋翼航空器适航规定(CCAR-29),航空发动机适航规定(CCAR-33),螺旋桨适航标准(CCAR-35),民用航空器机载设备技术标准等。世界各主要航空器制造国都颁布自己的民用航空器适航标准,事实上各国的适航标准均存在差异,但基于民用航空器的跨国使用等特征及国际交往的现实,在国际民航组织(International Civil Aviation Organization, ICAO)的协调下,各国的民用航空器适航标准均遵守 ICAO 附件 6 的相关要求,体现了某种程度的相似和类同。

适航标准的制定和修订与民用航空器制造技术水平的发展和民用航空器的使用水平紧密相关。目前适航标准的制定和修订主要以美国和欧洲为主,为维持民用航空产品的安全水平并降低产品制造商和政府管理的负担,美国和欧洲的适航当局在尽可能协调的基础上,修订并颁布各自的适航标准并体现出非常接近一致的相关要求。

现行的适航标准是人类民用航空事业近百年来所积累的无形的知识财产。

2.1.2 适航管理

民用航空器的适航管理以保障民用航空器的安全性为目标,是政府适航当局在制定的各种最低产品安全标准的基础上,对民用航空器的设计、制造、使用和维修等环节进行科学统一的审查、鉴定、监督和管理。可相对分为两大类管理:一类是初始适航管理,另一类是持续适航管理。

适航管理的特点主要反映在以下几个方面,即权威性或法规性、国际性、完整性和统一性以及动态发展性。具体的适航管理工作如下:

(1) 立法、定标:制定颁布各种与安全有关的技术和管理的适航标准、规章、规则、指令和通告等,构建产品安全要求。

(2) 颁发适航证件:在民用航空器的研制、使用和维修过程中,通过依法的适航审定和颁发各种适航证件的手段来检验适航标准要求的符合性,是产品进入市场的合法资格凭证。

(3) 监督检查:通过颁证前的合格审定和颁证后的监督检查,促使从事民用航空产品设计、制造、使用和维修的单位和个人始终自觉地满足适航标准、规定的要求。

典型的适航管理活动有民用航空器设计的型号合格审定、民用航空器制造的生产许可审定、民用航空器的持续适航管理等。

2.1.3 适航技术和符合性方法

民用航空器产品的安全性实现本身就需要安全性技术，这些安全性技术还要求从属于适航要求才能在产品上得到具体应用。民用航空器必须在产品生命周期内满足相应的适航标准和要求，以确保产品的适航性和安全性，其首要环节是产品的型号设计符合规定的适航标准。民用航空产品设计符合适航标准的取证的途径和方法如下：

(1) 按规定的适航标准设计。根据产品的类别及预期的使用(环境)，选择适用的适航规章并作为设计需求；根据产品的设计特征，尤其是新颖独特设计，确定专用的或等效的(豁免)适航设计要求(安全设计指标)。

(2) 设计满足适航标准的产品。将适航标准(适航要求)作为设计需求，对适航标准(要求)进行分析(工程要求定义)，并完成从系统层、子系统层到部件层(或软硬件层)的适航要求的分解和分配，实现硬件和软件的设计(结构、安装的设计)，用系统工程确认及验证(validation and verification, V&V)过程保证适航标准的落实和符合性验证。

(3) 举证并表明完成的设计满足适航标准。为取得型号合格证件的法律活动，即收集、整理相关设计过程文件和设计文件，以及有关声明，以合适的方式表达。

民用航空产品适航审定过程通常可理解为概念设计、要求确定、符合性计划制订、计划实施以及颁发型号合格证后的证后阶段等5个阶段。对局方从事适航审定的人员，在适航审定中的技术层面工作主要是适航标准要求确定、评估和批准包括验证试验大纲在内的技术文件和做出符合性判定。

因此，无论是民用航空器的适航管理活动还是产品开发活动，都存在确定的适航技术。通常意义上存在三类适航技术：

(1) 适航标准确定或安全性指标和要求确定的技术：事故及案例分析及安全特征提取、新颖独特设计安全(适航)设计要求、专项试验(如燃烧、坠撞)设计及参数或指标确定、机队运行数据收集与特征提取、新技术应用，特别是成熟、先进工业标准的引用或裁剪技术等。

(2) 满足适航标准或要求的工程设计技术：适航标准或适航要求的工程定义或工程需求定义设计技术、系统架构分析与设计技术、系统安全性分析技术、备份或冗余设计技术、在线故障诊断及容错设计技术、系统工程技术、结构设计技术、载荷设计技术、强度设计技术、颤振设计技术、系统生存环境(空间及区域)

设计技术、隔离与保护设计技术、特殊风险分析与防范设计技术、维修与保障性设计技术、设计过程保证技术、软硬件设计技术、人机界面(human machine interface, HMI)设计技术、噪声抑制或控制设计技术等。

(3) 满足适航标准或要求的验证技术:系统安全性分析技术、各种平台(台架、模拟机、风洞及飞机)测试与试验技术、试验件和试验装置及试验环境设计技术、计算与分析技术(有限元、流体、运动轨迹、仿真)、工程检验技术等。

适航标准的符合性方法(means of compliance, MOC)通常有说明、检查、计算、分析、测试和试验等,对一个具体或复杂的民用航空产品,适航的符合性需要使用多种符合性方法。为体现适航标准的权威性、公正性和客观性,适航当局通过系列适航文件提出对适航标准的正确理解和可接受的符合性方法。适航技术与符合性验证方法的有机结合,可以构成适航标准及符合性方法的文件体系(见图 2.1)。该文件体系中常常会引用或认可相关的工业标准等,以补充和完善适航标准的理解和执行,为满足相关的适航要求提供清晰的、客观的并具备丰富工业实践经验的方法和实施要素,典型的如 DO-178C、DO-254 等 RTCA 及其他标准,这些标准也在民机航空产品实践中称为适航标准,相对 2.1.1 节所提适航标准,可以认为它们是一种广义的适航标准。

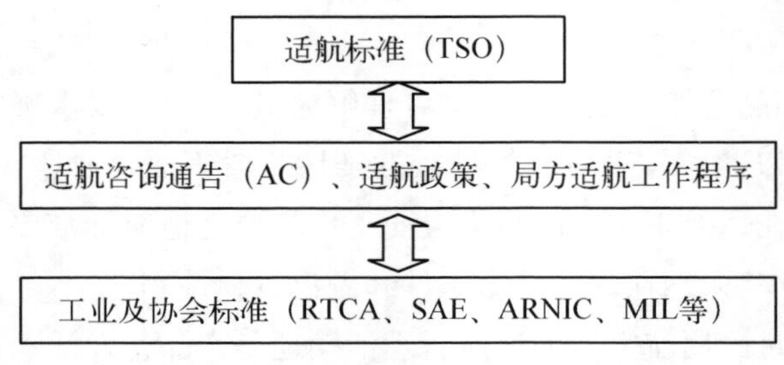

图 2.1 适航标准及符合性方法文件体系

遵循 DO-178C 标准进行软件质量控制主要属于适航性生产控制中的软件质量控制范畴。

适航符合性验证是为了保障民用航空活动安全,采用不同的说明和验证方法获得所需的证据资料向审查方表明产品对于适航条款的符合性,只有全面完成符合性验证才能取得民航适航证,只有取得各类适航证的产品才能合法进入市场。

符合性验证是指采用各种验证手段,以验证的结果证明所验证的对象是否满足民机适航条例的要求,检查验证对象与适航条例的符合程度,它贯穿民机研制的全过程。适航符合性验证的基础就是审定基础，即民机型号设计适用的适航条款(包括豁免条款的考虑)以及为该型号设计增加的专用条件。

在民机型号审查过程中，为了获得所需的证据资料以向审查方表明产品对于适航条款的符合性，需要采用不同的方法进行说明和验证，这些方法统称为符合性验证方法。

常用的符合性验证方法可根据实施的符合性工作的形式分为 4 大类：工程评审，试验，检查，设备鉴定。

根据这 4 大类方法再具体进行细化，最终形成了常用的、经实践检验的、适航部门认可的 10 种符合性验证方法(见表 2.1)。

表 2.1 适航符合性验证方法

符合性工作	方法编码	符合性验证方法	相应的文件
工程评审	MOC0	符合性声明： 引述型号设计文件 公式、系数的选择 定义	型号设计文件 符合性记录单
	MOC1	说明性文件	说明、图纸、技术文件
	MOC2	分析/计算	综合性说明和验证报告
	MOC3	安全评估	安全性分析
试验	MOC4	试验室试验	试验任务书 试验大纲 试验报告 试验结果分析
	MOC5	地面试验	
	MOC6	试飞	
	MOC8	模拟器试验	
检查	MOC7	航空器检查	观察/检查报告 制造符合性检查记录
设备鉴定	MOC9	设备符合性	见“注”

注：设备鉴定过程可能包括前面所有的符合性验证方法。

各种符合性验证的方法可以叠加使用，对于复杂的条款，对于同一验证的对象可采用几种验证方法叠加验证其符合性，只要是在实践中可行的、适航部门认可的符合性验证方法都可以采用。DO-178C 中定义的符合性工作可以认为是设备鉴定(MOC9)中的方法之一。因此，DO-178C 适用于型号合格证、补充型号合格证、型号认可证、改装设计批准书、补充型号认可证、技术标准规定项目批准书、零部件设计批准认可证的审定过程中对系统和设备中包含软件的审定科目。

2.2 机载设备的技术标准

早期机载设备的TSO一般是根据航空事故和事件的调查情况，为了规范和确保某一机载设备必须达到相应的最低性能要求而制定颁发的。后来随着航空工业技术的不断发展和日趋成熟，TSO的颁发在满足了原有目的的基础上，更多地兼顾了适应航空工业发展和取证方便等方面的要求。目前，为了保证我国颁发的每个机载设备的CTSO的技术标准与当前比较公认的国际标准相一致，CTSO主要是参照美国FAA相关的TSO颁发，两者规定和要求的主要技术内容基本上没有差异。中国民航目前正式颁发生效的CTSO有48项，此外，申请人还可以依据中国民用航空技术标准规定汇总AC-37-1中用来作为参考和引用的83个CTSO。可通过中国民用航空安全信息网查阅最新的技术标准。

每个机载设备的TSO中规定的主要内容一般包括：

(1) 目的：概括叙述本TSO的目标，早期颁发的TSO有些可能无此部分内容。

(2) 适用范围：具体适用的设备类型，对以往设备的追溯要求以及与更早的适航要求的关系等。早期颁发的TSO有些将其和要求一起阐述。

(3) 要求：设备的最低性能标准、环境标准、软件标准和硬件标准等。

(4) 标识要求：指在满足CCAR-21有关规定要求之外本设备需要特别标识的项目。

(5) 申请材料要求：CCAR-21有关规定要求的向相关审定部门提交的材料要求，以及本设备额外需要提供的材料。

其中的要求部分是每个TSO中对相关机载设备核心技术要求做出具体规定的部分，是对该机载设备在使用功能、操作性能、环境条件、安装特性、软件和复杂硬件研制等方面的具体技术要求。早期的TSO中这部分的技术内容比较多的是由FAA自己制定，但随着航空工业的快速发展，各种工业标准日趋成熟和规范，特别是1980年9月FAR-37取消后，TSO不再具有条例的地位，FAA开始更多地引用工业界成熟的技术标准来作为TSO的核心技术要求内容。这样既降低和缩短了TSO制定的成本和周期，又很好地适应了航空工业的发展需要。目前，TSO中引用的工业技术标准主要取自：美国汽车工程师学会(Society of Automotive Engineers, SAE)标准、美国航空无线电技术委员会

(RTCA)标准、美国国家航空航天局(National Aeronautics and Space Administration, NASA)标准等。对于典型的现代计算机机载设备,要求部分一般包括对该机载设备的最低性能标准、环境标准、软件标准和硬件标准的要求,其中环境标准、软件标准和硬件标准一般采用通用的工业技术标准,分别是 RTCA DO-160G、DO-178C 和 DO-254 的有效版本。基本结构如图 2.2 所示。

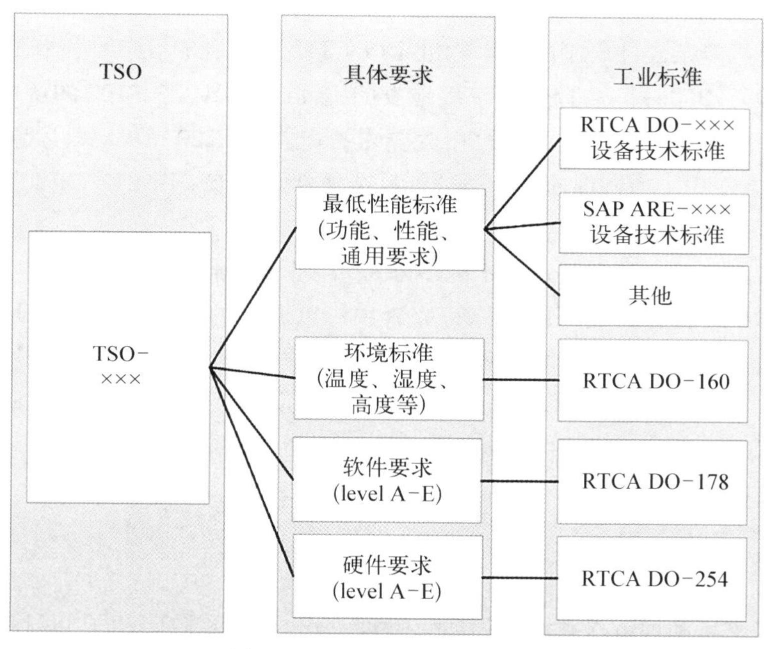

图 2.2　TSO 基本要求结构图

其中,DO-160G 主要描述了机载设备可能需要测试的各种环境条件,并详细列举了相应的环境试验所需配置和程序。DO-178 系列标准主要针对不同系统研制,保证等级相对应的软件从流程控制的角度,采用分级控制方法制定了不同等级软件需满足的要求,以期在达到要求的目标情况下确保软件达到相应的可靠性要求。DO-254 采用与 DO-178C 同样的思路对复杂硬件的研制流程采用分级管理以保证可靠性。

以工作在 960～1215 MHz 的测距设备(distance measuring equipment, DME)的技术标准规定(TSO-C66c)为例:在 1991 年颁发的 DME TSO-C66c 的要求部分,描述了对 DME 的最低性能标准、环境标准和计算机软件标准的研制要求。在最低性能标准要求中,TSO-C66c 规定,此 TSO 颁发后设计的

DME的功能和性能指标必须至少达到DO-189中规定的要求;环境试验标准必须至少达到DO-160C中规定的温度、湿度、高度、减压、过压、温度变化、振动、冲击、防爆、防水、流体敏感性、沙尘、防霉、盐雾、磁效应和电力输入等方面的测试要求;计算机软件标准必须至少达到DO-178A中规定的level 2级软件规定的研制要求。由于当时对于规范包含专用集成电路(application specific integrated circuit, ASIC)、可编程逻辑器件(programmable logic device, PLD)和现场可编程门阵列(field programmable gate arrays, FPGA)等计算机逻辑器件的计算机复杂硬件研制的技术标准DO-254还没有颁发(DO-254在2000年4月颁发,2005年6月获得FAA颁发的咨询通告AC 20-152的认可),因此TSO-C66c中没有硬件方面的相关要求。但在AC 20-152以后新申请的DME如果使用了本咨询通告中所述的复杂硬件则应该采用DO-254的方法证明其安全性。

随着时间的推移和工业技术的不断进步,各种机载设备的相关技术标准和通用技术标准都在持续不断的修订完善中。以通用的环境试验标准DO-160和软件研制标准DO-178C为例,DO-160目前已修订到G版,DO-178目前是C版。但由于TSO仅仅是对机载设备的最低性能要求的规定,因此对于这样的技术标准改进不会构成任何的阻碍和冲突,体现出了良好的管理手段和效果。

2.3 机载设备的适航管理

为了支持和规范机载设备的适航管理工作,国家和政府相关部门制定了一系列的法律法规和规章程序,其主要组成部分如图2.3所示。标准体系是庞大而复杂的,适航标准只是其中一个重要的方面。对适航标准特点的研究和分析有利于准确把握民机发展的重要影响因素,有利于民机研制、批产和商业成功。因此在针对民机发展过程的质量管理体系的建设中,不仅要对相应的适航管理条例进行深入的研究,同时也要对相关的支持性标准予以研究制定,以形成符合适航条例与标准化要求的质量管理体系。

适航当局为了在民用航空器的研制、生产过程中很好地贯彻实施适航的要求,通常在适航条例及其修正案、技术标准规定(TSO)以及相关咨询通告(advisory circular, AC)等适航文件中引用大量的工业界标准(或技术文件),作为其适航要求体系的一部分,具体明确地指导和规范民用航空器的研制和生产。

与其他种类的标准相比,适航标准主要有以下4方面的特点:

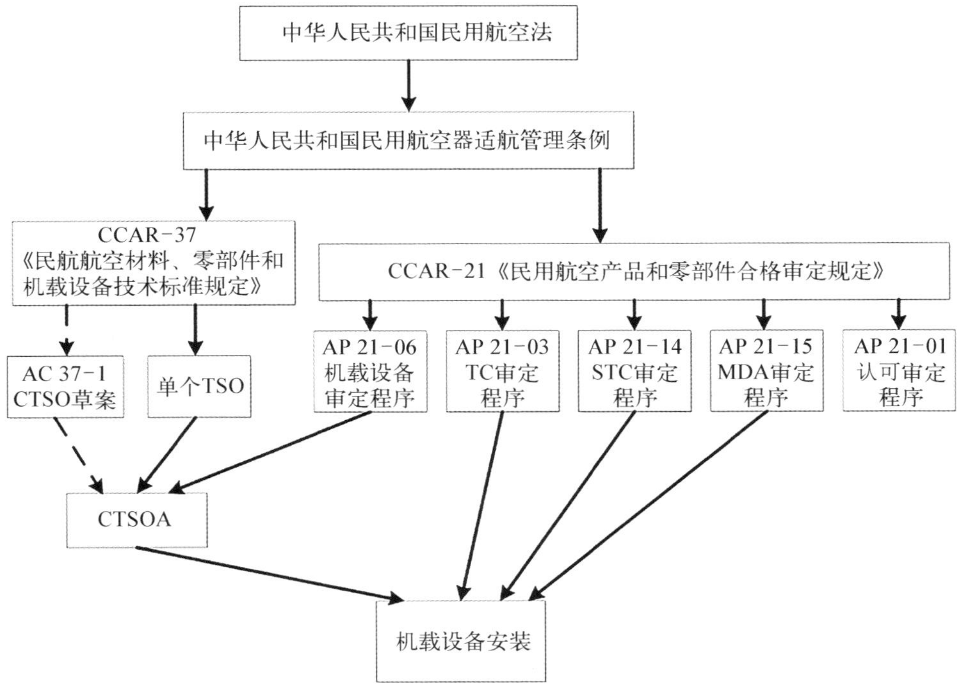

图 2.3 机载设备的管理规定和程序结构图

(1) 法规性。

适航标准属于中国民用航空规章的一部分,凡从事民用航空活动的任何单位和个人都必须遵守。在各国适航标准中,多数是以法律条文的格式编写的。有相当部分条款是原则性的、定性的要求。这与法律条文所应具有的概括性和普遍适用性是相符的。

(2) 务实性。

适航标准是通过长期工作经验的积累,吸收了历次飞行事故的教训,经过必要的验证或论证及公开征求公众意见不断修订而成的。

(3) 稳健性。

由于适航标准关系到人的生命和财产的安全,因此指定时应采取审慎、稳健的态度。从某种意义上来说,适航标准只反映已被证实的、成熟的航空科技技术,而不反映最新的进展。

(4) 平衡性。

适航标准中处处都体现经济与安全的平衡性。适航标准是最低安全标准。

“最低”有两层含义：一是表明该标准是最基本的、最起码的；二是用最低的经济负担来达到可接受的最低安全标准。

全国人大批准颁发的《中华人民共和国民用航空法》第四章《民用航空器适航管理》的第三十四和三十五条分别对国内的民用航空机载设备设计和制造人提出了向国务院民用航空主管部门申请审查和获取相关合格证书的规定和要求。第三十六条则对国外进口的民用航空机载设备的设计和制造明确了相应的适航审定要求。国务院批准颁发的《中华人民共和国民用航空器适航管理条例》进一步要求民用航空主管部门按照上述法律和本法规的要求制定颁发相应的管理规章和实施细则。

中国民用航空管理局依据以上法律法规的要求制定和颁发的中国民用航空适航规章第 21 部(简称 CCAR-21)《民用航空产品和零部件合格审定规定》和第 37 部(简称 CCAR-37)《民用航空材料、零部件和机载设备技术标准规定》对民用航空机载设备的适航审定制定了相应的管理和技术方面的规定和要求。

CCAR-21(R4)中规定了取得机载设备设计、制造和安装批准的若干种不同的方式，包括如下：

(1) 按第二章的规定取民用航空产品的型号合格审定(type certificate, TC)。

(2) 按第二章的规定取民用航空产品的型号认可证(validation of type certificate, VTC)。

(3) 按第四章的规定取民用航空产品的补充型号合格证(supplement type certificate, STC)。

(4) 按第四章的规定取民用航空产品的补充型号认可证(validation of supplement type certificate, VSTC)。

(5) 按第九章的规定取零部件制造人批准书(PMA)。

(6) 按第十章的规定取技术标准规定项目批准书(certificate technical standard order approval, CTSOA)。

(7) 按第四章的规定取改装设计批准书(modification design approval, MDA)。

(8) 按第 21.371 条的规定取得设计批准认可证(validation of design approval, VDA)。

(9) 民航局规定的其他方式。

其中，PMA 的批准方式一般适用于对已经取得型号合格证书的航空器上的机载设备的替代和更换部件的批准，比较广泛地应用于航空公司已运行飞机上的加改装；TSOA 的批准方式前面已做介绍；随机审定项目和随机认可项目顾名思义就是分别随国产航空器型号合格审定和随进口航空器型号认可合格审定一同审查批准的机载设备项目；VDA 则是对已经取得美国 FAA TSOA 的机载设备的认可批准方式。

CCAR - 37 中主要规定了 CTSO 的定义、编号、一般构成等方面的内容，另外每个 CTSO 都是 CCAR - 37 的组成部分。在 FAA 的管理体系中，为了适应当时航空工业的发展需要，以及提高规章制定的工作效率，已于 1980 年 9 月取消了原有的 FAR - 37 部，把相关的管理要求移到了 FAR - 21 的 O 分部；TSO 则单独颁发，不再是条例的组成部分。

中国民用航空局（Civil Aviation Administration of China，CAAC）适航审定司根据 CCAR - 21R4 和 CCAR - 37 的规定和要求制定了相应的关于机载设备适航审定的操作程序和实施细则如下：

（1）《民用航空材料、零部件和机载设备的合格审定程序》（AP - 21 - 06R3）第四章和第五章分别给出了按技术标准规定项目批准书（CTSOA）和按零部件制造人批准书（CAAC - PMA）审定的程序。

（2）《型号合格审定程序》（AP - 21 - 03R4）附录 H 给出了随民用航空产品的型号合格审定、型号设计批准合格审定一起批准的项目的审定程序。

（3）《补充型号合格审定程序》（AP - 21 - 14）给出了补充随民用航空产品的补充型号合格审定一起批准的项目的审定程序。

（4）《改装设计批准合格审定程序》（AP - 21 - 15）给出了随进口民用航空产品的改装设计批准合格审定一起批准的项目的审定程序。

（5）《进口民用航空产品和零部件认可审定程序》（AP - 21 - 01R2）给出了随进口民用航空产品和零部件认可审定一起批准的项目的审定程序。

2.4 相关技术发展趋势

2.4.1 软件安全性

软件安全性关注一类特殊问题，即可能导致软件系统重大事故的软件失效。因此，可以认为软件安全性是软件可靠性的一个侧面。对于软件安全性主要通过两类方法进行保障：一类是通过过程控制的方法；一类是通过具体的安全性分析、测试和评估等技术。下面从目前国内外与软件安全性相关的研究和标准两个方面展开论述。

1）相关研究

美国工程院院士、麻省理工学院（Massachusetts Institute of Technology, MIT）教授 Nancy G. Leveson 是软件安全性（software safety）研究的代表人物，从 20 世纪 80 年代以来持续开展软件安全性研究，在文献[1]中她指出："软件安全性涉及确保软件在系统环境中运行而不产生不可接受的风险。"同时定义"系统安全性是系统工程的一个分支，在整个系统寿命周期中，运用科学的、管理工程的原理，在使用效率、时间和费用的约束范围内确保适当的安全性"。很明显，软件本身并不会造成任何风险或者事故的发生，只有当软件被用来控制那些潜在危险的系统时，它才会变得有安全性问题。软件安全性的基础是软件可靠性，Villemeur 在文献[2]中阐述了安全性和可靠性的关系。另外，Terry 在文献[3]中，也清晰地叙述了传统安全性工程的来源。系统安全性工程与软件安全性工程的许多方法也都有相通之处，这可以从 Leveson 的另一篇文献[4]里找到。而安全性关键软件作为一个单独的分支被研究还是近年才开始的，其中文献[5]是较早的一篇被大部分研究人员熟知的关于软件安全性的文章，而 Knight 与 Littlewood 的文献[6]则是更加全面地对安全性关键软件进行了研究。除此之外，还有许多工作都曾就此主题开展过深入的研究。对于软件安全性分析有很多方法，其中软件故障树分析（software fault tree analysis, SFTA）和软件失效模式影响及危害性分析（software failure mode effects and criticality analysis, SFMECA）是其中应用最广泛的两种方法，它们分别是由系统安全性理论中的故障树分析（fault tree analysis, FTA）和失效模式影响及危害性分析（failure mode effects and criticality analysis, FMECA）发展而来的。另外，现在还有部分软件安全性的研究热点转向了组件及商用货架产品（commercial off the shelf, COTS）软件。

在国内研究领域内，文献[7]针对航天系统的特点，提出需要重点关注软件的安全性问题，并简要介绍了软件安全性工程需要解决的基本问题。文献[8]通过建立时间条件状态的 Petri 网，借助 Petri 网的状态可达空间分析来研究软件的安全性问题。文献[9]使用贝叶斯函数动态地表示软件失效率的密度函数，提出了一种增量记忆型的安全性测试方法。文献[10]对软件安全性的评估及测试方法做了一些卓有成效的研究工作。文献[11]对于航天软件的安全性的发展现状及趋势进行了分析和展望。

2）相关标准

软件的安全性研究已经引起了国内外的重视，并有诸多标准予以规范和保障。NASA 很早就重视系统的安全性及软件的安全性，制定了多项标准及配套的技术指南，而且最近几年还在修订，如 2002 年出台的软件安全技术指南修改讨论稿，2004 年又将讨论稿定稿，充分说明 NASA 对软件安全在飞行任务中的重要性的认识。他们在软件安全性标准中定义软件安全性是“在整个软件生命周期，运用系统安全性工程技术来确保软件采用提高系统安全性的有效措施，并确保那些可能降低系统安全性的错误均已被排除，或控制在可接受的风险水平”，同时定义系统安全性为“在系统生命周期各阶段运用工程和管理原理、准则和技术，以便在使用效率、时间和费用的约束范围内使安全性最优，并且风险降低”。美国军方 1971 年推出 MIL - STD - 882A“系统安全性大纲”，1984 年做了修订，推出了 MIL - STD - 882B，其最大的特点就是提出了软件安全性的问题，增添了软件风险分析的有关工作，之后又在 1993 年推出了 MIL - STD - 882C，2000 年又进行了修订，完成了 MIL - STD - 882D。

我国的 GJB - 900(1991)“系统安全性通用大纲”把软件的安全性分析作为系统的安全性分析的重要内容。GJB/Z 102 - 97《软件可靠性和安全性设计准则》中定义软件安全性是“软件运行不引起系统事故的能力”。GJB 142 - 2004《军用软件安全性分析指南》中定义软件安全性为“软件具有的不导致事故发生的能力”。但是这些标准中都还缺乏对安全性实现技术的完整介绍，以及安全性分析技术的具体规定。

2.4.2　软件可靠性

软件可靠性指软件在给定的时间内，在特定的环境下无故障运行的概率。关于软件可靠性研究有很多，包括软件可靠性分析（FTA、FMEA 等）、软件可靠性设计、软件可靠性测试等。可以说，软件可靠性问题贯穿于软件整个生命周期的各个阶段，须关注 4 个方面的问题：软件为什么失效，识别失效的根因；如何设计可靠的软件；如何测试软件可靠性；如何维护软件可靠运行。软件可靠性分析主要从软件的失效模式、软件的失效影响、软件的失效预防措施的评估等方面对软件质量进行改进，进而对软件的设计产生约束。软件的可靠性设计则试图从容错、恢复性设计、检测错误及降低复杂度等方面提高软件产品的质量。软件的可靠性测试则从构建软件的运行剖面出发，选取失效模式或按照一定的严酷度、故障树、事件树、潜在线路等测试用例，进行软件的测试工作。

软件可靠性研究作为一个重要的研究领域，要在较短的篇幅内全面论述这些问题的研究现状是困难的，对本书而言也是不必要的。这里仅论述与软件可靠性定量化相关的两个方面，从一个角度反映软件可靠性研究的现状。

1）软件可靠性度量

软件可靠性度量涉及两个基本方面：一是软件系统及其动态行为的度量，二是对软件运行环境的度量。这是因为软件可靠性问题出现于软件运行过程中，不被执行的软件系统不会出现可靠性问题，即使其内部包含缺陷。而软件系统运行于一定的环境中，其动态行为源于软件系统与运行环境的交互作用，如图 2.4 所示。

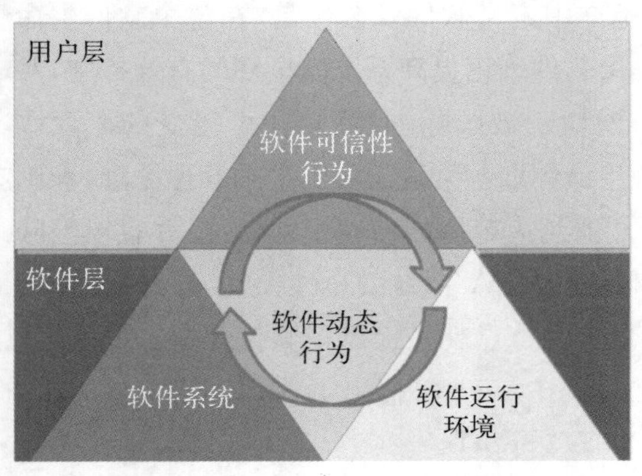

图 2.4　软件系统与运行环境的交互

关于软件系统度量的研究有很多，提出不同类型的软件度量，包括软件系统内部度量和外部度量等。典型的内部度量包括代码行数、Halstead 长度、McCabe 圈复杂度、缺陷个数，等等。近年来又提出了专门针对面向对象软件系统的度量，包括 C&K 度量、MOOD 度量等。上述度量均为静态度量，不考虑软件运行环境和动态行为。软件系统外部度量则主要面向软件质量，包括可靠性、效率、可测性、可维护性、可重用性等。其中软件可靠性的度量则主要包括可靠度、失效率等。

关于软件运行环境的度量实质上是对软件运行环境进行建模，确定相应的软件运行剖面。目前已有不少软件运行剖面模型，其中之一是以概率分布描述软件运行环境，认为软件输入可有不同取值，不同取值以一定概率出现，且在软件运行过程中这些概率保持不变。其他模型则包括 Poisson 过程模型、Markov 过程模型等，这些模型以随机过程模型描述软件输入不同取值过程。但上述模型均面向封闭运行环境，认为软件运行过程中其运行环境保持不变，可以单一模型描述。随着 Internet 技术的普及应用，网络服务（web service）和基于服务系统（service-based system）层出不穷，许多软件系统运行于开放、动态、多变的环境中，如何描述这类运行环境是一个新的研究课题。

2）软件可靠性评估

自从 20 世纪 70 年代初软件可靠性问题开始得到重视和系统化研究以来，

在国际上出现了许多软件可靠性模型和方法。国内许多科研单位,包括中科院软件所、中科院计算所、北京大学、南京大学、华东师范大学、北京航空航天大学、哈尔滨工业大学、清华大学、武汉大学等,也投入了大量的力量,开展卓有成效的研究工作。国内外研究工作大致分为 4 类。

(1) 将软件系统视为一种黑箱,根据软件测试数据或失效数据评估软件可靠性水平,关心的度量主要是软件可靠度、软件失效率等。典型的模型和方法包括 Jelinski - Moranda 模型、Littlewood - Verrall 模型、Musa CPU 执行时间模型、Goel - Okumoto NHPP 模型、时间序列分析方法、神经元网络方法等。

(2) 不再将软件系统视为一种黑箱,而认为软件由若干模块或构件组成,具有一定的体系结构。这类工作根据构件可靠性和软件体系结构确定软件系统可靠性,关心的度量主要是软件可靠度。这类工作主要出现于最近 10 年中,其背景是基于构件软件系统的流行。

(3) 要求已知软件源代码,研究各种软件度量与软件可靠性度量之间的关系,试图根据软件内部度量预测软件可靠性行为。

(4) 主要用于软件缺陷个数的估计,典型的模型和方法包括 Mills 模型、分解方法(Cai's model)等。关于软件可信性其他属性的度量与评估方法大多遵循软件可靠性度量与评估方法的思想。

软件可靠性的评估是一种有益的方法,机载软件领域可将软件可靠性方法视为一种有益的补充。然而,机载软件往往是一种系统需求层面需求的直观体现,不像 IT 领域的其他软件,机载软件在颗粒度较为清晰的系统或设备需求的约束下进行开发。因此不管是安全性的方法还是可靠性的方法,一般认为局限在系统层面实施,软件层面则严格按照系统层面的要求展开工作。但是如果机载软件的开发面对的是粗放和抽象的需求,则可靠性和安全性的方法则是有必要延伸到软硬件层面进行考虑。

2.5 本章小结

本章对适航基本理念做了介绍,对民航飞机或者设备的适用的法规体系进行综述,并对为取得相关证件所需使用的符合性方法进行了介绍,最后还对机载软件常见的其他常见保证安全的方法进行了论述。但是,目前这些关于安全性和可靠性在软件上的运用仍有待民航领域适航当局的认可。

3 基 本 内 容

3.1 适航条款与DO-178C

运输类飞机适航标准(CCAR 25、14 CFR part 25、CS 25)是民机进行适航审定的基本依据。其中与机载软件密切相关的条目 CCAR(14CFR/CS)-25.1309规定了民机必须满足的设备、系统与安装方面的安全性要求,其中包括:

(1) 凡航空器适航标准对其功能有要求的设备、系统及安装,其设计必须保证在各种可预期的运行条件下能完成预定功能。

(2) 飞机系统与有关部件的设计,在单独考虑以及与其他系统一同考虑的情况下,必须符合下列规定:

a. 发生任何妨碍飞机继续安全飞行与着陆的失效状态的概率极小。

b. 发生任何降低飞机能力或机组处理不利运行条件能力的其他失效状态的概率很小。

……

第25.1309条是F分部的总则性条款,对机上安装的所有系统和设备(包括软硬件)的设计和安装都提出了要求,要求这些设备和系统必须用安全性分析的方法,必要时通过地面、飞行或模拟器试验来表明符合性。该条款适用于凡是航空器适航标准对其功能有要求的设备、系统及安装。第25.1309条是综合性条款,实际上是对整个飞机型号安全性工作的要求,其符合性也应从整个飞机的角度去考虑,从飞机、系统到设备(包括软硬件)不同层级规划验证活动。

飞机级通过安全性分析相关文件规范飞机的安全性工作要求。通过飞机整机级功能危险性分析,如《飞机整机级功能危险分析》《飞机级初步安全性评估》等,明确飞机整机的安全性目标,并对初步设计的飞机架构进行初步确认,并通过顶层需求文件,将飞机级要求分配到相关系统,作为这些系统安全性设计的输入,指导和规范各系统完成安全性验证工作。

各相关系统在飞机级功能危险性分析的基础上,按照飞机级规定的安全性评估目标和评估要求，进行功能分解和分配，完成系统级功能危险分析、系统级初步安全性评估，确认系统的架构，并对设备的软硬件研发提出失效率和研制保证等级等安全性要求，作为系统层面的要求传递到设备及软硬件。各系统完成系统层面的计算分析、安全性分析、试验、试飞环境鉴定等验证活动，以保证系统及其功能的设计和安装在各种可预期的运行条件下完成预定功能。软件层面按照 DO-178C 表明符合性，电子硬件按照 DO-254 表明符合性。

由于软件不能脱离系统单独存在，离开系统谈软件没有意义，因此在对飞机的条款中，很少有机载软件直接使用的规章要求或安全性限制，大部分都是由软件所属的系统和设备的要求衍生而来，其中 CCAR(14CFR/CS)-25.1309 是其基本依据。这也决定了在适航审定中通常不会对软件单独发放批准证件，而是将机载软件和硬件在系统或设备的原则和背景下进行审定。FAA AC 25.1309-1A/B 和 EASA AMC 25.1309-1 提供了针对 CCAR(14CFR/CS)-25.1309 的符合性方法，并认可了使用 ARP 4754A(关于高度综合或复杂飞机系统的合格审定考虑)、ARP 4761《民用机载系统和设备安全性评估过程的指南和方法》、DO-178C、DO-254《机载电子硬件的设计保证指南》作为飞机和系统研制保证、系统安全性评估、软硬件研制保证的符合性方法指导材料。

DO-178C 就是为机载软件的表明符合性提供指导的一套标准，其目的是指导航空机载软件开发，并确保航空机载软件不仅满足飞机和机载系统对其功能和性能的要求，还要具备不同严苛等级的安全置信度。需要注意的是，DO-178C 不是单独存在的，它和 ARP 4754A、ARP 4761、DO-254 一起构成了现代机载系统(尤其是高度综合和复杂系统)安全性设计与评估的一组指南材料。四个文件之间的关系如图 3.1 所示。

ARP 4754A 对飞机和系统层次的需求或功能的传递进行了层次划分，并且在各个层次都存在着对应的安全性评估活动，用以评估架构和功能对安全性的影响可接受性。当系统或者设备的需求经过了验证和确认后，这些需求被分配至软硬件层次进行研制实现。因此这四个标准相互协同共同形成了上下层级/同层层级的适航研制约束。系统和设备级的需求，必须由软硬件层级的需求进行满足。同时，软硬件层级的衍生需求也必然对系统和设备级的需求造成影响，系统级的研制及安全性工作也必须接受并评估来自软硬件层级的反馈。同时，软件和硬件之间由于存在耦合或者集成关系，这种同层之间的约束或者协同必须反映在各自的需求或者架构考虑中。从系统或者设备层次传递过来的要求不仅包括需求，还包括了研制保证等级。软件层面的研制工作将按照 DO-178C

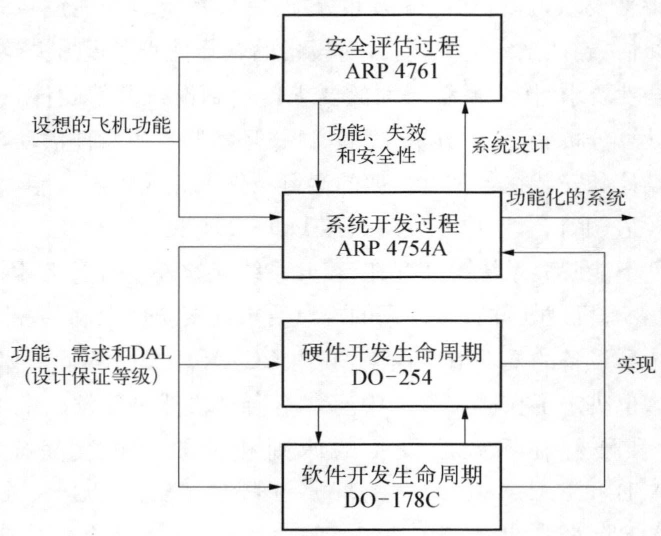

图 3.1　四个文件之间的关系

对系统-软件之间的关系进行梳理,并按这种研制保证等级(软件等级)进行软件的研制工作。

DO-178C 对航空机载软件开发所应该遵循的基本理念和规则从以下各个方面进行了说明和规定:

(1) 机载系统与机载软件之间的内在关系。

(2) 机载软件生命周期。

(3) 机载软件计划过程。

(4) 机载软件开发过程。

(5) 机载软件验证过程。

(6) 机载软件构型管理过程。

(7) 机载软件质量保证过程。

(8) 适航认证联络过程。

(9) 软件生命周期数据记录。

(10) 其他考虑。

总之,软件层面的 DO-178C 研制过程包含了计划过程、开发过程、综合过程在内的三大类过程对软件研制的严苛程度进行规定。在减少引入错误和增强检出错误两个维度,保持机载软件在不同安全性要求下的适航性。

在 DO-178C 中,针对每一个过程涵盖了以下内容:

（1）过程需要满足的目标。

（2）过程需要产生的数据。

（3）数据证明目标的满足。

从以上 DO－178C 的主要内容可以看出，DO－178C 是面向过程和目标的。简单来说，DO－178C 主要通过以下三种形式来指导机载软件开发者工作：规定航空机载软件生命周期中各个过程的目标；规定达到这些目标的活动和工程实现考虑；规定确认这些目标已经实现的证据记录。DO－178C 通过这三种形式的要求较全面地反映了航空机载软件工程的基本理念和规则，指导着当今国际航空机载设备开发商的工程开发。

通过以上提及的四个标准及提供的符合性证据，才能完整形成对于 CCAR（14CFR/CS）－25.1309 在飞机、系统、设备和软硬件不同层次上的证据链。

3.2 过程保证与层次化方法

软件缺陷，即为计算机软件或程序中存在的某种破坏正常运行能力的问题、错误或隐藏的功能缺陷。缺陷的存在会导致软件产品在某种程度上不能满足用户的需要。IEEE 729－1983 对缺陷有一个标准的定义：从产品内部看，缺陷是软件产品开发或维护过程中存在的错误、毛病等各种问题；从产品外部看，缺陷是系统所需要实现的某种功能的失效或违背。

软件的失效原因是人为错误。这种人为错误发生的诱因可能是人的认识水平、理解能力、劳累疲惫、利益考虑等诸多方面。这种诱因可能导致软件需求的问题、软件设计的问题、软件编码的问题、软件质量的问题。这些问题表现出来可能是软件与硬件的不兼容，软件不能满足用户的预期用途，软件在边界输入上不能正确响应，软件结构复杂带来的维护和扩展问题，软件能力不能满足负载和容量压力。这些问题可以列举很多，但归根结底，软件要么对输入没有进行正确的理解，要么技术方案出现了问题，要么自身的研发出现了问题。以上的这些软件缺陷或者错误在软件运行之后其发生的方式或者暴露的原因，不具有偶然性，一定是在满足一定的条件下才能够发生。这种软件的错误不像某些硬件失效那样，会表现为一定的中间状态，软件的错误不会介乎于好与不好之间的无法定性的状态，所以软件的错误在统计学上不呈现任何的规律。

鉴于软件错误的发生一定是满足一定的触发条件才能发生，因此这种错误的存在可以通过人为的控制而减少。不像硬件的失效，硬件的失效并不因为人为的努力而不发生，其更多的是一种物理或者化学现象，是一种自然科学上的必然现象。所以硬件不能满足要求是一种失效，而非错误。硬件失效呈现统计规律，统计学上称之为失效概率。软件的错误和硬件的失效在机载系统上的处理截然不同。硬件的失效要求满足失效率的要求，对于可能造成单点失效的硬件，则必须设置相应的冗余、备份手段。软件错误的防范在机载领域则应用过程保证的方法。通过较少引入错误的机会，提高检出错误的能力，来规范软件的质量要求。

过程保证以层次化方法为核心，通过划分软件的研发层次，以不同的视角和角色开发软件生命周期数据。软件的开发不能一蹴而就，必然是从系统视角到软件视角，软件视角是一种以审视软件轮廓和外部行为的黑盒角度。软件黑盒被进一步打开，软件模块及框架和逻辑被明确出来。当软件框架和框架内部子模块的行为被充分细化时，才可走向编程语言及编译链接。简单来讲，是一种外部-内部-实现-可执行的层次化框架。这种层次化方法，避免编码人员的自由发挥，通过软件架构和低级需求的设计，避免软件代码行为与外部要求的不一致；这种层次化方法，通过设置软件高级需求，对软件的预期和利益人意见进行汇总和权衡，避免了软件实现与软件预期的不匹配。因此，机载软件为了保证软件本身与系统或设备需求的一致性，设置了目前呈现出来的研发层次。

过程保证以界面原则作为特定层次颗粒度/模块化定义的依据。拿计算器来讲，划分输入模块、处理模块、输出模块等是一种颗粒度，划分机械键盘、防抖模块、计算模块、存储模块、电源模块、显示处理和液晶模块等也是一种颗粒度的定义方式。其实这种颗粒度的不同定位，就是一种何为内、何为外的界面划分。对于软件高级需求来说，这种界面可以按照不同的业务流程划分，按照不同的任务系统进行划分，按照面向外部交互角色进行划分。对于软件低级需求来说，这种界面可以按照数据流向进行划分，可以按照更为细致的服务或者功能进行划分，可以按照业务步骤进行划分。界面决定了颗粒度的大小。界面原则可以保证需求、设计、代码各层次内部组合和解耦的合理性，也对该层次抽象程度的合理性进行定义。

过程保证以内外关联为界面原则的依赖性策划依据。内外关联的原则是将那些牢固的不易变化的界面关系明确为模块间的外部耦合关系，将那些内部可灵活处置的关系内化为内部耦合。外部耦合宜松，内部耦合宜紧。模块功能内聚，则不会失去聚焦，不会偏离模块的中心任务；模块间关联松散，则模块间的开发与维护都相对便捷，不会有过多顾虑。对于每个层次的内部需求/设计之间的关联关系，有不同的划分方法，正如同统一建模语言（unified modeling language，UML）将类间关系划分为关联、泛化、聚合和组合一般，依据这种关联原则的定义，将上下游、同层间的需求设计关系进行梳理和净化，进一步将需求和设计的形式与内容进行雕琢。

DO-178C以层次化方法为基本依据,以秉承界面原则和内外部关联区别的结构化方法为核心,表现出来就是数据的追踪性、准确性、一致性及耦合关系的验证。

3.3 过程保证与软件研制

提及系统、设备、部件是复杂的,往往意味着其外部交互关系复杂、内部结构复杂、运行状态复杂等诸多导致从抽象到具体、从目标到实现的烦冗工作。此时,基于最终产品的测试在时间、进度及测试技术的综合因素下已经不能保证产品得到充分的验证。简言之,产品的品质控制已经不能拖延到出厂之时再来解决了。换言之,产品的品质控制必须从项目早期开始考虑,必须在产品的不同颗粒度进行考虑,必须在开发-集成-验证的链路上进行综合管控。由此就诞生了各种各样的过程保证标准。在飞机和系统层次,ARP 4754A定义了研制保证的概念,其内涵与过程保证是一致的,只不过还增加了安全性的工作。在硬件领域,DO-254定义了设计保证的概念,这种设计保证与过程保证也是一致的。不管是研制保证还是设计保证,由于其内涵都是层次化方法与支持过程的融合,因此我们不妨统称为过程保证。

软件生命周期是指软件产品从考虑其概念开始,到该软件产品不再能使用为止的整个时期,简而言之,从生到死都是软件的生命周期过程。在软件生命周期中,把一系列紧密相关、共同达成某个(些)目标的活动组合在一起,称为过程。或者说,过程是指为了到达指定目的而执行的一系列活动的有序集。所谓活动通常是指过程对象的一次状态改变,也叫作过程中的步骤。活动的起始状态和结果状态表征了活动的进行。

DO-178C将机载软件生命周期的基本活动进行分类和综合,得到了软件生命周期的三个过程,即软件计划过程、软件开发过程和软件综合过程。其中,软件计划过程用于定义并协调项目的软件开发过程和综合过程活动;软件开发过程是生产软件产品的一系列过程,包括软件需求过程、软件设计过程、软件编码过程和集成过程;软件综合过程用于保证软件生命周期及其输出正确、受控和可信的过程。软件综合过程包括软件验证过程、软件配置管理过程、软件质量保证过程以及合格审定联络过程。计划过程体现了谋定而后动的思路。开发过程体现了层次化方法的思路。综合过程体现了每个层次活动必须伴生的支持活动,这种支持活动体现为开发-验证伴随,数据-构型伴随,过程与数据的质保监控伴随。

图 3.2 描述了软件生命周期过程之间的基本关系。其中双向箭头线表示两边的过程是并行的，单向箭头线表示相邻两个过程是顺序进行的。

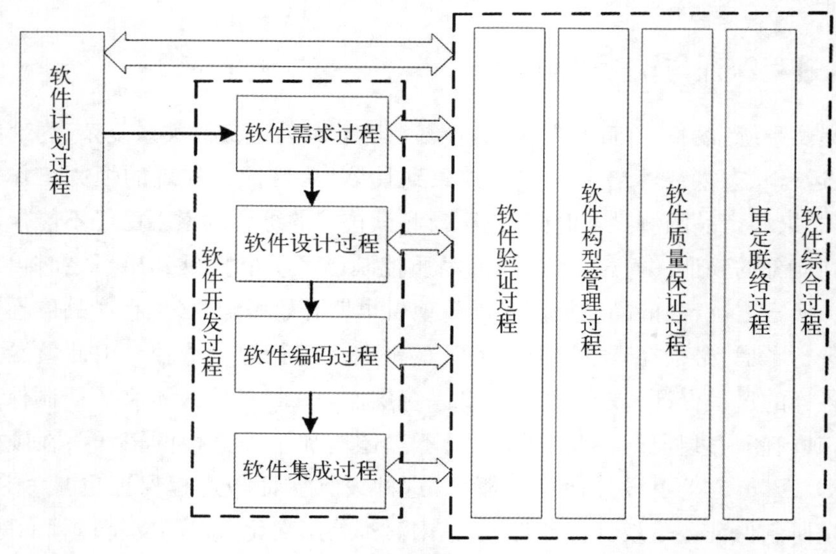

图 3.2　软件生命周期过程之间的基本关系

软件生命周期过程可反复迭代，即进入和再进入。迭代的时机和程度随系统功能、需求开发、硬件可用性、对以前过程的反馈和项目的其他特征的进一步开发而变化。常见的过程重入，发生在新的模块研发、已有模块的累积或者大规模变更等场景下。这里就涉及过程之间的转换准则问题。使用转换准则的目的是用来确定某开发过程是否可以进入或再进入。每一个软件生命周期过程完成的活动都是作用于输入以产生输出。该过程可对其他过程产生反馈，并从其他过程接受反馈。这种转换准则一般界定是一种整体的过程进入，而非基线版本数据的细微局部变更。因此某些厂商将这种过程之间的转换准则称为转段准则。

问题报告或者变更申请所带来的局部开发或者验证工作，一般不判定其是否满足转换准则，而是在这两种机制的内部设置对应的重新验证环节，判定是否完成问题报告或者变更申请的关闭条件。但是在内在机理上，这种局部修正和过程的出口准则保持了一致。

DO-178C 中主要描述了存在于大多数软件生存周期中的可分割的过程，讨论了这些过程在不同软件等级下需要实现的目标、各个目标的独立性要求、过程的输入与输出，以及软件生命周期数据的控制类别等。对具体项目而言，这些过程的选择和顺序一般由项目自身的特性来确定，如系统功能性和复杂性、软件大小和复杂性、需求稳定性、先前开发结果的使用、开发策略和硬件可用性。需要注意的是，在DO-178C中，并没有要求什么是机载软件最佳的生命周期模型。这些过程在具体项目中的实施、转换取决于所采用的软件生命周期模型。典型的例子包括先前开发软件、参数化数据项软件或者单层需求软件。先前开发软件(previously developed software, PDS)可能需要进行需求的追踪及与其他软件的集成、参数化数据项可能没有设计过程等典型情况都会带来软件生命周期过程的裁剪或者合并。

3.4 失效条件和软件等级

为达到系统所需的安全性水平，标准首先对各类机载软件定义了软件等级(software level)。例如考虑如下两种机载软件情况：

(1) 飞机尾部厨房中用来控制煮咖啡器的软件失效。

结果：可能会使一些乘客恼怒，但是不会影响到机上乘客的安全。

(2) 在低可见度情况下用来控制飞机自主进近的软件程序失效。

结果：可能会导致机毁人亡。

显然，这两种软件不可能开发成同样等级，也无法以同样的严格程度来控制开发。

需要针对具体情况，根据软件异常行为可能导致的飞机失效状态类别来定义软件的等级。

DO-178C中规定，软件等级应与软件失效可能导致的最严重的系统安全性影响程度相对应。也就是说软件等级是由其失效条件的类别来决定的，而软件失效条件的类别定义则与系统失效条件的类别定义完全相同。同时，软件失效条件的类别与系统失效条件的类别一样，都是通过系统的安全性评估来确定的，即在确定系统的审定基础时确定的。表3.1给出了软件等级与失效条件类别的对应关系和简要说明。

表3.1 软件等级与失效条件类别的对应关系

失效条件	软件等级	简要说明
灾难性的	A级	软件异常会导致的后果是：航空器无法安全飞行和着陆
危险的	B级	软件异常会导致的后果是：严重地降低了航空器或机组在克服不利运行情况时的能力

（续表）

失效条件	软件等级	简 要 说 明
重要的	C级	软件异常会导致的后果是：显著地降低了航空器或机组在克服不利运行情况时的能力
次要的	D级	软件异常会导致的后果是：轻微地降低了航空器或机组在克服不利运行情况时的能力
无影响的	E级	软件异常会导致的后果是：不会影响航空器或机组的任何能力

软件等级是由申请人和合格审定局方共同确定的，且通常作为软件审定的基本前提记录在相应的审定计划中。确定软件等级的基本过程如图3.3所示。

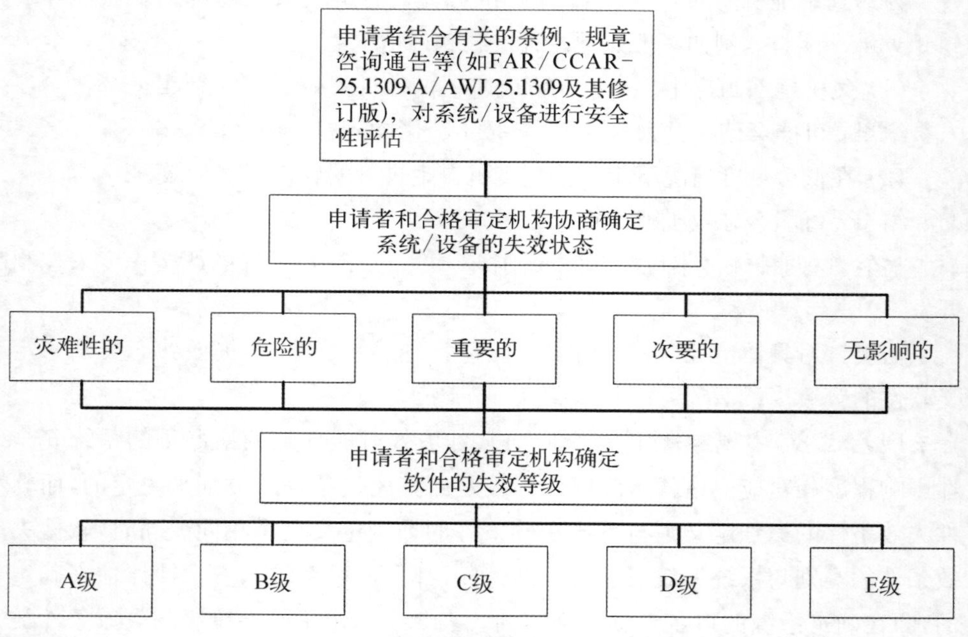

图3.3 确定软件等级的基本过程

对于软件等级的确定问题需要注意以下几个问题：

(1) 无论系统怎样设计，系统安全性评估过程都确定了一个特定系统的软件组件应有的软件等级。失效所造成的功能丧失和故障影响均要在软件等级确定中加以考虑处理。从系统功能出发，评估系统功能失效的影响等级，考虑是否可能由软件的错误导致这种失效，进行确定软件所造成的最大的系统失效为何种等级来确定软件自身的等级。

（2）一个系统功能可能会被分配给一个或多个彼此相互分割的软件组件来执行，并行执行过程是指一个系统的功能要靠多个软件组件来实现，以至于多个软件组件的异常行为才会引起系统的失效。对于并行执行过程而言，至少要有一个重要或者关键的软件组件的软件等级由该系统的最严重失效状态类别来确定，其他软件组件的软件等级将由系统失去上述功能后的剩余失效状态类别来确定。

（3）串行执行过程是指一个系统的功能要靠多个软件组件来共同实现，以至于任何软件组件的异常行为都将会引起系统的失效。对于串行执行过程而言，软件组件的软件等级都将由该系统的最严重失效状态类别来确定。

（4）如果一个软件组件的异常行为导致了多个失效状态的发生，那么最严重失效状态类别就决定了该软件组件的软件等级。随着系统设计技术的演变，产生了各种架构策略，例如在DO-178C标准第2.4节所详细介绍的，这些策略的使用可能会导致软件等级的修改。

a. 分区/隔离。

如果使用分区/隔离技术，那么每个被隔离软件组件的软件等级将由该组件所导致的最严重失效状态来确定。如果分区/隔离保护由软件来实现，那么该软件的软件等级将与被隔离软件中的最高等级相同。

b. 安全性监控。

如果使用安全性监控技术，那么被监控功能的软件等级可以降低至丧失该功能后的对应等级。执行安全性监控功能的软件的软件等级则由被监控功能中的最严重失效状态来确定。

（5）开发某一等级的软件并不意味着为软件分配失效率，因此软件等级以及基于软件等级的软件可靠率（software reliability rate）不能像硬件失效率那样在系统评估过程中加以应用。软件的错误并不呈现概率分布。

3.5 目标分布统计

DO-178C的制定者们明确地认识到，“目标”比“方法”更本质、更稳定。达到目标的方法会随着软件项目不尽相同，也会随着设计技术和设计工具的进步而发生变化，但是需要达到的目标通常不会改变。因此，DO-178C并不指定采用什么样的设计方法或开发工具。相反地，它强调的是一种目标导向的做法：一是要求给出明确的功能和性能目标；二是要求给出验证这些目标的方式；三是要求给出达成目标的指标及证明。

目标是软件合格审定过程中最核心的依据，在对DO-178C中所列举的目标进行研究时，首先需要确定目标是在哪个过程中实现。根据不同目标所属的过程及其独立性要求，我们可以大致将不同等级软件的目标按表 3.2 所示分类。

表 3.2 不同等级软件目标分布表

过 程	软件安全性等级			
	A	B	C	D
软件计划过程	7	7	7	2
软件开发过程	7	7	7	4
软件需求过程输出的验证	3(ind)+4	3(ind)+4	6	3
软件设计过程输出的验证	6(ind)+7	3(ind)+10	9	1
软件编码和集成过程输出的验证	5(ind)+4	3(ind)+6	8	1
集成过程输出的测试	2(ind)+3	1(ind)+4	5	3
验证过程结果的验证	9(ind)	3(ind)+4	6	1
软件构型管理过程	6	6	6	6
软件质量保证过程	5(ind)	5(ind)	5(ind)	2(ind)
审定联络过程	3	3	3	3
合计	71	69	62	26

注：ind 表示具有独立性的目标。

本节主要是对机载软件研制过程中的目标分布情况进行简要介绍，目的在于强调目标的重要性，并不涉及具体目标的分析。更多详细内容读者可参见本书第 5 章的相关内容。

从上述 DO－178C 的目标分布可以看出，验证过程(包含了对测试结果的评审与分析，简称“验证的验证”)的目标占了 5 张表，属于最主要的部分。验证过程的目标具有较强的类同性，如准确性、一致性、上下级数据的符合等要求。但是正如未曾泡开的茶叶，其他过程的某些目标的满足或实施也绝非轻而易举，特别是对于大型或者复杂的软件尤为如此。

从软件的等级来看，A 级、B 级软件在数量上的差距很小，主要是修正条件/判定覆盖(modified condition/decision coverage, MC/DC)和附加代码的追踪性分析；C 级软件相比 B 级软件，减少了软件高级需求的目标机兼容性、软件低级需求的目标机兼容性、软件低级需求的可验证性及软件的判定覆盖(decision coverage, DC)等目标。D 级软件的要求最低，这主要是由于 D 级软件不考察软件的设计过程、编码过程及这两个过程的验证。需要注意的是目标数量上的差别并不代表适航工作量上的等比例增减，某些目标的满足可能需要付出艰苦的努力。

从独立性来讲，A 级、B 级软件对利益相关方在验证时的回避提出了要求。

从控制类别来讲，A 级、B 级软件的控制类别更为严苛；C 级、D 级软件的控制类别较为宽松。

从 DO－178C 的内容符合性来讲，D 级软件并不要求完整地实现 DO－178C 第 11 章的内容安排。

其次，需要掌握目标的实现是由哪些软件生命周期数据来证明的。DO－178C 中共列举 22 种软件生命周期数据，分别为：

(1) 软件合格审定计划(plan for software aspects of certification, PSAC)。

(2) 软件开发计划(software development plan, SDP)。

(3) 软件验证计划(software verification plan, SVP)。

(4) 软件构型管理计划(software configuration management plan, SCMP)。

(5) 软件质量保证计划(software quality assurance plan, SQAP)。

(6) 软件需求标准。

(7) 软件设计标准。

(8) 软件编码标准。

(9) 软件需求数据。

(10) 设计描述。

(11) 源代码。

(12) 可执行目标代码。

(13) 软件验证用例和规程。

(14) 软件验证结果。

(15) 软件生命周期环境构型索引(software lifecycle environment configuration index, SLECI)。

(16) 软件构型索引(software configuration index, SCI)。

(17) 问题报告。

(18) 软件构型管理(software configuration management, SCM)记录。

(19) 软件质量保证记录。

(20) 软件完成综述(software accomplishment summary, SAS)。

(21) 追踪性数据。

(22) 参数化数据项文件。

以上这些数据，DO－178C也存在清晰和模糊的不同处理。例如软件构型管理记录和关键软件质量保证记录。这些记录将根据软件计划类文件的定义进行产生，每家供应商及项目都在名目和数量上存在差异。

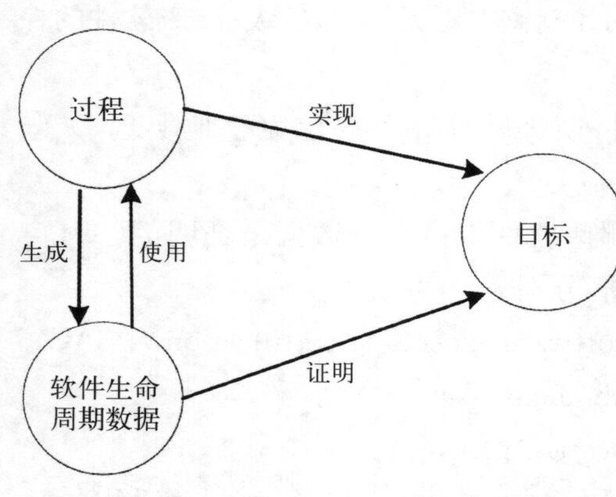

图3.4　DO－178C的基本元素和相互关系

审定局方通过检查这些输出数据来评估申请人软件研制流程中目标的实现情况。通过以上分析可以看出，DO－178C中的三个基本元素：过程、目标和软件生命周期数据是紧密结合在一起的，相互关系如图3.4所示。

DO－178C的成功之处在于处理过程、数据、目标三者之间的关系上，确立了坚如磐石的目标，达成这些目标应该执行的过程及产生的数据。以过程的设置和数据的质量来保证目标的达成，所以DO－178C是一部“三位一体”的标准。同时不同于其他的标准，DO－178C不讲如何具体实施以达成对目标的满足，给出的也只是一些整体上的指导，但是对于目标的满足具有绝对的强制性。

3.6　DO－178C主要内容

DO－178C主要对机载软件的研制从以下几个方面进行了规定：

(1) 机载系统和机载软件开发之间相关的问题(第2章)。

(2) 软件的生命周期(第3章)。

(3) 软件计划过程(第4章)。

(4) 软件开发过程(第5章)。

(5) 软件验证过程(第6章)。

(6) 软件构型管理过程(第7章)。

(7) 软件质量保证过程(第8章)。

(8) 审定联络过程(第9章)。

(9) 航空器和发动机合格审定综述(第10章)。

(10) 软件生命周期资料(第11章)。

(11) 其他考虑的事项(第12章)。

DO－178C共分为12章，详尽规定了机载软件的研制流程，以确保机载软件的研制符合适航审定局方规定的适航要求。本书采用如下表格形式对标准DO-178C的各章节内容进行概述,以期读者可以根据自己的需求快速查阅到对应的章节。如有需要详细了解,读者可自行查阅DO-178C原文。

第1章主要是在开始介绍标准DO-178B内容之前,对使用标准的一些注意事项进行论述。具体安排如表3.3所示。

表3.3 DO-178C第1章结构

第1章 引言		
节号	节名称	内容简介
1.1	目的	介绍编写标准DO-178C的目的和机载软件研制指南所涵盖的内容
1.2	范围	说明标准DO-178C的适用范围包括飞机、发动机、螺旋桨及辅助动力装置;说明局方介入深度和机载软件的运营等方面不在标准范围内;关于固件是否适用DO-178C在标准中不做定义
1.3	与其他文件的关系	规定不限制使用其他标准
1.4	如何使用本文件	对如何使用标准DO-178C和使用时的一些注意事项进行介绍:① 通用化处理;② 不具有强制性但如若采用DO-178C作为符合性方法,则必须全部满足DO-178C的适用目标;③ DO-178C不约束申请人的其他必要活动;④ 章节12和附加考虑要进行澄清;⑤ 章节12和附录A的说明;⑥ 对什么是支持信息进行说明;⑦ 章节的引用方法;⑧ 补充文件与DO-178C的组合使用说明;⑨ 符合性达成的条件是执行活动并产生证据
1.5	文件概述	对标准DO-178C全文包含的章节及其之间联系以图形的方式进行展示

第2章主要是对与机载软件研制有关的系统生命周期进行介绍,以帮助读者更好的理解软件生命周期过程。具体安排如表3.4所示。

表3.4 DO-178C第2章结构

第2章 与软件开发有关的系统方面		
节号	节名称	内容简介
2.1	分配给软件的系统需求	系统需求是系统生命周期过程的一部分;安全性相关的系统需求是系统性评估过程的产物,可能包括功能、完整性和可靠性需求及相关的设计限制;分配哪些系统需求给软件是系统的责任;系统层面应该传递给软件的需求方面:功能需求、操作需求、接口需求、性能需求、安全性需求、安保性需求、维护需求、审定需求、软件研制流程需求

（续表）

第 2 章　与软件开发有关的系统方面		
节号	节名称	内 容 简 介
2.2	系统和软件生命周期过程之间的信息流	从系统与软件、软件与系统、软件与硬件三个维度说明彼此之间的数据信息
2.3	系统安全性评估过程与软件等级	从软件失效与失效状态的关系、失效状态的分类、软件等级的定义及确定说明软件组件的等级如何确定及架构考虑是如何影响软件等级分配的
2.4	架构考虑	串行软件模块的软件等级应保持相同；多个独立的软件模块造成系统的情况，由安全性分析确定其软件等级；安全性评估应对需求与设计技术的独立性做出要求；如果软件模块间不能表明划分性，则应视为一个整体；失效主要介绍在使用分区、多版本非相似软件和安全性监控三种系统架构设计技术时应注意的事项
2.5	系统生命周期过程中的软件考虑	主要从参数化数据项、用户可更改软件、商用成品软件、可选项软件、外场可加载软件（field loadable software，FLS）及系统验证时的软件考虑等方面分别进行说明
2.6	软件生命周期过程中的系统考虑	系统过程进行的活动或者数据作为软件证据一部分的情况，视为 DO-178C 的管辖范围

第 3 章主要介绍在通常情况下对软件生命周期的划分，以及如何定义软件生命周期和生命周期中各过程之间的转换准则，使读者对机载软件研制开发过程有一个整体性的认识。具体安排如表 3.5 所示。

表 3.5　DO-178C 第 3 章结构

第 3 章　软件生命周期		
节号	节名称	内 容 简 介
3.1	软件生命周期过程	将软件生命周期划分为计划过程、开发过程以及综合过程，并对这三个过程进行介绍。计划过程协调和统筹软件开发和综合过程；软件开发过程的基本组成；软件综合过程基本组成
3.2	软件生命周期定义	说明软件生命周期过程可以进行剪裁、重入等灵活的组合。强调要根据项目的实际情况，通过确定各过程内部的活动，活动的开展顺序以及活动要完成的任务来定义软件的生命周期
3.3	过程之间的转换准则	介绍转换准则与过程的关系和作用。此外，还给出几个转换准则的例子作为参考

第4章对软件生命周期中的软件计划过程进行详细介绍，并最终以表格形式在附件A中对不同等级软件在计划过程要实现的目标以及证明目标已实现的输出数据进行了总结，使软件开发人员在实际研制过程中确定软件计划过程时有所参照。具体安排如表3.6所示。

表3.6 DO-178C第4章结构

第4章 软件计划过程		
节号	节名称	内容简介
4.1	软件计划过程目标	介绍软件计划过程的目的及所要实现的目标(与表A-1呼应)
4.2	软件计划过程活动	介绍软件计划过程中所要执行的活动
4.3	软件计划	介绍软件计划的组成及内容要求，还介绍了制定软件计划的活动指南
4.4	软件生命周期环境计划	对整个软件生命周期中用到的相关方法、工具、规程和编程语言等进行规定。定义和选择上述要素的着眼点是避免引入错误、检测错误和故障容错
4.5	软件开发标准	介绍软件开发标准的组成及其作用，还介绍了软件开发标准应保证唯一开发、确保不会产生难以验证或者与安全性要求相悖的产品
4.6	软件计划过程的评审	介绍软件计划过程结束时要进行的评审活动要保证满足DO-178C；过程能够始终如一的执行；每个过程的证据能够追踪到其活动、输入并具有相称的独立性

第5章对软件生命周期中的软件开发过程进行了详细介绍，并最终以表格形式在附件A中对不同等级软件在开发过程要实现的目标以及证明目标已实现的输出数据进行了总结，使软件开发人员在实际研制过程中确定软件开发过程时有所参照。具体结构如表3.7所示。

表3.7 DO-178C第5章结构

第5章 软件开发过程		
节号	节名称	内容简介
5.1	软件需求过程	介绍软件需求过程的输入、输出、该过程要实现的目标以及过程中要进行的活动
5.2	软件设计过程	介绍软件设计过程的输入、输出、该过程要实现的目标以及过程中要进行的活动。此外，还对设计用户可更改软件时的注意事项进行了介绍

（续表）

第5章　软件开发过程		
节号	节名称	内容简介
5.3	软件编码过程	介绍软件编码过程的输入、输出、该过程要实现的目标以及过程中要进行的活动
5.4	集成过程	介绍集成过程的输入、输出、该过程要实现的目标以及过程中要进行的活动。此外，还对集成过程中涉及非激活代码和软件补丁时应注意的事项进行了介绍
5.5	开发过程的追溯性	重点强调软件高级需求和系统需求之间的追溯性；软件高级需求和软件低级需求之间的追溯性；软件低级需求和源代码之间的追溯性

第6章主要对综合过程中的软件验证过程进行了详细介绍，包括评审和分析的内容及进行的活动，测试的内容和进行的活动，使软件开发人员在实际研制过程中确定软件验证过程时有所参照。此外，还根据本章内容在附件A中以表格形式对不同等级软件在验证过程要实现的目标以及证明目标已实现的输出数据进行了总结。具体安排如表3.8所示。

表3.8　DO-178C第6章结构

第6章　软件验证过程		
节号	节名称	内容简介
6.1	软件验证过程的目的	介绍软件验证过程要实现的目的
6.2	软件验证过程活动的概述	介绍软件验证过程的输入和输出，解释验证过程活动的组成，还对验证过程需要注意的事项进行了介绍
6.3	软件评审和分析	解释评审和分析活动的区别，并对评审和分析软件高级需求、低级需求、软件架构、源代码、集成过程的输出结果、测试用例、测试程序和测试结果时应注意的事项进行详细介绍
6.4	软件测试过程	以图形形式对软件测试流程进行形象解释，并分节详细介绍了测试环境、测试用例的选择、测试方法和测试覆盖分析方面的内容
6.5	软件验证过程的追踪性	介绍软件验证过程数据与需求之间应保证的追踪性关系
6.6	参数化数据项的验证	介绍参数化数据项的验证

第7章主要对综合过程中的软件构型管理过程进行了详细介绍，并根据本章内容在附件A-8中以表格形式对构型管理过程要实现的目标以及证明目标

已实现的输出数据进行了总结，使软件开发人员在实际研制过程中确定软件构型管理过程时有所参照。具体安排如表 3.9 所示。

表 3.9　DO－178C 第 7 章结构

第 7 章　软件构型管理过程		
节号	节名称	内容简介
7.1	软件构型管理过程目标	介绍软件构型管理过程要实现的目标
7.2	软件构型管理过程活动	对软件构型管理过程中涉及的众多活动进行详细介绍，包括构型标识、基线建立及追溯性、问题报告、跟踪及纠正活动、更改控制、更改评审、构型纪实、归档、检索及发布、软件加载控制和软件生命周期环境控制
7.3	数据控制类别	对软件数据的两种控制类别及适用情况进行介绍，并在附件中对软件生命周期中所产生的所有软件数据的控制类别进行规定
7.4	软件加载控制	对软件加载的过程和规范进行约束
7.5	软件生命周期环境控制	对软件研制过程中使用到的工具进行管控

第 8 章主要对综合过程中的软件质量保证过程进行了详细介绍，并根据本章内容在附件 A－9 中以表格形式对不同等级软件在质量保证过程要实现的目标以及证明目标已被实现的输出数据进行了总结，使软件开发人员在实际研制过程中确定软件质量保证过程时有所参照。具体安排如表 3.10 所示。

表 3.10　DO－178B 第 8 章结构

第 8 章　软件质量保证过程		
节号	节名称	内容简介
8.1	软件质量保证过程目标	介绍软件质量保证过程要实现的目标
8.2	软件质量保证过程活动	介绍为实现软件质量保证过程的目标而需采取的活动
8.3	软件符合性评审	介绍在软件提交给适航审定当局进行符合性评审前需要进行软件整体的符合性评审及注意事项

第 9 章主要对综合过程中的审定联络保证过程进行了详细介绍。审定联络过程为机载软件研制过程中的一个特别过程，目的是在申请人和局方审查机构之间建立沟通和理解，对合格审定起辅助作用。此外，还根据本章内容在附

件 A－10 中以表格形式对审定联络过程要实现的目标以及证明目标已实现的输出数据进行了总结，使软件开发人员在实际研制过程中确定审定联络保证过程时有所参照。具体安排如表 3.11 所示。

表 3.11　DO－178B 第 9 章结构

第 9 章　审定联络过程		
节号	节 名 称	内 容 简 介
9.1	符合性方法和计划	主要介绍在制定向审定局方提交的软件审定计划时申请人应注意的事项
9.2	符合性证明	主要介绍申请人在证明软件生命周期过程的开展符合软件计划时应注意的事项
9.3	提交给审定当局的最少软件生命周期数据	列举软件审定时提交给审定局方的最少软件生命周期数据的清单
9.4	与型号设计有关的软件生命周期数据	列举产品型号设计时需要检索和批准的软件生命周期数据清单

第 10 章内容简要地介绍了与机载系统和设备中软件审定过程相关的信息。具体安排如表 3.12 所示。

表 3.12　DO－178C 第 10 章结构

第 10 章　航空器和发动机审定概述		
节号	节 名 称	内 容 简 介
10.1	审定基础	介绍了审定基础的作用，以及探讨出现更改情况时的注意事项
10.2	软件方面的审定	介绍软件审定计划方面的相关问题
10.3	符合性确定	介绍软件符合性审定

第 11 章重点介绍整个软件生命周期中所产生的 20 种软件生命周期数据，包括输出数据的特征、形式及具体所包含的内容等。具体安排如表 3.13 所示。

表 3.13　DO－178C 第 11 章结构

第 11 章　软件生命周期资料		
节号	节 名 称	内 容 简 介
11.1	软件合格审定计划	介绍软件审定计划的作用及应包含的内容
11.2	软件开发计划	介绍软件开发计划的作用及应包含的具体内容

（续表）

第11章　软件生命周期资料		
节号	节名称	内容简介
11.3	软件验证计划	介绍软件验证计划的作用及应包含的具体内容
11.4	软件构型管理计划	介绍软件构型管理计划的作用及应包含的具体内容
11.5	软件质量保证计划	介绍软件质量保证计划的作用及应包含的具体内容
11.6	软件需求标准	介绍软件需求标准的作用及应包含的具体内容
11.7	软件设计标准	介绍软件设计标准的作用及应包含的具体内容
11.8	软件编码标准	介绍软件编码标准的作用及应包含的具体内容
11.9	软件需求数据	介绍软件需求数据的定义及应包含的具体内容
11.10	设计描述	介绍软件设计描述的定义及应包含的具体内容
11.11	源代码	介绍源代码的内容及形式
11.12	可执行目标代码	介绍可执行目标代码的形式
11.13	软件验证用例和规程	介绍软件验证用例和规程的作用及应包含的具体内容
11.14	软件验证结果	介绍软件验证结果的组成
11.15	软件生命周期环境构型索引	介绍软件生命周期环境构型索引的作用及应包含的具体内容
11.16	软件构型索引	介绍软件构型索引的作用
11.17	问题报告	介绍问题报告的作用及应包含的具体内容
11.18	软件构型管理记录	介绍软件构型管理记录的作用及应包含的内容
11.19	软件质量保证记录	介绍软件质量保证记录的作用及应包含的内容
11.20	软件完成综述	介绍软件完成综述的作用及应包含的具体内容
11.21	追踪性数据	介绍追踪性数据的作用及应包含的具体内容
11.22	参数化数据项文件	介绍参数化数据项文件的作用及应包含的具体内容

第12章主要讨论在机载软件研制过程中使用先前开发软件、工具和其他替代方法时软件的合格审定问题。具体安排如表3.14所示。

表3.14　DO-178C第12章结构

第12章　附加考虑		
节号	节名称	内容简介
12.1	使用先前开发软件	讨论与使用先前开发软件有关的问题，内容涉及更改先前开发软件、更改在航空器上的安装、更改软件的应用或开发环境、更新开发基线以及在使用先前开发软件时需要对软件构型管理过程和软件质量保证过程加以考虑的事项

（续表）

第 12 章　附加考虑		
节号	节 名 称	内 容 简 介
12.2	工具鉴定	讨论机载软件研发中可能用到的两类工具：开发工具和验证工具，并围绕工具鉴定准则、工具鉴定计划、工具鉴定资料和工具鉴定的通过展开论述
12.3	替代方法	针对形式化方法、穷举输入测试、多版本非相似软件、软件可靠性模型以及产品使用服务历史展开讨论，重点介绍应用这些替代方法时应注意的事项

相信读者在看了上述各章节内容简介后已经对 DO－178C 的内容建立起了一个整体轮廓，我们从第 4 章开始将重点介绍 DO－178C 中的一些关键内容，为读者日后理解 DO－178C 全文奠定基础。

3.7　DO－178C 的新变化

DO－178B 自 1992 年推出以来，一直被国内外审查局方和工业部门普遍采用为机载软件的符合性方法。首先，DO－178B 自带五个软件等级分别对应安全性的五个等级的失效影响等级，既天然契合机载领域的软件适航要求，又均衡考虑了成本与安全之间的关系；其次，DO－178B 设置了相对完善的过程域，这些过程考虑完整地体现了软件工程的思路；最后，DO－178B 内在的过程、数据、目标三者融合，严谨地将过程保证的思路落实到适航标准中。从实际效果来看，DO－178B 在机载软件领域发挥了巨大的作用，显著降低了由软件带来的飞机故障和事故。DO－178B 通过中国民航局的咨询通告 AC 21－02 引入中国以来，在国内民机领域也掀起了应用热潮。

然而随着航电和软件技术的突飞猛进，如今技术水平已与 20 世纪 90 年代初有了很大的变化。许多新技术和新方法很难完全匹配 DO－178B 的要求，DO－178B 的要求也很难覆盖这些新技术新方法所带来的挑战。标准的滞后在一定程度上制约了技术的发展，并且为审查活动增加了很多负担。于是各国局方纷纷在各种型号合格审定过程中，针对特定的关注问题，拟定了代表局方立场的问题纪要，用于弥补 DO－178B 的不足。这些问题纪要跟随型号发挥作用，且相关局方之间的立场并不完全统一。拿面向对象技术来讲，这些问题纪要一般要求参考面向对象技术在航空领域的应用（oriented object technology in aviation，OOTIA）（该文件是 FAA 和 EASA 联合发布的研究报告）之类的最佳实践，但是这些最佳实践文件不但内容繁多，而且对于必须要遵循的框架缺乏足够明确的定义。例如工具鉴定，工具本身与机载软件的性质差别很大，工具操作需求往往来源于软件研制活动的需要，工具本身也并非机载系统的一部分，但是DO－178B强制其鉴定标准与机载软件保持一致。以上种种局限和缺陷使得DO－178B的升版越来越需要提上日程。于是FAA和EASA联合授权RTCA组成工作组对DO－178B标准内容进行修订，并于2011年底颁布了最新版本DO－178C。

RTAC项目管理委员会（Project Management Committee, PMC）指导联合工作组在满足参考条款的同时坚持下列原则：

（1）继续保持当前基于目标的软件等级方法。

（2）继续保持DO－178B/ED－12B和DO－278/ED－109技术上的独立性。

（3）评估提交给联合工作组的问题。任何可能的解决方案应首先考虑能否在其他相关文档中解决。

（4）DO－178B/ED－12B和DO－278/ED－109的修改应该：

a. 在保持与DO－178B/ED－12B反向兼容的情况下，对已有文档进行修改，以便于充分阐述当前的最新状态，在软件开发中进行修改保证系统安全；阐述新趋势，并且允许随着技术的革新进行改变。

b. 在保证系统安全的前提下，考虑系统认证和审核的经济影响。

c. 解决DO－178B/ED－12B和DO－278/ED－109中的明显错误或不一致性。

d. 弥补DO－178B/ED－12B和DO－278/ED－109中明显的不足。

e. 满足文档化的要求，并达到规定的保证效益。

f. 尽可能早地向联合工作组报告所有软件等级数目的修改，或等级与危险类别的映射关系，并提供有证明文件的实例需求。向SCWG详细地回馈管理机构的意见。

g. 确保委员会所有交付成果具有完整性和一致性应用机制（如索引、术语表）。

在整个修订过程中，共成立了7个满足工具操作需求（tool operational requirements, TOR）的RTCA/EUROCAE联合工作组。这些工作组的工作包括文档集成和制作、问题和理论基础、工具的鉴定、基于模型的设计和验证、面向对象技术、形式化方法、通信导航监视/空中交通管理（communication navigation surveillance/air traffic management, CNS/ATM)以及安全性相关的考虑因素。

为了方便读者了解和掌握 DO - 178C 中的新变化,我们对 DO - 178C 和 DO - 178B 进行了一个系统性比较,总体比较结果如表 3.15 所示。

表 3.15 DO - 178C 与 DO - 178B 的比较

比较内容	DO - 178B	DO - 178C
组成	独立的一份标准	除核心标准外还将包括多份补充标准和文件
章节构成	由 12 章构成	仍然由 12 章构成
附录	包含两个附录(目标对应关系和术语表)	仍然包含两个附录(结构和主要内容都没有发生变化)
目标	包含最多 66 个目标	包含最多 71 个目标
补充标准的结构	无补充标准	其他补充标准也采用与核心标准相同的结构

具体来说,DO - 178C 的更新分为以下几类:

1) 错误和不一致的修订

DO - 178C 解决了 DO - 178B 中已知的错误和不一致问题。例如,DO - 178C 中删除了对 D 级软件低级需求和源代码的要求(相关勘误信息早在 DO - 248B 文件中就已明确),并且消除了 DO - 178B 附录 A 中表 A - 2 与其他表格间的不一致性。再例如,对于 C 级软件的软件设计描述文件,DO - 178B 中定义为 CC2 类的构型控制类别,但是 C 级软件的代码又设置为 CC1 类的构型控制类别,这显然是错误的。C 级软件的代码发生变更需要经过问题报告机制或者变更受控机制,但是作为其上游的软件设计描述却不要求这些构型受控的机制,这有违受控严苛程度应该符合的基本逻辑。再举一个例子,关于划分性的论述,划分性的目标是防止划分性被破坏的情况发生,而非划分性被破坏后再进行补救隔离。DO - 178C 将这些错误和不一致进行了修正。

2) 术语的一致性

通过扩充术语表和修改文本,DO - 178C 规范了专业术语使用的问题,如"指导"(guidance)、"指南"(guideline)、"用途"(purpose)、"目的"(goal)、"目标"(objective)和"活动"(activity),因此文档中专业术语的应用能够保持一致性。以 guidance 和 guideline 为例,guidance 在行文中更多的强调是指导,是具有强烈推荐意味的词汇;而 guideline 则更多的是一种支持和辅助理解的信息,不具有强制性。objective 和 goal 也是这样,DO－178C 的 objective 明确为目标,而 goal 则明确为表明预期用途的词汇。

3）措辞的改善

DO－178C 对整个文档的用词进行了修改。措辞的修改使文档更精确,而不改变 DO－178B 的原意。

4）目标和活动

DO－178C 强调了一点,为了全面理解文中的建议,需要从文档的整体内容进行考虑。例如,附录 A 现在包含了每一个活动和目标的参考意见;第 1.4 节“如何使用文件”强调,活动是整个指导书的主要部分。因此在附录 A 的目标之后插入一列,用于说明目标和活动之间的对应关系。

5）补充文件

DO－178C 承认,新的软件开发技术,可能会产生新的问题。DO－178C 认为可以通过协同使用 DO－178C 和一个或几个补充文件对具体软件开发技术的指导意见进行修改,而不是通过扩展文档内容来解释所有目前的软件开发技术,或通过文档修订解释将来的技术。补充文件更完整地解决了这些技术问题。需要说明的是,DO－331/332/333 在行文布局上保持了与 DO－178C 的一致。这使得原先熟悉 DO－178B 的软件研制人员能够轻松对接到 DO－178C 及其补充文档上。这些补充文件以 DO－178C 为基础,对目标进行了增加或者解读的更改。在这些补充文件中正体字是 DO－178C 中没有或发生了变化的。斜体字表示是直接集成于 DO－178C 的。

6）工具鉴定

由于新型验证工具的出现,这种工具不再单纯可以用是否引入错误或者漏检错误进行分类,例如某些验证工具由于对代码中存在的漏洞具有检测能力,因此对于原先代码中防御这些漏洞的代码不再进行开发。这种既可以检测错误,又影响了软件需求和代码的工具就不能再单纯视为验证工具,需要提高其工具鉴定的要求。因此 DO－178C 将原先的“研制工具”和“验证工具”的分类方法调整为工具准则(criteria 1－3),并结合其服务的软件的等级共同定义工具鉴定等级(tool qualification level, TQL)(TQL1－5)。同时,DO－178C 对工具鉴定部分独立为 DO－330,并可以用来指导各种类型的工具鉴定。

7）协调系统/软件考虑

DO－178C 更新了第 2 章的内容,提供了与软件开发相关的系统考虑,反映了目前的系统实现。具体变化有：

(1) 进一步明确了软件等级与失效条件的对应关系。

(2) 增加系统级对参数表的考虑要求。

(3) 依然保留了多版本非相似设计作为架构考虑的一部分。

(4) 对衍生需求反馈到系统过程(而不仅仅是系统安全性评估过程)的要求。

8) DO－178B 的“隐性”目标显性化

DO－178C 将原先 DO－178B 中的隐性目标进行了明确定义：

(1) 定义了无法直接追溯到源代码的附加代码的检测方法，以及保证其验证范围的方法。具体参见目标[验证无法追溯到源代码的附加代码](A－7.9)。

(2) 制定软件计划和标准，检查软件计划和标准的一致性，确保软件等级。具体参见目标[确保软件计划和标准的开发与评审符合本文件的要求以及一致性要求](A－9.1)。

(3) 强调结构覆盖率分析及对数据和控制耦合的验证也应基于需求。

9) 常见问题

DO－178C 解决了一些常见问题，因此对文档的几个章节进行了修改。这些问题包含各个方面，如申请人的供应商监管，参数化数据项和追溯性。为了解决这些问题，DO－178C 附录 A 中增加了两个额外的目标：

(1) 参数化数据项文件正确且完整(A－5.8)。

(2) 完成对参数化数据项文件的验证(A－5.9)。

10) DO－178B 的缺陷和澄清

DO－178C 解决了几个具体问题，为此对一两个段落进行了修改。每一个更改都会对申请人产生影响，因为这些变化或是解决了 DO－178B 中的缺陷，或是对不同的理解方法进行了澄清。

缺陷的例子如下：

(1) 改变了对 MD/DC 的要求。在 DO－178B 定义的 MC/DC 方法的基础上同时允许屏蔽和短路的方法来实现 MC/DC 准则(也称作 MC/DC 的“特定原因”)。

(2) 衍生需求应被反馈到系统过程，而不仅仅是反馈到系统安全性评估过程(见 5.1.1.b;5.2.1.b)。

澄清的例子如下：

(1) 对数据和控制耦合的结构覆盖率分析应该是在基于需求的测试基础上

进行(见 6.4.4.2.c)。

(2) 实现结构覆盖率所附加的所有测试也应该是以需求为基础的(见 6.4.4.2.d)。

DO-178C 第 11 章新增了对软件生命周期数据的定义,它们分别如下:

(1) 软件追溯数据(trace data)。

(2) 参数化数据项文件。

可见,DO-178C 中增加了数据的定义,并没有增加对生命周期数据的要求。事实上这些新增的数据依照 DO-178B 也应该存在于生命周期数据中,DO-178C 只是对这些数据和数据的要求进行了明确。

通过对 DO-178B 的基本介绍以及最新的机载软件标准 DO-178C 的介绍和比较,我们不难看出新的 DO-178C 标准是在 B 版的基础上的继承和扩充,并没有实质上增加对传统机载软件的适航符合性要求。新增的目标以澄清和解释为主,而其所澄清的目标和要求也在民机机载软件审定界早已得到应用。新增的补充标准也没有否定 B 版中已经被广泛使用的机载软件生命周期过程目标、活动和数据的要求。因此,我们有理由认为,以往按照 B 版标准开发的民机机载软件,在少量调整部分符合性证据后(如补充对参数化数据表和数据项情况的说明)仍然能够满足 DO-178C 系列标准的要求。

需要特别注意的是,新版标准对工具鉴定采用了全新的分类方法,并且与 DO-178C 标准同步推出了 DO-330 工具鉴定标准。在涉及工具鉴定,特别是验证类工具鉴定的机载软件项目中,此部分的要求有所提高,具体可参考本书第 6 章的详细说明。

同时还应注意到,DO-178C 这些变化中传达出如下重要信息:

(1) 重视供应商管理。在现实机载软件的研制项目中,机载软件的供应商可能对软件项目包进行切割,转而由多个次级供应商承担软件项目的研制活动。切割方式可能根据软件构型项进行切割,也可能根据软件开发与验证进行切割,还有可能仅仅就其中的某一部分转包给其他厂商。供应商管理,在软件适航方面主要面临的是流程的不一致性、问题沟通、政策贯彻、影响分析等诸多方面的问题。因此 DO-178C 在 4.2、7.2、8.2、11.1 和 11.20 节给出了一系列的指南。

(2) 接受新的结构覆盖分析方法。DO-178C 除了接受在源代码层级、目标码层级、可执行目标码层级的结构覆盖分析(主流仍是源代码层级)外,还接受 mask MC/DC、short circuit MC/DC(实际业界已接受)的结构覆盖分析方法。其实这是一种从变量单独改变结果到基于与或影响的运算符单因覆盖。

(3) D级别软件的矛盾解决。明确不要求D级别软件满足Table A-2 #4,5,6三个目标,即对设计和编码过程的开发与验证不再做出要求。

(4) 追踪性关系的澄清。DO-178C明确提出了双向追踪性的概念,DO-178B在标准中未曾明确,因此DO-178B可以认为只对需求分解方向提出了追踪性的要求。双向追踪性要求需求系统需求与软件需求之间建立从上到下和从下到上(to/from)两种视角的追踪性。原先DO-178B未明确说明,但诸多工业界的实践已经在实现双向追踪性。对于那种与上层需求不具有明确追踪性关系,但是又具有关联关系的需求或代码,可以以弱链接的方式建立追踪性,同时还赋予其衍生需求(不适用于代码)的属性。所以对于追踪性,DO-178C独特地提出了一种可称为"weak link"(源于Leanna Rierson的说法)的追踪方式,应用在那种影响上层需求,但是又不为上层需求所定义的方式。

3.8 本章小结

任何机载系统和设备中包含软件的情况都必须为机载软件选择符合性方法。不管何种符合性方法,其最终都是为适航规章的符合性做准备或者说提供证据。

本章首先论述了规章中相关规章与DO-178C之间的关系。作为过程保证方法,DO-178C具有所有过程保证方法的共性特点,这种共性就是层次化方法。其次,通过层次化方法适配于不同等级的软件,就形成了严苛程度梯次分布的过程保证标准,落实到软件上就是DO-178C。最后,介绍了DO-178C的主要组成以及比之于DO-178B的变化。

4 过 程 分 析

在软件开发过程中,“目标”比“方法”更本质、更稳定。达到目标的方法会由于不同的公司或设备而不尽相同,也会由于涉及技术和设计工具的进步而发生变化,但是需要达到的目标是不会改变的。因此,DO－178C 并不指定采用的设计方法或开发工具。相反,它强调的是一种目标导向的做法:首先,它要求给出明确的功能和性能目标;其次,它要求给出验证这些目标的方式;最后,它还要求给出达成目标的指标及证明。在这一思想的指导下,分析 DO－178C 中所规定的软件生命周期。有三类过程特别值得注意,它们构成了软件生命周期的一条主线,即软件的计划过程、开发过程和综合过程,它们的关系如图 4.1 所示。本章将围绕这三个过程的含义、结构和交互展开论述。

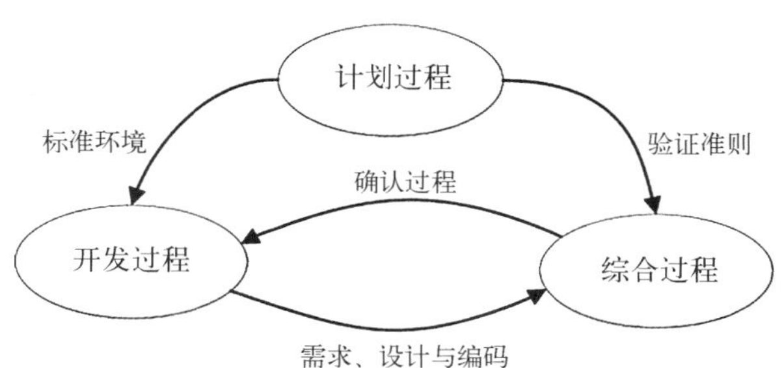

图 4.1　DO－178C 生命周期过程结构图

4.1　过程的含义

4.1.1　软件计划过程

软件计划过程产生各种软件计划和标准,用于指导软件开发过程和软件综合过程。软件计划过程的目的是:定义满足系统需求并与等级一致的软件生产方法;定义软件生命周期,包括过程之间的内在关系、它们的顺序、反馈机制以及转换准则；确定软件生命周期环境，包括各个软件生命周期过程活动使用的方法和工具；确定与系统软件安全目标一致的软件开发标准等。DO－178C 规定了如下五个软件计划：

（1）软件审定计划：纲领性文件，统领所有其他文件。

（2）软件开发计划：定义软件开发过程、方法及环境。

（3）软件验证计划：定义软件验证过程、方法及环境。

（4）软件构型管理计划：定义软件构型管理过程、方法和环境。

（5）软件质量保证计划：定义软件质量过程、方法及环境。

在编写上述五份计划的同时，DO－178C 还对软件生命周期过程中的三类规范进行了要求：

（1）软件需求标准：用于规范软件需求的编写、需求的质量要求和需求开发及管理方法。

（2）软件设计标准：用于对软件设计中的不安全特征进行限制和规定。

（3）软件编码标准：定义在所选定的编程语言和编程平台条件下应遵循的编码规则。

软件本身处于复杂的研制环境之中。首先，软件研制作为系统研制方案的具体落实，必须承接系统或者设备层级的需求及其他输入。这些输入包括安全性的评估材料、系统研制方案、外部的信号/逻辑接口定义、成员系统的公共要求、特定的全机技术要求和约束、人机接口要求、工业标准等诸多材料。

其次，软件研制不可避免受到本单位的现有体系和组织级规范的影响，这种研发习惯多多少少都会被代入到新的民机项目中。特别是国内的民机研制单位，在多年来各种体系化和制度化革新的影响下，已经拥有了不少固有思维。

再次，软件研制本身的复杂性。软件项目本身一般由多个构型项组成，这些构型项需要从满足实际用途转变到不但要满足预期用途，还要将这用途的功能性需求和非功能性需求进行条分缕析的层次化构建，形成在功能、设计、实现、测试上的清晰结构。

最后，清晰规避技术上的"坑"。先踩到坑，然后去解决是一种思路；知道有哪些坑，而不去踩，又是一种思路。研制标准的设立，要求研制单位具有丰富的经验和积累，需要对具体的语言、工具、流程具有清晰准确的认识，不仅仅是泛泛的知道标准的要求，而是就这些薄弱点进行合理的规避。

计划和标准文件不仅仅是申请人与局方之间达成的一致，而且是在后续的开发活动中要求软件研制单位切实地实施和遵循。每一个承诺在计划和标准中的要求都将成为一个个具体的事项，一项项具体的任务，成为事务性的活动，是项目运作的繁杂、重复的日常。

如果软件规模小，那么持续的堆积劳动量，也会产生高质量的软件，但是当软件的规模上去以后，软件的堆砌所呈现出来的更高维度的技术复杂性和管理复杂性将会让项目团队疲于奔命。这时不能联动高效运作的软件研制机制，就会成为项目团队的桎梏。

4.1.2 软件开发过程

在软件开发过程中，DO-178C 定义了如下四个子过程：

(1) 软件需求过程：该过程的输入是分配给软件的系统需求，主要输出是软件系统的高级需求(high level requirement, HLR)。它包含了软件的功能需求、性能需求、软硬件接口和安全相关需求等内容。

(2) 软件设计过程：该过程的输入是软件高级需求、软件开发计划和软件设计标准，主要输出是设计描述，包括软件架构和低级需求(low level requirement, LLR)。

(3) 软件编码过程：这一过程根据软件低级需求和软件架构编写软件的源代码。过程的主要输出结果是源码和目标码。

(4) 软件集成过程：该过程对源码和目标码进行编译、链接，并加载到机载系统或设备中。该过程应包含软件集成和软硬件集成两个子过程。

图 4.2 给出了 DO-178C 系统需求和软件开发四个过程之间的关系。

软件开发过程在 DO-178C 中分为四个阶段，这四个阶段的划分要求保证软件行为的整体性、内在模块之间的协调性、内部耦合之间的正确性、内部异常与错误之间的隔离性、上级功能与下层资源分配之间的合理性和适当裕度，同时还要兼顾软件的效率。这四个阶段的划分可以从软件行为到结构，再到编程语言的转换；也可以是从软件能力到软件规格，再到软件实现的转换；也可以是去粗求精、去伪存真的不断迭代过程；还可以是更为复杂的从外在到多视角描述肢解系统需求的过程。但是不管怎样，这是一个从整体出发到各个部分，然后再到整体的一个开发过程。层次化的步进是为了顺利完成视角的转换。每个层次的切割和分配是功能聚焦和开发人员关注点聚焦的现实需要。在这个过程中，复杂度随着模块、组件、单元的降维，开发难度不断降低，但是软件整体的行为却变得越来越不受控。在软件不断的开发过程中，仍然有一种总体的行为变得尤为重要，仍有一个角色在以总体的责任性视角审视各个实体的综合行为。所以在

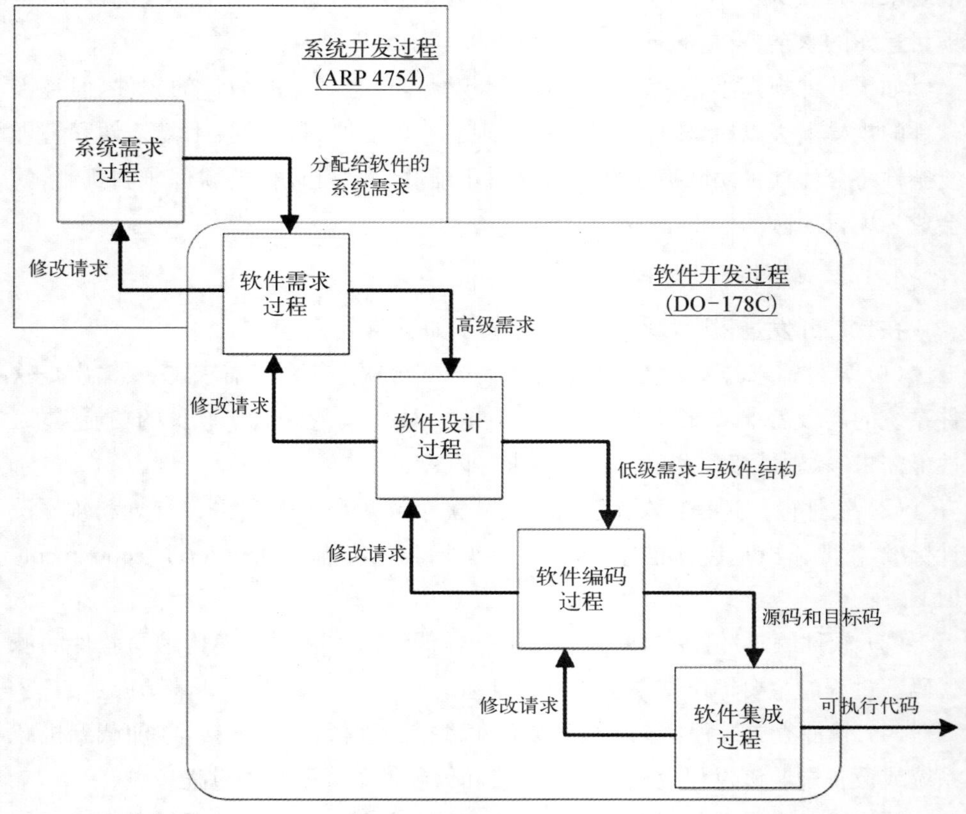

图 4.2　DO－178C 开发过程

这四个阶段的实施过程中,要么前期规划非常明确,各个部分的定义在顶层需求中已经框定,要么在演进过程中,总是有一个全局考虑的机制在发挥作用。否则,局面将变得不可收拾。

4.1.3　软件综合过程

在软件综合过程中,DO－178C 又包含如下四个过程:

1）软件验证过程

该过程由软件验证计划定义,用于检测和报告在软件开发过程中可能引入的错误,而错误的消除属于软件开发过程的活动。

2）软件构型管理过程

该过程由软件构型管理计划定义,与其他软件生命周期过程协同执行,其主要功能如下:

(1) 用于在软件生命周期中提供确定的、可控的软件构型。

(2) 提供可执行目标代码的复制能力,当需要检查和修改时可快速复制。

(3) 在软件生命周期中提供过程输入/输出控制能力,保证过程活动的一致性和可重复性。

(4) 通过控制构型项、建立构型基础,提供用于检查、状态判断、修改控制的节点。

(5) 提供控制,保证所有问题都被处理,所有修改都被记录、提交和实现。

(6) 通过控制软件生命过程的输出提供软件的证明。

(7) 辅助判断软件产品与需求是否兼容。

(8) 保证构型项维护了加密、恢复和控制数据等。

3) 软件质量保证过程

该过程由软件质量保证计划定义,用于审核软件的生命周期过程及其输出,确保其目标被实现,错误被检测、评估、跟踪和解决,以及保证其他软件生命周期数据能够满足软件需求。软件质量保证过程用于提供相关证据来表明经过软件生命周期生产的软件产品与需求相一致,保证这些过程的执行与软件计划和标准一致。

4) 审定联络过程

该过程用于在整个软件生命周期中建立应用程序与证明授权之间的通讯和理解,辅助软件的证明过程。

在机载软件开发过程中,软件综合过程与软件开发过程是并行执行的。在整个软件生命周期中,以软件开发过程为主线,在其各个子过程中实施相应的软件综合过程,其执行根据独立性要求等可由两个以上的不同团队来完成,实现软件开发与软件综合的分离。软件生命周期中各个过程的关系如图 4.3 表示,图

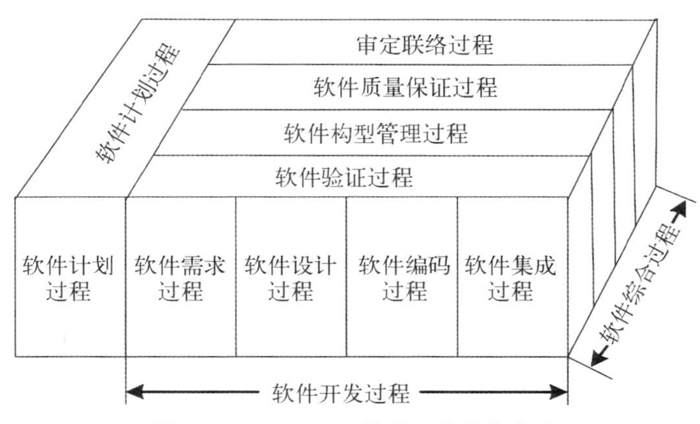

图 4.3　DO-178C 软件生命周期方阵

中软件计划过程是所有过程的起始点，根据软件计划过程制定的各种软件计划执行相应的软件生命周期活动。

综合过程也称为“整体过程”，预示其长期性和伴生性。这种综合性还体现在其支持性，这是保证在日复一日的开发过程中的软件中间产品的质量特性、清晰的数据变化路径、过程和产品的监督监理。综合过程的设置适用于软件，对于其他层级甚至其他行业都是非常必要的，是现代工业活动长期实施过程中的宝贵经验总结。

笔者在这里想到丰田的精益管理，其中蕴含的思路也给综合过程的设置提供了一些提示和指导。例如透明的信息与数字看板，软件项目研制中的构型管理和质量保证其实就为实现这一目的，提供了良好的手段。通过构型管理和质量保证，可以为管理层提供诊断、监控、管理的依据。管理层要实施有效的管理，总是离不开管控范围、问题定位、解决措施、效果统计等这些俗套的环节或者要素。软件综合过程的这些项目可以系统性地提供这种手段，如构型项的梳理、构型项状态的管控、问题报告机制和构型变更管理机制等，为项目的范围状态，人力时间资源的投入等提供决策依据。精而有益、由精益而形成良好循环，最终达到质变。这与习近平总书记提到的精准思维有异曲同工之妙。

当然，软件适航本身更多的是坚持一种底线思维。如果软件研制企业想在人力、进度、成本上取得进一步的收益，那么就必须在流程优化、技术视野、管理与激励机制上做出更广阔层面上的革新。

4.2 过程的结构

为了控制软件研发，降低研发风险，DO－178C 中详细规定每个过程所要实现的目标，需要执行的活动，以及证明目标被实现的证据。这些过程可存在于软件生命周期中的一个或多个阶段。当满足某些输入条件时，过程将被激活。当产生规定输出并满足过程间转换准则时，过程将停止。在整个软件生命周期中，一些过程可能要整体迭代数次，而有些过程则可能需要反复进行小范围的局部执行。

要想充分理解 DO－178C 所述的机载软件研发流程，需要对每个过程有清晰的认识。DO－178C 标准是以目标为导向的方式来组织活动，它将共同达成某些目标的活动组合在一起构成过程，从而以过程为线索来描述软件生命周期。为了帮助读者迅速了解过程内部的层次结构，本书采用表格形式(见表 4.1～表 4.4)对过程进行详细分析。其中，过程剖析以 A 级别软件开发过程中软件需

表 4.1 软件需求过程结构

过程	子过程	子过程结束条件	活动	输入	输出	目标
软件开发过程	软件需求过程	● 实现软件需求过程中的所有目标 ● 实现综合过程中与软件需求过程有关的所有目标	分析分配给软件的系统功能需求和接口要求是否存在歧义、矛盾以及未定义的情况	● 系统需求 ● 硬件接口 ● 系统架构	● 软件需求数据	开发软件高级需求 定义衍生的高级需求
			将需求过程检测到的不正确或不充分的输入反馈给输入源以作解释或纠正	● 系统需求 ● 硬件接口 ● 系统架构 ● 软件开发计划 ● 软件需求标准	● 软件需求数据 ● 问题报告(详见软件验证和软件构型管理过程)	开发软件高级需求
			在高级需求中确定每个分配给软件的系统需求	● 系统需求	● 软件需求数据	开发软件高级需求
			在高级需求中定义分配给软件用于消除系统危害的系统需求	● 系统需求 ● 硬件接口 ● 系统架构	● 软件需求数据	开发软件高级需求
			生成符合软件需求标准,可被验证且前后一致的高级需求	● 系统需求 ● 硬件接口 ● 系统架构 ● 软件开发计划 ● 软件需求标准	● 软件需求数据	开发软件高级需求
			如有必要,则使用带有容许偏差的定量词语描述高级需求	● 系统需求 ● 硬件接口 ● 系统架构 ● 软件开发计划 ● 软件需求标准	● 软件需求数据	开发软件高级需求

（续表）

过程	子过程	子过程结束条件	活　动	输　入	输　出	目　标
			除规定的合理设计约束外，无需在高级需求中描述设计或验证细节	● 系统需求 ● 硬件接口 ● 系统架构 ● 软件开发计划	● 软件需求数据 ● 初步测试用例（详见软件验证过程）	开发软件高级需求
软件开发过程	软件需求过程	● 实现软件需求过程中的所有目标 ● 实现综合过程中与软件需求过程有关的所有目标	使分配给软件的每条系统需求都可追溯到一个或多个软件高级需求	● 系统需求 ● 硬件接口 ● 系统架构 ● 软件开发计划 ● 软件需求标准	● 软件需求数据 ● 追溯数据（该项输出仅出现在DO－178C中）	开发软件高级需求
			使软件高级需求向上可追溯到一个或多个系统需求	● 系统需求 ● 硬件接口 ● 系统架构 ● 软件开发计划 ● 软件需求标准	● 软件需求数据 ● 追溯数据（该项输出仅出现在DO－178C中）	开发软件高级需求

表 4.2 软件设计过程结构

过程	子过程	子过程结束条件	活动	输入	输出	目标
软件开发过程	软件设计过程	● 实现软件设计过程中的所有目标 ● 实现综合过程中与软件设计过程有关的所有目标	生成符合软件设计标准，可追溯、可验证且前后一致的低级需求	● 软件需求数据 ● 软件开发计划 ● 软件设计标准	● 软件设计描述 ● 追溯数据(该项输出仅出现在 DO－178C 中)	开发软件低级需求
			定义和分析衍生需求	● 软件需求数据	● 软件设计描述	定义衍生的低级需求
			将衍生需求提供给包括系统需求在内的系统过程	● 软件需求数据 ● 软件开发计划 ● 软件设计标准	● 软件设计描述 ● 反馈到系统过程的衍生需求	定义衍生的低级需求
			保持软件组件间接口定义的一致性	● 软件需求数据 ● 软件开发计划 ● 软件设计标准	● 软件设计描述	开发软件架构
			监控数据流和控制流	● 软件需求数据 ● 软件开发计划 ● 软件设计标准	● 软件设计描述	开发软件架构
			设计安全相关需求所要求的对系统失效情况的响应	● 软件需求数据 ● 软件开发计划 ● 软件设计标准	● 软件设计描述	定义软件低级需求
			将设计过程检测到的不充分或不正确的输入反馈给系统生命周期过程、软件计划过程或软件需求过程	● 软件需求数据 ● 软件开发计划 ● 软件设计标准	● 软件设计描述 ● 问题报告(详见软件验证过程和构型管理过程)	开发软件低级需求 定义衍生的低级需求

表 4.3　软件编码过程结构

过程	子过程	子过程结束条件	活动	输入	输出	目标
软件开发过程	软件编码过程	● 实现软件编码过程中的所有目标 ● 实现综合过程中与软件编码过程有关的所有目标	生成可实现低级需求且符合软件架构的源代码	● 低级需求 ● 软件架构 ● 软件开发计划 ● 软件编码标准	● 源代码	编写源代码
			生成符合软件编码标准的源代码	● 低级需求 ● 软件架构 ● 软件开发计划 ● 软件编码标准	● 源代码	编写源代码
			使源代码向上追溯到低级需求	● 低级需求 ● 软件架构 ● 软件开发计划 ● 软件编码标准	● 源代码 ● 追溯数据(该项输出仅出现在DO－178C中)	编写源代码
			将编码过程检测到的不充分或不正确的输入反馈给软件需求过程或软件设计过程或软件计划过程	● 低级需求 ● 软件架构 ● 软件开发计划 ● 软件编码标准	● 源代码 ● 问题报告	编写源代码

表 4.4　集成过程结构

过程	子过程	子过程结束条件	活　　动	输　入	输　出	目　标
软件开发过程	集成过程	● 实现集成过程中的所有目标 ● 实现综合过程中与集成过程有关的所有目标	根据源代码、链接数据和加载数据生成可执行目标代码	● 软件架构 ● 源代码 ● 目标代码	● 可执行目标代码	生成可执行目标代码并集成于目标计算机
			在主机或目标计算机上执行软件集成	● 软件架构 ● 源代码 ● 目标代码	● 可执行目标代码	生成可执行目标代码并集成于目标计算机
			在目标计算机上加载软件进行软件/硬件集成	● 软件架构 ● 源代码 ● 目标代码	● 可执行目标代码	生成可执行目标代码并集成于目标计算机
			将集成过程检测到的不充分或不正确的输入反馈给软件需求过程或软件设计过程或软件编码过程或软件计划过程	● 软件架构 ● 源代码 ● 目标代码	● 可执行目标代码	生成可执行目标代码并集成于目标计算机
			根据软件需求生成参数化数据项文件	● 软件高级需求	● 参数化数据项文件	生成参数化数据项文件

求过程、软件设计过程、软件编码过程和集成过程四个子过程为例，其他过程均可以以此为参照。分析的内容包括过程中需要进行的活动，过程结束的条件，每个活动所对应的输入、输出以及采取这些活动所要实现的目标。

需要注意的是，以上软件开发过程中各个子过程在先前定义的开发计划的基础上可以并行开展，各个子过程获得的输入数据可以是分批分次逐步精化的。同样，其输出数据一般也将是逐步提交的。如果软件规模较大或团队构成复杂，那么可以考虑在开发过程中确定若干开发基线以实现不同研制团队间的同步。

4.3 过程间的交互

为了使读者便于理解，本节将按照 DO-178C 中的要求来描述过程间交互，DO-178C 中除了少量数据交互和 DO-178B 存在差异外，没有实质性变化。在此不再赘述。

虽然从表面上看，软件生命周期被简单分为软件计划过程、软件开发过程和软件综合过程 3 大类过程，但实际上，过程之间却存在着复杂的交互，例如软件综合过程贯穿于整个软件生命周期的始终，与软件计划过程和软件开发过程都存在着交互。各过程之间的交互反映在两个方面：数据交互和过程交互上，各过程之间的交互关系如图 4.4 所示。为了便于对软件研发进行控制，同时也为了便于量化考察目标的实现情况，在本节中我们将对过程之间的交互关系进一

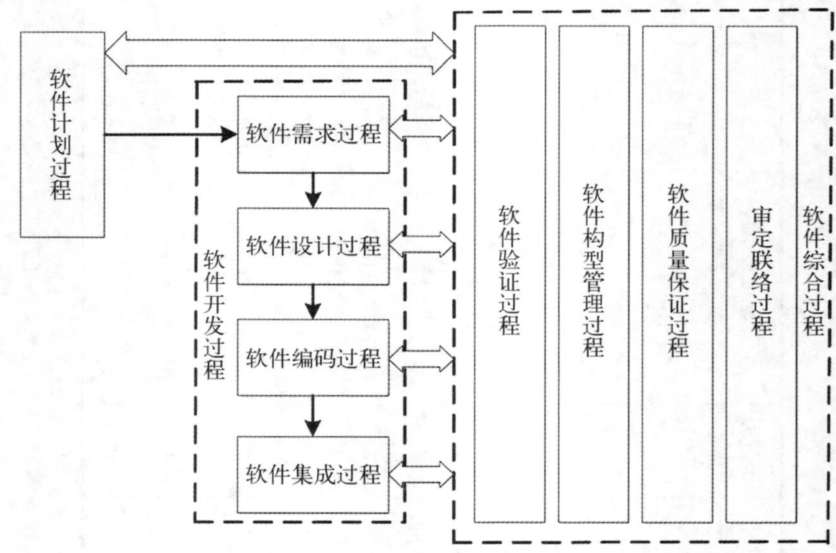

图 4.4 DO-178C 中各过程之间的交互关系

步进行分析和介绍。

针对过程之间的交互，我们将分别讨论软件计划过程与软件综合过程间的交互，软件开发过程与软件综合过程间的交互，使读者对软件研制流程的内部机制有一个更深刻的了解。

1）软件计划过程与软件综合过程间的交互

软件计划过程是任何软件项目中软件生命周期的初始过程，它为满足开发、验证、控制、保证和生成各种软件生命周期数据规定了众多软件计划、标准、规程、活动和工具，因此适当介入软件计划过程可以最大限度地减少计划阶段所做出的决定与 DO-178C 目标不相符的风险。软件综合过程主要用于保证软件生命周期中各过程输出结果的正确性，并提供相应的可控性和可信性。因此，软件计划过程与软件综合过程中的各子过程都存在着交互，具体表现在以下几个方面：

(1) 软件计划过程与审定联络过程的交互。

(2) 软件计划过程与软件构型管理过程的交互。

(3) 软件计划过程与软件质量保证过程的交互。

(4) 软件计划过程与软件验证过程的交互。

下面，我们将对以上几个方面的交互进行详细介绍：

(1) 软件计划过程与审定联络过程的交互。

交互形式： 数据交互，过程交互。

交互原因： 软件计划过程的一个重要输出就是软件审定计划。该计划作为至少要提交给局方进行审查的三个文件之一，表明了申请人计划采取的用来证明符合适航基础的符合性方法。它包括对整个软件生命周期和软件生命周期数据的描述，以及对审查进度安排等的规定。因此，当软件计划过程中完成软件审定计划的制定后，就需要相应开展审定联络过程，使申请人和审查局方就软件审定计划建立起沟通和理解。审查局方需要对申请人软件审定计划中提出的符合性方法以及各种计划和标准进行论证，对其进行批复。如果通过，那么申请人可按照提出的方法进行软件研发。如未通过，申请人则需要进行相应修改，直到获得审查局方批准通过。

软件计划过程与审定联络过程之间的过程交互体现为：软件计划过程完成后，需要进行审定联络过程，并且实现如下目标：

- [在申请人和审查局方之间建立起沟通和理解](A-10.1)。
- [提出符合性方法，并满足软件审定计划](A-10.2)。

关于上述目标的具体描述可参见本书 5.1.1 节。

综上，软件计划过程与审定联络过程之间的数据交互如图 4.5 所示。

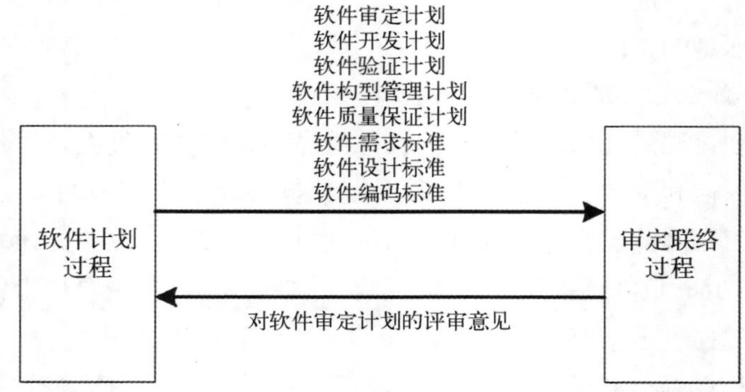

图 4.5 软件计划过程与审定联络过程之间的数据交互

(2) 软件计划过程与软件构型管理过程的交互。

交互形式： 数据交互，过程交互。

交互原因： 软件计划过程生成的各类软件计划和标准作为深入理解软件研发过程的重要数据，需要进行妥善地管理和保存，以备后续研发和审查之用。因此，软件计划过程开展的同时，就应针对开展相应的软件构型管理过程。软件构型管理过程通过对相应软件数据分配构型项标识和建立基线，为软件计划过程生成的软件数据建立起追溯机制，方便查阅和调用。此外，建立问题报告、更改控制、更改评审、构型状态纪实、归档、检索和发布机制，可对软件数据建立起一套完善的控制机制，以保证软件数据的完整性和正确性。

软件计划过程与软件构型管理过程之间的过程交互体现为：在软件计划过程进行的同时，开展软件构型管理过程，并且实现如下目标：

- [标识构型项](A－8.1)。
- [建立基线和可追溯性](A－8.2)。
- [建立问题报告，变更控制，变更评审和构型状态纪实机制](A－8.3)。
- [建立归档，检索和发布机制](A－8.4)。

关于上述目标的具体描述可参见本书 5.1.1 节。

软件计划过程与软件构型管理过程之间的数据交互如图 4.6 所示。

(3) 软件计划过程与软件质量保证过程的交互。

交互形式： 数据交互，过程交互。

交互原因： 软件计划过程生成的各类计划和标准，确定的过程转换准则是

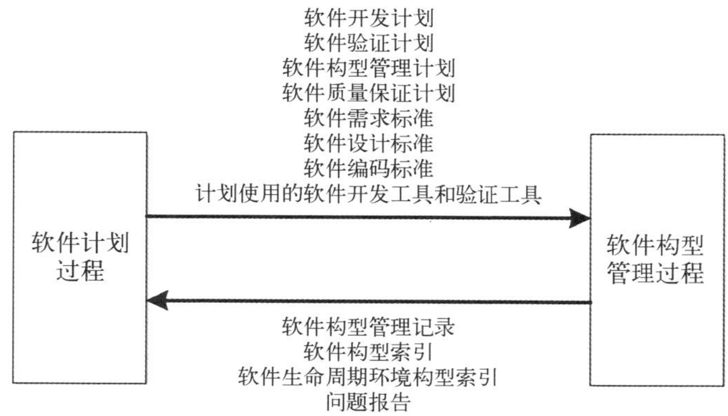

图 4.6 软件计划过程与软件构型管理过程之间的数据交互

指导后续软件研发过程的指南，需要在制定后加以保证，确保能够被准确且一致地执行。因此，在软件计划过程开展的同时，就应针对开展相应的软件质量保证过程，实现对软件质量的控制。

软件计划过程与软件质量保证过程之间的过程交互体现为：在软件计划过程进行的同时，开展软件质量保证过程，并且实现如下目标：

- [确保满足软件生命周期过程的转换准则](A－9.4)。

关于上述目标的具体内容可参见本书 5.1.1 节。

软件计划过程与软件质量保证过程之间的数据交互如图 4.7 所示。

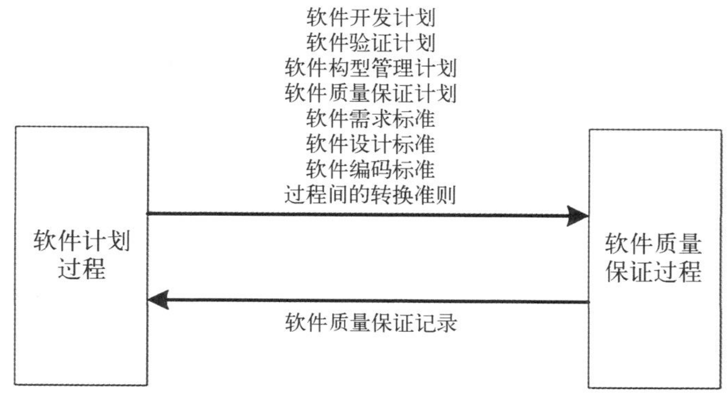

图 4.7 软件计划过程与软件质量保证过程之间的数据交互

(4) 软件计划过程与软件验证过程的交互。

交互形式： 数据交互，过程交互。

交互原因： 对软件计划过程进行验证是为了保证软件计划和标准符合

DO－178B 指南的要求，并且确保提出了用于执行软件计划和标准的符合性方法，从而间接实现保证软件质量的目的。与软件综合过程中的其他过程一样，软件验证过程也应该尽量在软件需求过程的同时开展，以实现开发团队和验证团队的协同。

软件计划过程与软件验证过程之间的过程交互体现为：在软件计划过程进行的同时，开展软件验证过程，并且实现如下目标：

• ［软件计划满足 DO－178B 要求］（A－1. 6）。检查软件计划中是否定义了满足 DO－178B 目标的符合性方法。

• ［协调软件计划的开发与修正］（A－1. 7）。随着软件研发过程的进行，软件计划可能会发生改变，软件验证过程就需要被执行，来确保软件计划的一致性以及正确性。

关于上述目标的具体内容可参见本书 5. 1. 1 节。

软件计划过程与软件验证过程之间的数据交互如图 4. 8 所示。

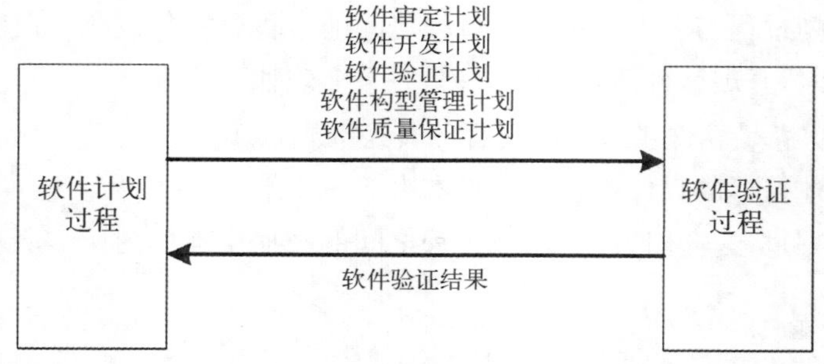

图 4. 8　软件计划过程与软件验证过程之间的数据交互

2）软件开发过程与软件综合过程的交互

软件开发过程由需求过程、设计过程、编码过程以及集成过程构成，负责生成最终的软件产品。此外，由于需要软件综合过程提供支持服务，从而导致软件开发阶段各过程间交互频繁且复杂，也最容易出现错误。因此，作为软件生命周期中的重要过程，软件开发过程与软件综合过程间的交互主要体现在以下四个方面，其中每个方面又包括若干具体子过程间的交互：

（1）软件需求过程与软件综合过程的交互。

a. 软件需求过程与软件构型管理过程的交互。

b. 软件需求过程与软件质量保证过程的交互。

c. 软件需求过程与软件验证过程的交互。

（2）软件设计过程与软件综合过程的交互。

a. 软件设计过程与软件构型管理过程的交互。

b. 软件设计过程与软件质量保证过程的交互。

c. 软件设计过程与软件验证过程的交互。

（3）软件编码过程与软件综合过程的交互。

a. 软件编码过程与软件构型管理过程的交互。

b. 软件编码过程与软件质量保证过程的交互。

c. 软件编码过程与软件验证过程的交互。

（4）软件集成过程与软件综合过程的交互。

a. 软件集成过程与软件构型管理过程的交互。

b. 软件集成过程与软件质量保证过程的交互。

c. 软件集成过程与软件验证过程的交互。

下面首先对软件需求过程与软件综合过程的交互进行详细介绍，其中包括软件需求过程与软件构型管理过程的交互、软件需求过程与软件质量保证过程的交互，以及软件需求过程与软件验证过程的交互。

（1）软件需求过程与软件构型管理过程的交互。

交互形式：数据交互，过程交互。

交互原因：软件需求过程生成软件需求数据，其中包括软件高级需求和衍生的高级需求。因为需求的充分与否关系到软件研发的成败，DO-178C中将需求分为高级需求、衍生的高级需求、低级需求和衍生的低级需求，并且规定软件的高级需求来源于系统需求，经过逐步求精生成软件低级需求和衍生的低级需求。因此，为了保证研发过程执行的正确性和完备性，需要将软件需求过程生成的各类高级需求和衍生的高级需求进行入库管理。此外，若用到工具和平台环境，还要对相应工具进行控制和管理。这就需要软件需求过程与软件构型管理过程进行交互。

软件需求过程与软件构型管理过程之间的过程交互体现为：在软件需求过程进行的同时，开展软件构型管理过程，并且实现如下目标：

- ［标识构型项］(A-8.1)。
- ［建立基线和可追溯性］(A-8.2)。
- ［建立问题报告，变更控制，变更评审和构型状态纪实机制］(A-8.3)。
- ［建立归档、检索和发布机制］(A-8.4)。
- ［建立软件生命周期环境控制］(A-8.6)。

上述目标的具体内容可参见本书 5.1.1 节。

软件需求过程与软件构型管理过程之间的数据交互如图 4.9 所示。

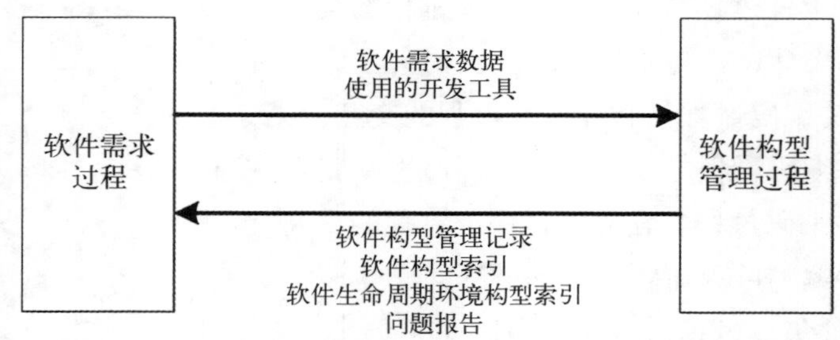

图 4.9 软件需求过程与软件构型管理过程之间的数据交互

(2) 软件需求过程与软件质量保证过程的交互。

交互形式： 数据交互，过程交互。

交互原因： 软件需求过程结束后，需要对生成的生命周期数据和需求过程本身进行检查，以确认需求过程中的转换准则均已被正确满足；需求过程按照软件开发计划和标准开展；生成的需求数据服从软件需求标准，从而保证软件需求过程得到了有效执行。此外，还需要对需求过程中出现的任何问题进行记录，建立报告机制，跟踪每个有问题的地方，直到问题得到有效解决为止。为了确保上述目标实现，就需要在软件需求过程结束后，开展相应的软件质量保证过程。

软件需求过程与软件质量保证过程之间的过程交互体现为：在需求过程结束后，开展软件质量保证过程，并且实现如下目标：

- [确保软件计划和标准满足 DO-178C](A-9.1)。
- [确保软件开发过程和综合过程符合已批准的软件计划](A-9.2)。
- [确保软件开发过程和综合过程符合已批准的软件标准](A-9.3)。
- [确保满足软件生命周期过程的转换准则](A-9.4)。

关于上述目标的具体内容可参见本书 5.1.1 节。

软件需求过程与软件质量保证过程之间的数据交互如图 4.10 所示。

(3) 软件需求过程与软件验证过程的交互。

交互形式： 数据交互，过程交互。

交互原因： 为了进一步确保需求过程得到正确执行，需要对软件需求过程进行验证，表现为软件需求过程结束后，就开展相应的软件验证过程。核查生成的高级需求；检查每条高级需求的正确性；检查高级需求是否可以追溯到系统需

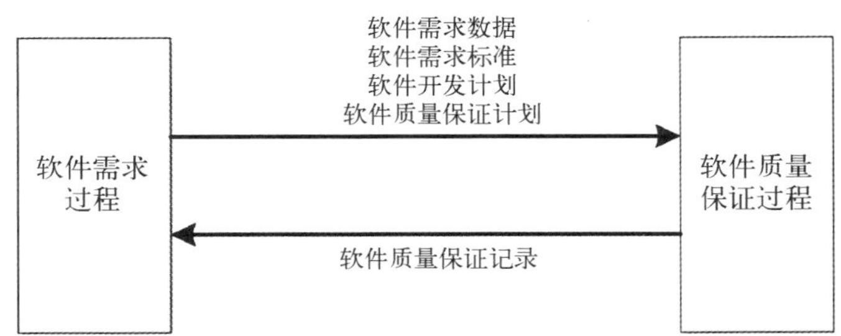

图 4.10 软件需求过程与软件质量保证过程之间的数据交互

求以及与目标计算机的兼容性;检测和报告需求过程中可能引入的错误。从而为后续软件设计过程的顺利开展做好准备。

软件需求过程与软件验证过程之间的过程,其交互体现为:在软件需求过程结束后,开展软件验证过程,并且实现如下目标:

- [高级需求符合系统需求](A-3.1)。
- [高级需求准确并且一致](A-3.2)。
- [高级需求与目标计算机相兼容](A-3.3)。
- [高级需求可验证](A-3.4)。
- [高级需求符合标准](A-3.5)。
- [高级需求可追溯到系统需求](A-3.6)。
- [算法准确](A-3.7)。

关于上述目标的具体内容可参见本书 5.1.1 节。

软件需求过程与软件验证过程之间的数据交互如图 4.11 所示。

图 4.11 软件需求过程与软件验证过程之间的数据交互

下面将对软件设计过程与软件综合过程的交互进行详细介绍,其中包括软件设计过程与软件构型管理过程的交互、软件设计过程与软件质量保证过程的交互,以及软件设计过程与软件验证过程的交互。

(1) 软件设计过程与软件构型管理过程的交互。

交互形式： 数据交互，过程交互。

交互原因： 软件设计过程要生成软件低级需求、衍生的低级需求和软件架构。其中，软件低级需求是可以直接由代码实现的需求形式，衍生的低级需求来源于设计过程中的一些考虑，软件架构表明了用来实现需求的软件结构。这些都是设计过程中所涉及的重要数据，可以用来再现和审查软件设计过程，故需要进行妥善管理和控制。这就需要在软件设计过程与软件构型管理过程间进行交互。

软件设计过程与软件构型管理过程之间的过程交互体现为：在软件设计过程进行的同时，开展软件构型管理过程，并且实现如下目标：

- [标识构型项](A-8.1)。
- [建立基线和可追溯性](A-8.2)。
- [建立问题报告，变更控制，变更评审和构型状态纪实机制](A-8.3)。
- [建立归档，检索和发布机制](A-8.4)。
- [建立软件生命周期环境控制](A-8.6)。

上述目标的具体内容可参见本书 5.1.1 节。

软件设计过程与软件构型管理过程之间的数据交互如图 4.12 所示。

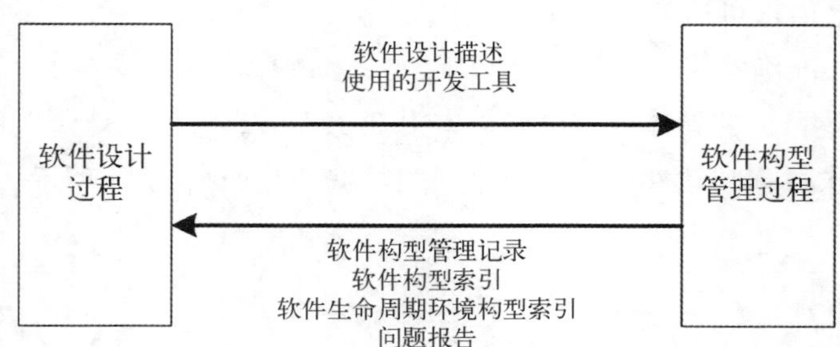

图 4.12 软件设计过程与软件构型管理过程之间的数据交互

(2) 软件设计过程与软件质量保证过程的交互。

交互形式： 数据交互，过程交互。

交互原因： 软件设计过程结束后，需要对生成的设计描述和设计过程本身进行检查，以确认：设计过程中的转换准则均已被正确满足；设计过程按照软件开发计划和标准开展；生成的软件架构服从软件设计标准，从而保证软件设计过程得到了有效执行。此外，还需要对设计过程中出现的任何问题进行记录，建立报告机制，跟踪每个发现的问题，直到问题得到有效解决为止。为了确保上述目标实现,需要软件设计过程与软件质量保证过程进行交互。

软件设计过程与软件质量保证过程之间的过程交互体现为：软件设计过程结束后,开展软件质量保证过程,并且实现如下目标：

- [确保软件计划和标准满足 DO-178C](A-9.1)。
- [确保软件开发过程和综合过程符合已批准的软件计划](A-9.2)。
- [确保软件开发过程和综合过程符合已批准的软件标准](A-9.3)。
- [确保满足软件生命周期过程的转换准则](A-9.4)。

关于上述目标的具体内容可参见本书 5.1.1 节。

软件设计过程与软件质量保证过程之间的数据交互如图 4.13 所示。

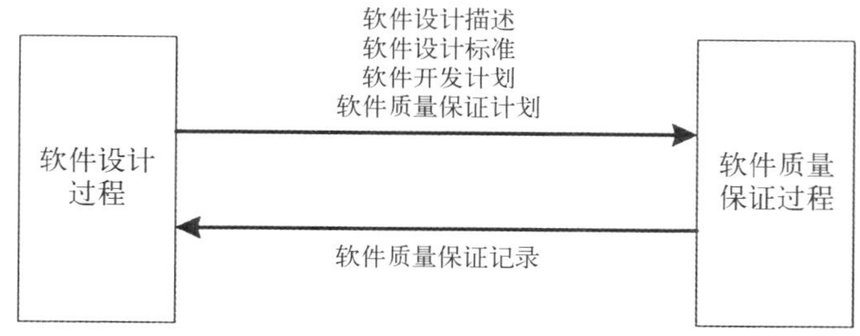

图 4.13 软件设计过程与软件质量保证过程之间的数据交互

(3) 软件设计过程与软件验证过程的交互。

交互形式: 数据交互,过程交互。

交互原因: 为了进一步确保设计过程得到了正确的执行,需要对软件设计过程进行验证,表现为软件设计过程结束或部分结束后,就开展相应的软件验证过程。相关的验证活动包括：检查生成的低级需求;检查每条低级需求的正确性;检查低级需求是否可以追溯到高级需求以及与目标计算机的兼容性;检测和报告设计过程中可能引入的错误,从而为后续的软件编码过程的顺利开展做好准备。

软件设计过程与软件验证保证过程之间的过程交互体现为：软件设计过程结束后,开展软件验证过程,并且实现如下目标：

- [低级需求符合高级需求](A-4.1)。
- [低级需求准确且一致](A-4.2)。
- [低级需求与目标计算机相兼容](A-4.3)。
- [低级需求可验证](A-4.4)。
- [低级需求符合标准](A-4.5)。

- [低级需求可追溯到高级需求](A－4.6)。
- [算法准确](A－4.7)。
- [软件架构符合高级需求](A－4.8)。
- [软件架构一致](A－4.9)。
- [软件架构与目标计算机相兼容](A－4.10)。
- [软件架构可验证](A－4.11)。
- [软件架构符合标准](A－4.12)。
- [确保软件分区的完整性](A－4.13)。

关于上述目标的具体内容可参加本书 5.1.1 节。

软件设计过程与软件验证过程之间的数据交互如图 4.14 所示。

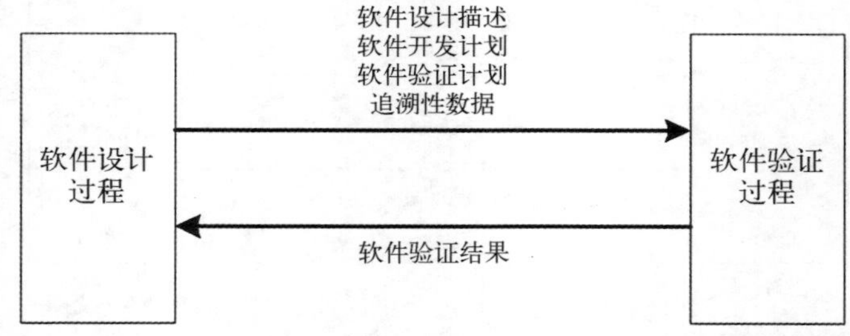

图 4.14　软件设计过程与软件验证过程之间的数据交互

下面将对软件编码过程与软件综合过程的交互进行详细介绍，其中包括软件编码过程与软件构型管理过程的交互、软件编码过程与软件质量保证过程的交互，以及软件编码过程与软件验证过程的交互。

(1) 软件编码过程与软件构型管理过程的交互。

交互形式：数据交互，过程交互。

交互原因：源代码是软件的重要资料，因此，为了确保源代码的准确性和可复制性，需要将编码过程生成的源代码进行入库管理。此外，若用到工具和编码环境，还要对相应工具进行控制和管理。这就需要软件编码过程与软件构型管理过程进行交互。

软件编码过程与软件构型管理过程之间的过程交互体现为：在软件编码过程开始的同时，开展软件构型管理过程，并且实现满足如下目标：

- [标识构型项](A－8.1)。
- [建立基线和追溯性](A－8.2)。
- [建立问题报告，更改评审，更改控制和构型状态纪实机制](A－8.3)。

- [建立归档,检索和发布机制](A－8.4)。
- [建立软件生命周期环境控制](A－8.6)。

上述目标的具体内容可参见本书 5.1.1 节。

软件编码过程与软件构型管理过程之间的数据交互如图 4.15 所示。

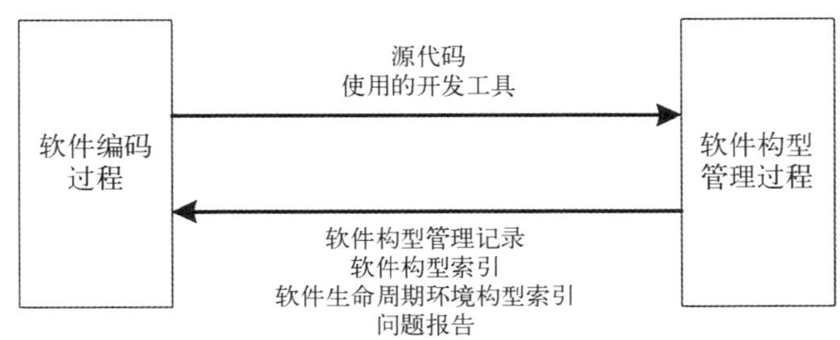

图 4.15　软件编码过程与软件构型管理过程之间的数据交互

(2) 软件编码过程与软件质量保证过程的交互。

交互形式: 数据交互,过程交互。

交互原因: 软件编码过程开展时,需要对生成的源代码和编码过程本身进行检查,以确认:编码过程中的转换准则均已被正确满足;编码过程按照软件开发计划和标准开展;生成的源代码符合软件编码标准,从而保证软件编码过程得到了有效执行。此外,还需要对编码过程中出现的任何问题进行记录,建立报告机制,跟踪每个有问题的地方,直到问题得到有效解决为止。为了确保上述目标实现,需要软件编码过程与软件质量保证过程进行交互。

软件编码过程与软件质量保证过程之间的过程交互体现为软件编码过程结束后,开展软件质量保证过程,并且实现如下目标:

- [确保软件开发过程和综合过程符合已批准的软件计划](A－9.2)。
- [确保软件开发过程和综合过程符合已批准的软件标准](A－9.3)。
- [确保满足软件生命周期过程的转换准则](A－9.4)。

关于上述目标的具体内容可参见本书 5.1.1 节。

软件编码过程与软件质量保证过程之间的数据交互如图 4.16 所示。

(3) 软件编码过程与软件验证过程的交互。

交互形式: 数据交互,过程交互。

交互原因: 为了进一步确保编码过程得到了正确的执行,需要对软件编码过程进行验证,表现为在软件编码过程结束或部分结束后,就开展相应的软件验证过程。相关的验证活动包括检查源代码是否实现了低级需求,并且符合软件

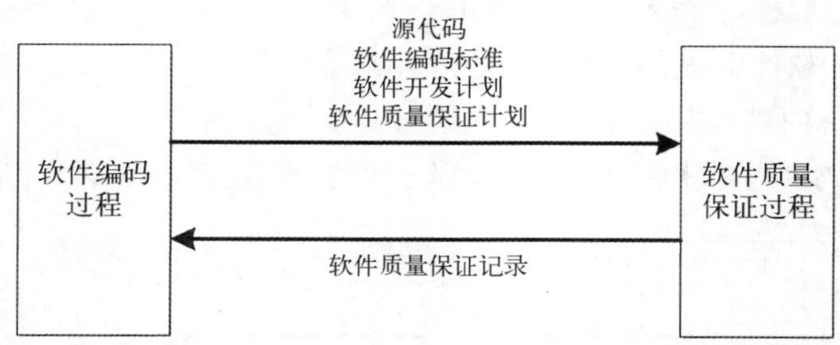

图 4.16　软件编码过程与软件质量保证过程之间的数据交互

架构；检查生成的源代码是否符合软件编码标准；检查源代码是否可以追溯到设计描述；检查编码过程中不正确或不充分的输入是否回馈给软件需求过程、软件设计过程或者软件计划过程，以便其做解释或改正。

软件编码过程与软件验证过程之间的过程交互体现为：软件编码过程结束后，开展软件验证过程，并且实现如下目标：

- [源代码符合低级需求](A-5.1)。
- [源代码符合软件架构](A-5.2)。
- [源代码可验证](A-5.3)。
- [源代码符合标准](A-5.4)。
- [源代码可追溯到低级需求](A-5.5)。
- [源代码准确且一致](A-5.6)。

关于上述目标的具体内容可参见本书 5.1.1 节。

软件编码过程与软件验证过程之间的数据交互如图 4.17 所示。

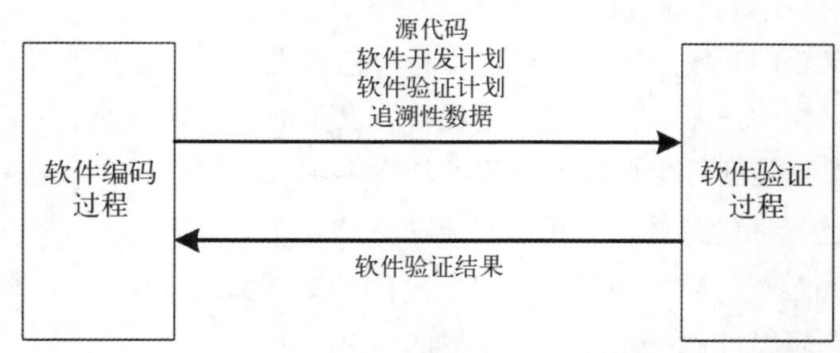

图 4.17　软件编码过程与软件验证过程之间的数据交互

下面将对软件集成过程与软件综合过程的交互进行详细介绍，其中包括软件集成过程与软件构型管理过程的交互、软件集成过程与软件质量保证过程的交互，以及软件集成过程与软件验证过程的交互。

(1) 软件集成过程与软件构型管理过程的交互。

交互形式: 数据交互,过程交互。

交互原因: 软件集成过程生成的目标代码,可执行目标代码以及编译、链接、加载数据都需要进行入库管理。如果进行软硬件集成,还需要对软件加载进行控制。此外,若用到工具和加载环境等,还要对相应工具进行控制和管理。这就需要软件集成过程与软件构型管理过程进行交互。

软件集成过程与软件构型管理过程之间的数据交互体现为:在软件集成过程开始的同时,开展软件构型管理过程,并且实现如下目标:

- [标识构型项](A-8.1)。
- [建立基线和追溯性](A-8.2)。
- [建立问题报告,更改评审,更改控制和构型状态纪实机制](A-8.3)。
- [建立归档,检索和发布机制](A-8.4)。
- [建立软件加载控制](A-8.5)。
- [建立软件生命周期环境控制](A-8.6)。

上述目标的具体内容可参见本书 5.1.1 节。

软件集成过程与软件构型管理过程之间的数据如图 4.18 所示。

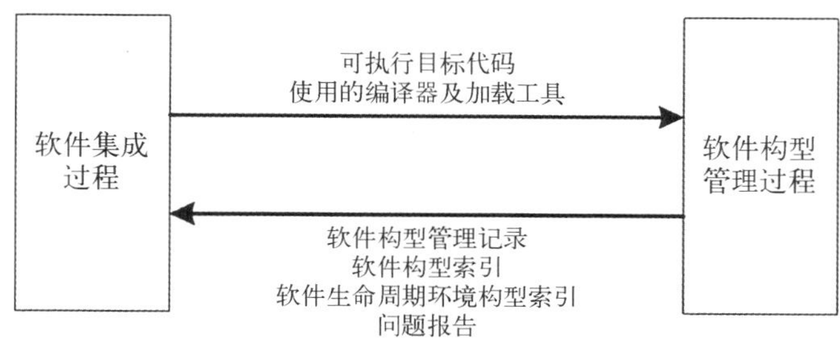

图 4.18 软件集成过程与软件构型管理过程之间的数据交互

(2) 软件集成过程与软件质量保证过程的交互。

交互形式: 数据交互,过程交互。

交互原因: 软件集成过程开展的同时,需要对生成的可执行目标代码以及集成过程本身进行检查,以确认集成过程中的转换准则均已被正确满足;集成过程按照软件开发计划开展,从而保证软件集成过程得到了有效执行。此外,还需要对集成过程中出现的任何问题进行记录,建立报告机制,跟踪每个有问题的地方,直到问题得到有效解决为止。为了确保上述目标实现,需要软件集成过程与软件质量保证过程进行交互。

软件集成过程与软件质量保证过程之间的数据交互体现为满足如下目标：

- [确保软件开发过程和综合过程符合已批准的软件计划](A-9.2)。
- [确保软件开发过程和综合过程符合已批准的软件标准](A-9.3)。
- [确保满足软件生命周期过程的转换准则](A-9.4)。

关于上述目标的具体内容可参见本书 5.1.1 节。

软件集成过程与软件质量保证过程之间的数据交互如图 4.19 所示。

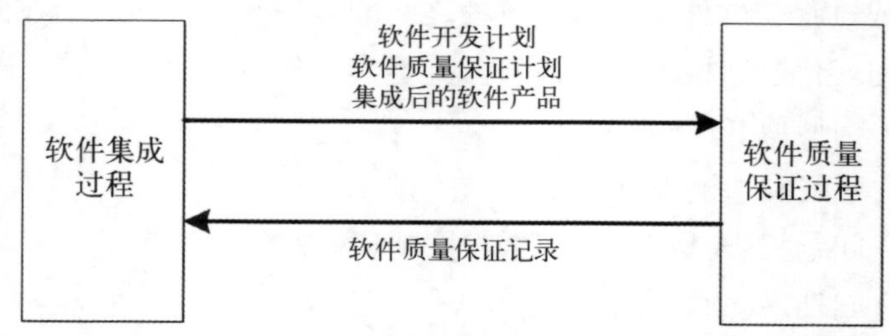

图 4.19 软件集成过程与软件质量保证过程之间的数据交互

(3) 软件集成过程与软件验证过程的交互。

交互形式： 数据交互，过程交互。

交互原因： 为了进一步确保集成过程得到了正确的执行，需要对软件集成过程进行验证，表现为软件集成过程结束后，就开展相应的软件验证过程。相关的验证活动包括：检查可执行目标代码是否由源代码生成；检查软件是否被加载进目标计算机以备软硬件集成；检查集成过程中不正确或不充分的输入是否回馈给软件需求过程、软件设计过程、软件编码过程或者软件计划过程以做解释或改正。

软件集成过程与软件验证过程之间的过程交互体现为：软件集成过程结束后，开展软件验证过程，并且实现如下目标：

- [软件集成过程输出结果完整且准确](A-5.6)。
- [可执行目标代码符合高级需求](A-6.1)。
- [可执行目标代码对高级需求具有鲁棒性](A-6.2)。
- [可执行目标代码符合低级需求](A-6.3)。
- [可执行目标代码对低级需求具有鲁棒性](A-6.4)。
- [可执行目标代码与目标计算机相兼容](A-6.5)。
- [测试程序正确](A-7.1)。
- [测试结果正确，并且解释差异性](A-7.2)。

- [完成对高级需求的测试覆盖](A－7.3)。
- [完成对低级需求的测试覆盖](A－7.4)。
- [完成对软件架构(修正条件/判定覆盖)的测试覆盖](A－7.5)。
- [完成对软件架构(判定覆盖)的测试覆盖](A－7.6)。
- [完成对软件架构(语句覆盖)的测试覆盖](A－7.7)。
- [完成对软件架构(数据耦合和控制耦合)的测试覆盖](A－7.8)。
- [验证无法追踪到源代码的附加代码](A－7.9)。

关于上述目标的具体内容可参见本书 5.1.1 节。

软件集成过程与软件验证过程之间的数据交互如图 4.20 所示。

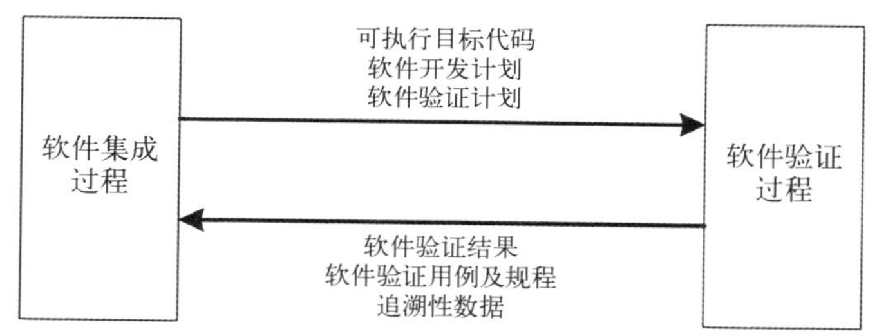

图 4.20 软件集成过程与软件验证过程之间的数据交互

4.4 本章小结

在第 3 章和第 4 章中,我们多次强调,软件计划、开发和综合过程中的许多子过程可以并行执行,或者在一定的中间基线的基础上逐次迭代。正是由于软件生命周期过程间的这种协同给研制单位定义软件生命周期过程带来了困难,因此本章重点就软件生命周期过程中的活动以及活动间的交互关系进行了初步分析,以期帮助读者理解并合理分配软件研制环节中的工作。

在准确定义了软件生命周期过程和活动后,还需要确认软件生命周期过程中的活动达到了标准中所要求的目标。下一章我们将重点对软件生命周期的目标进行解释。

5 目标分析

5.1 目标的含义

5.1.1 目标的详细描述

软件无法作为一种唯一且独立的产品进行审定，它必须和安装在航空器、发动机上的机载系统或设备一起接受适航审定当局的审定。作为审定工作的一部分，在机载系统或设备中的嵌入式软件应得到审定当局的批准通过。因此，如何保证研制的机载软件满足适航审定当局的适航性要求成为一个重要问题。DO-178C 作为目前工业界和适航审定当局普遍接受的一种符合性方法，在机载软件的审查以及研制中发挥着重要的指导作用。DO-178C 以目标来定量刻画机载软件的研制，只要在研发过程中实现了 DO-178C 中规定的某一等级软件的全部目标，就可以有理由相信该软件满足适航审定当局的适航性要求。

在 DO-178B 中，A 级软件要实现 66 个目标，B 级软件要实现 65 个目标，C 级软件要实现 56 个目标，D 级软件要实现 28 个目标。在 DO-178C 中，A 级软件要实现 71 个目标，B 级软件要实现 69 个目标，C 级软件要实现 62 个目标，D 级软件要实现 25 个目标。其中，这些等级软件的目标中都含有共同的部分，只是随着软件等级严苛程度的提高，目标数目相应增加，目标的要求也逐渐提高。

鉴于上面所述原因，本书将以包含目标数目最多、要求最高的 A 级软件为例，详细解读 71 个目标的具体含义，望能使读者在阅读后对每个目标的要求加深认识和理解。

此外，考虑到 DO-178C 是目前最新采用的标准，与之前 DO-178B 版本相比，目标数量上有新的增加。因此，在下一节，我们将重点对 C 版本中新增加的五个目标进行解释，使读者能够通过两个版本标准的对比来进一步理解和掌握 DO-178C 对目标的要求。

在介绍 A 级软件 71 个目标的过程中，索引 A-x.x 表示 DO-178C 附录 A

中表格 A-x 所列的第 x 个目标。例如 A-1.1 表示 A-1 表的第 1 个目标“定义软件生命周期过程的活动”。

1）软件计划过程

(1) 定义软件生命周期过程的活动(A-1.1)。

解读：中国有句俗话“好的开始就是成功的一半”，可见好的开端可以起到事半功倍的作用。软件计划是指导软件开发人员后续开发活动的指南，同时，也是向审查方表明研制生命周期满足标准要求的首要途径。根据标准第 4 章的要求，相应的活动应该在软件审定计划、软件开发计划、软件验证计划、软件构型管理计划和软件质量保证计划在内的软件计划中明确，以便及时地为后续研发工作的顺利开展提供指导。上述五份计划应同时满足标准第 12 章对生命周期数据的要求。

目标实现：编制相应计划文件并且提交审查方批准或评审。需要注意的是，其中的软件合格审定计划(PSAC)是研制部门与审查方协商确定的，其他计划将用来支撑软件审定计划。软件审定计划的修改和更新必须按照研制部门既定的控制类别和变更管理办法进行。

说明：标准的五份生命周期计划要求研制单位在表明符合性时可相对灵活地组合，并非要求照搬格式，研制单位在满足了所有的生命周期计划数据元素要求(即第 11 章的内容要求)的基础上可以自由地定制其软件生命周期计划的结构和关系。如有的研制单位可能将其中的两份计划合并，但全部包含了第 12 章所要求的内容。再如，有些项目的项目组织和过程复杂，研制也可通过多份或多级计划满足标准第 12 章中某一计划文件的要求。对于其他生命周期数据的要求也是如此。

另外，某些软件研制方习惯于使用组织级或者公司级的文件作为软件生命周期过程的原则、方法、活动的依据。对于这种情况，软件研制方要根据项目情况进行裁剪和增删，同时审查方也将会从机载软件项目入手触及更高层级的文件作为判断符合性的根据。

(2) 定义过程之间的关系、反馈机制、执行顺序及转换准则(A-1.2)。

解读：鉴于待开发项目自身属性的不同，例如系统功能、架构及其复杂度、软件规模和复杂度、需求的稳定性、使用先前开发软件、特定软件类型以及硬件可行性等，同时考虑组织及供应商的情况，每个软件项目的开发过程的层次不尽相同，综合过程活动必须与之保持协同。首先，DO-178C 应参照经典的 V 模型基础上的，要求软件的开发与验证活动伴生。在上一过程输出达到一定条件的基础上按要求开展后续过程的活动，如果出口准则与入口准则雷同，则可统一设置为阶段转换准则；如果当前阶段的出口准则与下一阶段的入口准则存在差异，例如下一阶段的输入数据数量多于当前阶段所能给予的数量，则出口准则与入口准则应分别设置。此外，DO-178C也强调，过程间的多少及其先后顺序可以根据项目的情况灵活定义；过程也可以重复进入和退出。也就是允许研制单位何时该执行什么过程？它与其他过程的关系如何？怎样确定过程是否已经执行完毕可以进入下一过程？对于这些问题的有效定义是保证软件研制有序进行的关键之所在。因此，在软件研制前，需要根据具体项目情况在软件计划中定义过程之间的转换准则、相互关系及其执行顺序。需要注意的是，某些特定软件可能会缺失某些生命周期过程，典型的如参数化数据项，其可能缺失软件设计过程及相关活动。

目标实现：在软件计划文件中描述各生命周期过程时定义过程的输入/输出及进入和退出要求。这些进入和退出要求往往与输入或者输出所能达到的成熟程度相关。

(3) 定义软件生命周期环境(A-1.3)。

解读：对于软件开发者来说，软件生命周期环境包括工具的选择与研制、开发所使用的编程语言、验证脚本、编译工具及其编译选项、开发与测试设备、目标机环境等。对软件生命周期环境进行明确且有效的定义可在规范软件研制活动、必要时复现软件研制情境等方面对软件产生深远影响。因此，编制软件生命周期环境计划，其目的是在软件研制过程中选取用于开发、验证、控制和生产软件生命周期资料和软件产品的方法、工具、规程、编程语言以及硬件，最终目标是确保软件研制过程使用的所有工具都登记在案，工具所有的预期用途都取得适航局方的适度认可，研制方在开发、维护和订正错误时能够从受控的工具源中获取正确的工具并正确使用，令软件的使用更加安全可靠。

目标实现：在软件计划文件中描述软件需求、开发、验证、构型管理等各个过程中所使用的生命周期环境。

(4) 明确其他考虑因素(A-1.4)。

解读：此处其他考虑因素主要指DO-178C中第12章所列举内容，包括适航策略的考虑，如先前开发软件的复用与更改、工具鉴定、软件符合性替代方法(穷举输入测试、多版本非相似软件、服务历史记录、软件可靠性模型等)等；还包括特定新技术和新方法的使用考虑，如基于模型的开发与验证、面向对象技术、形式化方法等；同时也包括某些特定类型的软件如外场可加载软件、用户可选项软件、用户可更改软件、参数化数据项软件、商用成品软件、操作系统软件等，需要具体参照 DO-178C 或者其他局方认可的符合性方法，将相关内容的考虑加入软件计划中，以获得适航审定当局的批准。值得注意的是，这些附加考虑可能会对其他软件计划和标准产生影响，需要在软件开发、验证、构型管理等计划或者标准中落实附加考虑带来的影响。

目标实现： 如当前项目涉及其他考虑应在软件审定计划中描述，并与审查方达成一致。

(5) 定义软件开发标准(A-1.5)。

解读： 软件开发标准包括软件需求标准、软件设计标准和软件编码标准。定义软件开发标准的目的是为软件开发过程制定规则和约束。这些标准不仅可以为软件开发时提供指南，还可在验证过程中用于衡量实际过程输出是否与预期输出相一致。需要注意的是，如果采用基于模型或形式化的需求和设计数据表达方法，则需要增加相关标准的定义。同样，如果采用面向对象的设计语言，则软件设计和编码标准将变得较为复杂，以确保面向对象技术中危险的特征被屏蔽。软件开发标准的制定，首先要注重不能僵化地参考 DO-178C，需要将软件开发标准结合项目实际进行展开，如不宜在需求标准中要求“需求应该是正确的”，此类要求没有任何指导性，仅仅是教条的原则，毫无养分和指导意义可言；其次，软件开发标准应该在质量要求方面与软件验证活动所使用的准则或者检查单相覆盖，避免开发时没有要求，但是验证时却又要求满足的准则；再次，软件标准的制定应该有的放矢，尽量结合工具展开说明和论述；最后，软件标准不应该只讲规则，还应包含对规则的原理和解读，使规则的制定有理有据，加深使用者的印象，促使其自觉执行。

目标实现： 定义三类软件开发标准。对于研制单位来说，定义针对某一类技术的统一的标准也是可以接受的方法。

(6) 软件计划满足 DO-178C 的要求(A-1.6)。

解读： 计划是对以后的各项软件生命周期过程进行规范，基于上述各项计划和标准文件，申请人需要使局方信服。如果以后的研制活动完全按照这些计划和标准执行，则整个机载软件研制生命周期过程将会满足 DO-178C 相应等级的全部要求。DO-178C 在软件的主要生命周期数据都定义了主要的内容要求和目标要求，这些内容要求是最低限度的要求，申请人应该涵盖这些要求。

目标实现： 计划编制应涵盖 DO-178C 的全部过程和活动。研制单位可通过对计划和标准的内部评审，并准备针对全部适用目标的检查单来说明。

(7) 协调软件计划的开发与修正(A-1.7)。

解读: 本目标要求软件计划的开发和修正要保持协调。软件计划类文件不是一个个互相独立的文件,而是一整套过程保证计划,各个计划之间要保持协调一致和整体性。同时,软件计划不是一个静态的文档,随着项目的向前进展,项目小组要重复地访问软件计划,会根据实际情况不断更新风险、估算、进度表及相关信息。因此,在软件开发中软件计划处于协调和动态的过程,要处理好软件计划的开发和修正等问题。当然,软件计划和标准本身也是软件生命周期数据,对其的更改控制应该同样满足标准第七章的要求。

目标实现: 通过软件计划过程中同步开展相应的质量保证检查或评审软件验证活动来表明目标实现。

2) 软件开发过程

(1) 开发高级需求(A-2.1)。

解读: 正确且充分的软件需求既是开发的源头,也是测试活动的源头。通常来说,软件开发过程就是将面向人类自然语言的功能和性能描述,通过逐步处理转化为计算机能够理解和执行的代码的过程。相类似,软件测试活动是将需求等效定义为测试用例、测试规程的过程,某种程度上测试用例就是需求的另一种表达形式。由于非形式化自然语言并不精确,并且存在大量的二义性。再加上人工活动在这些阶段中对输入信息的加工和转化可以看作是软件错误的最主要来源。因此,从定义软件需求开始,DO-178C 中将软件需求分为高级需求和低级需求。其中,软件高级需求是在软件需求过程中,通过直接对系统需求、系统架构、硬件接口以及安全性相关需求进行抽象陈述,概念性地描述软件的功能或信息,从而构成软件的高级需求。需求开发的过程是需求捕获、整理、文档化的过程。这个过程中需要识别需求的来源、整理并文档化需求、对需求的技术属性和管理属性进行定义,最终达成合乎相关利益方、开发下游一致共识与妥协的需求。

目标实现: 编写软件高级需求,完成的高级需求可按条目表示和存储,并且在构型管理之下。

(2) 定义衍生的高级需求(A-2.2)。

解读: 在软件需求过程中,衍生需求无处不在。高级需求可能产生衍生需求,低级需求、详细设计同样可能存在衍生需求。一般来说衍生需求可能由于以下原因造成:

a. 设计决策来源:定义系统需求时,无法确切地掌握软件所依赖的运行环境。如,系统需求要求显示器上显示告警(alerting)信息,而软件架构将使用两个备份以保证可用性指标被满足。因此,软件不可避免地会遇到在输出端进行输出冗余的选择问题。此项软件功能可能并不是系统所要求的,然而却是必需的。

b. 技术方案需要,如编程语言或软件编译环境的限制,需要单独定义的数据结构或者数据库。

c. 鲁棒性需要,如数学域与逻辑定义之间的差异。

d. 非直接传导到软件需求的其他约束,如成员系统规范。

e. 其他考虑,软件设计标准中对自检、容错等进行了相应的规定。如强制的除零检查,防抖等。

衍生需求之所以重要,主要是关乎安全性分析,由于安全性的起始点是功能,作为功能的载体的需求,其范围的变化都会导致功能及其失效状态的变化,因此必须由安全性人员对安全性的各个数据进行检查,确认对安全性数据与功能需求的一致性。

目标实现: 研制单位应识别、定义、编写衍生的高级需求。同时,根据 DO - 178B 的要求,衍生的高级需求应按照计划中的规定程序反馈到安全性过程进行评估(在 DO - 178C 中要求其反馈到包括安全性过程在内的整个系统研制过程),以确定其不会对现有的需求和功能造成不利影响。相应的评估结果应经过评估并保留相关记录供审查方调阅。

(3) 开发软件架构(A - 2.3)。

解读: 软件架构是指在一定的设计原则基础上,从不同角度对组成软件的各部分进行搭配和安排,形成软件的多个结构而组成架构,它包括该软件的各个组件,组件的外部可见属性及组件之间的相互关系。在软件设计过程,根据软件需求过程的输出——软件需求资料,通过一次或多次的迭代求精,直到将程序组件的层次结构、组件间的交互方式以及组件使用的数据结构都可以用程序设计语言来表达为止。架构既框定了软件组件之间的布局,也框定了耦合关系,但是这种耦合关系是功能也就是需求的附属品,其耦合关系的验证必须依附于需求进行。软件架构同时影响到软件的性能,软件性能指标的实现关乎于架构,同时关乎于软件的实现。但软件架构所担干系更大,同时架构的优劣与软件日后的维护难易也息息相关。

目标实现: 依据软件高级需求和软件设计标准定义软件架构。软件架构也必须开展构型控制。

(4) 开发低级需求(A－2.4)。

解读: 在软件设计过程,除了要生成软件架构外,还需要对软件高级需求逐步求精,生成可以直接用程序设计语言来编写实现的软件低级需求。低级需求在架构的框定下,形成各框架各级单元和最小单元的详细描述。低级需求有的以某功能的某个环节写就,不具有整体性,却具有原子性。低级需求有的以底层功能写就,既有整体性也有原子性,往往只是非常简单的逻辑。

软件高级需求往往包含功能性需求和非功能性需求。软件低级需求因为用于软件编码,此时需要将非功能性需求承接过来,转换为调度、同步、时间空间权衡、事件触发/查询等各种结合硬件和操作系统的机制类需求。

不管是软件高级需求还是软件低级需求,非本软件可控的内容都不应该标识为需求。典型的如使用操作系统的应用编程接口(application programming interface, API),假设是交互方或者人员的操作。

目标实现: 依据软件高级需求和软件架构开发软件低级需求可用于编码的需求。

(5) 定义衍生的低级需求(A－2.5)。

解读: 在软件设计过程中,使用特定的程序语言、操作系统如分区技术或其他结构设计技术有可能会导致一些高级需求不会意识到但在编码阶段需要考虑的问题。在这种情况下,额外产生的需求可以定义为衍生的低级需求。得到的衍生低级需求还需要作为输入提供给系统生命周期过程,包括系统安全性评估过程,以确定对系统安全性的影响。

目标实现: 研制单位应识别、定义、编写衍生的衍生低级需求并反馈到系统过程及安全性过程进行评估。

(6) 编写源代码(A－2.6)。

解读: 在软件编码过程,根据生成的软件低级需求和软件架构,按照所挑选编程语言的编程规范编写代码,进而形成源代码。编写源代码过程中使用的开发平台或环境应该与前期计划中规定的一致。编码规则一般分为强制和推荐两类。编码规则的制定可考虑现成的工业标准,在此基础上进行积累和累加。同时还要意识到编码规则检查工具可能不能或者覆盖全部的编码违例情况。此外还应注意,编码人员不能编制超出低级需求定义的代码,没有"衍生代码"一说。源代码与低级需求的追踪性关系既有基于函数的追踪方法也有基于代码片段的追踪方法,软件研制单位可根据自身的实际在源代码开发过程中建立追踪性。

目标实现: 按照软件架构、软件低级需求并且遵循软件编码标准开发软件源代码。源代码也必须建立上级需求和设计的追溯关系。

(7) 生成可执行目标代码,并在目标计算机中集成(A-2.7)。

解读: 在集成过程,根据源代码生成可被目标计算机处理单元直接利用的代码形式,即可执行目标代码。对于编译结果,软件开发人员应该对编译报告进行分析和确认,除了应解决错误,还应对警告进行甄别,识别那些可能会有潜在负面作用的告警。在完成软件集成测试后,把生成的可执行目标代码装载进目标计算机中,进行软硬件集成。初步进行软硬件兼容性确认并且为开展系统集成测试做准备。同样需要确认编译的平台和环境。

目标实现: 审查时应向审查人员展示相关的编译结果及分析记录、加载程序以及加载记录。记录应至少包含加载的目标机构型以及所加载的软件版本以及机载的程序步骤记录等。同时,软硬件集成后应开展基本的集成验证和测试,以便进行系统集成测试。

3) 软件验证过程

DO-178C中规定,软件验证过程需要实现的目标分布于以下几个部分之中:

(1) 软件需求过程输出结果的验证。

(2) 软件设计过程输出结果的验证。

(3) 软件编码和集成过程输出结果的验证。

(4) 软件集成过程输出结果的测试。

(5) 软件验证过程输出结果的验证。

为此,我们将对上述每个部分所要实现的目标进行分别介绍和解释。

软件需求过程输出结果的验证

(1) 高级需求符合系统需求(A-3.1)。

解读: 软件高级需求是系统需求与软件低级需求的桥梁,是从问题域向解决域过渡的媒介。系统需求本身既会分配给软件也会分配给硬件,某些需求则会同时分配给软件和硬件。分配给软件的系统需求应该由软件完全实现,因此软件高层需求就是用来表达实现什么样的系统需求的载体。与此同时,软件除了需要承载系统需求的期望,还要承载其他输入的表达。这种输入来源于不同的系统级或者工业界的要求。但是总体来讲,软件高级需求是表明对系统需求的直接符合,并且综合性地表达对其他输入的遵循。本目标是要确保由软件来执行的系统功能都已经被定义，生成的软件高级需求也满足系统的功能需求、性能需求以及安全性相关需求。此外，衍生的高级需求也都被正确定义且拥有明确的存在意义。

目标实现：在验证阶段的活动中，通常可通过人工检查（review）提供检查记录或在验证测试中提供测试用例的检查记录以及测试结果记录等方法表明符合性。特别地，对于采用基于模型的开发方法的项目或者使用形式化方法表达的需求，还可以通过仿真或论证的方式表明此条目标的符合性。

（2）高级需求准确并且一致（A-3.2）。

解读：本目标是要确保每一个高级需求都能达到定义正确、描述清晰且足够详细的目的。此外，高级需求之间也要不能存在冲突。随着研制的进行，高级需求还要能够保持前后一致。高级需求本身需要保持颗粒度的一致性。在颗粒度一致的情况下，再谈基于颗粒度的准确与一致。软件高级需求的准确与一致表达了既有单条需求的准确，也表达了需求彼此之间的协调要求。

目标实现：在阅读并理解高级需求的过程中不需要过多的解释就可以完全掌握需求的要求。研制单位应特别注意所编写完成的高级需求应该足够细致且准确。其判断的标志可以是不同人员阅读此条需求不会产生不一致的理解。

（3）高级需求与目标计算机相兼容（A-3.3）。

解读：本目标要求在定义软件高级需求时，还要兼顾目标计算机中的软硬件特性，检查它们之间是否存在冲突，以保证高级需求都能得到实现。高级需求所表达的软件应该能够得到目标计算机的支持，表现在目标计算机的能力能够支撑软件将来的实现，这种能力是包括计算、空间在内的资源能力。如果目标计算机上本身还自带操作系统，那么应用软件的开发也要考虑与带操作系统的目标计算机的兼容性。同时，高级需求在编制时还必须考虑目标机数据手册或相关的使用指南中所定义的使用方式的限制或者规定，考虑高级需求的定义是否是自说自话，没有充分预估将来的可行性。

目标实现：这一目标在基于需求的测试验证活动中可部分表明符合性；同时，对于涉及与硬件或系统架构直接联系的软件高级需求还可通过在验证检查单中设置针对性的项目表明符合性。

（4）高级需求可验证（A-3.4）。

解读：所谓需求的可验证性是指需求规格说明中描述的需求都可以运用一些可行的手段对其进行验证和确认。本目标是要确保定义生成的每一个软件高级需求都能够被验证。软件高级需求的可验证性表现在需求可以通过特定的验证手段进行检查。如果需求本身因为验证环境、验证方法或者观测手段或者极大的复杂性导致需求不能被证实是否被实现，那么该需求就不具有可验证性。总之，一条需求是可验证的要求需求的边界清晰，这样容易形成清晰准确的判据；要求需求的判据能够通过特定的标志或者观察点来获取证据。所以这里的要求实质上是要求需求表达准确无误，同时综合考虑验证的实际操作对环境、手段上的影响。如果是前者，那么需要考虑与系统层面的沟通，重新定义需求；如果是后者，那么需要考虑是否提出过高的软件指标，是否需要在软件验证环境中增补相关设施，或者在更高层面考虑需求的验证。

目标实现：本目标的符合性要求测试人员参与需求的评审并且确认需求可在后续测试活动中被认定是否满足。

(5) 高级需求符合标准(A-3.5)。

解读：标准本身是开发与验证的纽带，是开发的准则，也应是验证的准则，只不过这种准则在开发者视角和验证者视角有不同的落地实施方式。需求标准作为开发所需遵循的规约，约束着需求的形式和内容。本目标是要确保在软件需求过程生成软件高级需求时，是严格按照事先定义好的软件需求标准来执行的。此外，如果存在与软件需求标准相偏离的地方，那么也能向适航审定当局证明这些偏离的合理性和正确性。

目标实现：一般来说通过检查的方法可以实现。

(6) 高级需求可追溯到系统需求(A-3.6)。

解读：实现完整的追溯性是确保功能分解范围可控、缺陷定位与根因分析范围可控以及软件维护变更的基础。本目标就是为了确保软件高级需求和系统需求之间可相互追溯，为日后的修改、审查及再生产服务。符合性工作需满足每条软件高级需求均能向上追溯到一个或多个系统需求，以及每个系统需求都可向下追溯到一条或多条软件高级需求。

目标实现：研制单位可通过多重方法表明符合性，如利用特定的需求管理工具或使用追溯关系矩阵等。目前见到的追踪性关系矩阵主要使用工具在建立追踪性关系后，进行这种追踪性关系的双向审视，而非是建立两次追踪性关系。

(7) 算法准确(A-3.7)。

解读：本条目标尤其针对那些需要复杂算法来实现的需求。如 DSP 算法、地球物理模型等。一般要求在高级需求阶段对所采用的复杂算法进行论证或仿真，使算法在可行性、性价比和预期效果方面满足软件的实际需要。某一方面的特定软件需求，往往有多种算法解决方案，这些算法有优势有弊端，合理的评估这些算法的适用性，证明其算法的选择和创造能够满足软件的需要。

目标实现：人工检查（对于简单或常用的算法）、论证或仿真（对于新采用的复杂算法）。

软件设计过程输出结果的验证（目标实现与需求过程输出结果的验证类似）

(1) 低级需求符合高级需求（A－4.1）。

解读：软件低级需求面向下一阶段的编码过程。软件低级需求的直接驱动力就是软件高级需求。从轮廓性甚至是多个软件杂糅在一起的软件高级需求，开发出符合软件高级需求的各个软件低级需求是低级需求最应满足的基本要求。软件低级需求的编制往往要对软件高级需求进行进一步的步骤分解或者颗粒度细化。这些分解方式影响了软件低级需求的表达方式。本目标是为了确保软件低级需求是根据软件高级需求逐步求精而得到的。此外，还需要具体检查设计过程中产生衍生低级需求的设计基础，以保证软件设计过程中定义的衍生低级需求的合理性和正确性。

目标实现：软件低级需求根据追踪性能够与软件高级需求建立技术准确的关联性。同时应该注意，这种关联性应该是一种功能上的直接关联性。

(2) 低级需求准确并且一致（A－4.2）。

解读：软件低级需求的条目本身要求准确，彼此一致。本目标是要确保每一低级需求都能达到定义正确、描述清晰的目的，并且所有低级需求必须是一致的，任何一条低级需求不能和其他需求互相矛盾。随着研制的进行，低级需求还要能够保持前后一致。

目标实现：软件低级需求对精度、容差等定量类的定义应保证准确；软件低级需求应对涉及性能、范围、程度等约束性的定义保持明确；软件低级需求彼此之间既不能重复，还要保持协调一致，不应存在冲突和矛盾。

(3) 低级需求与目标计算机相兼容（A－4.3）。

解读：低级需求往往涉及更多的软件实现层面的信息，如内存的分配，数据结构的使用等。本目标要求在定义软件低级需求时，还要兼顾目标计算机中的软硬件特性，检查它们之间是否存在冲突，以保证低级需求都能得到实现。

目标实现：软件低级需求应与硬件接口、CPU 资源及相关的性能参数保持兼容。

(4) 低级需求可验证(A-4.4)。

解读: 所谓需求的可验证性是指需求规格说明中描述的需求都可以运用一些可行的手段对其进行验证和确认。本目标是要确保定义生成的每一个软件高级需求都能够被验证。软件高级需求的可验证性表现在需求可以通过特定的验证手段进行检查。如果需求本身因为验证环境、验证方法或者观测手段或者极大的复杂性导致需求不能被证实是否被实现,那么该需求就不具有可验证性。

目标解读:本目标的符合性要求测试人员参与需求的评审并且确认需求可在后续测试活动中被认定是否满足。

(5) 低级需求符合标准(A-4.5)。

解读: 本目标是要确保在软件设计过程生成软件低级需求时,生成过程是严格按照事先定义好的软件设计标准来进行的。此外,如果存在与软件设计标准相出入的地方,那么也能向适航审定当局证明这些偏离的合理性和正确性。

目标满足:软件设计标准包含了对于软件低级需求的要求,不同于软件高级标准,软件低级需求应保持对变量、步骤的准确性,并充分考虑各功能模块之间的调度、中断等与硬件相关的特征。其他软件低级需求在文本形式上的要求则与软件高级需求标准保持一致。

(6) 低级需求可追溯到高级需求(A-4.6)。

解读: 本目标是要确保所有高级需求,以及衍生的高级需求都已被形成低级需求,每一项低级需求都可以找到对应的高级需求。

目标满足:类似前述,建立低级需求与高级需求之间的追踪性。

(7) 算法准确(A-4.7)。

解读: 本目标是要确保所提出算法的准确性。

目标满足:类似前述,评估算法的合理性和正确性。

(8) 软件架构与高级需求相兼容(A-4.8)。

解读: 软件架构设计是软件设计过程中初始阶段需要完成的工作,它建立起由需求过程到设计过程的关键纽带。软件架构提供了待建系统的整体视图,用于描述软件组件的结构和组织,它们的性质以及它们之间的连接等。同时,DO-178C强调上下级一致性。架构设计信息或许并不直接反映功能需求(软件高级需求通常是这类功能需求),但是必须确认架构信息与高级需求是匹配的。检查这两者之间的兼容性,就是要分析设计的软件架构在满足软件高级需求方面的效力。

仔细解读标准中关于软件架构的描述,我们可以发现:从软件生命周期数据的角度观察，软件低级需求和软件架构同属于设计描述(design description)。特别需要注意的是在DO-178C中，设计描述作为标准要求的生命周期数据，其中的每一项设计信息均应该通过设计文件进行描述。所有的设计信息均应标识并且接受构型管理。同时，标准中并没有要求建立软件架构与上级和下级需求的追溯关系。但许多研制单位也会建立起软件架构到高级需求甚至是系统需求或系统架构的追溯关系，以方便开展验证活动。

目标实现：证明软件架构和高级需求间的兼容性可以通过人工检查的方法实现。

(9) 软件架构的一致性(A-4.9)。

解读：在软件架构内部，软件组件之间的接口以数据流和控制流的形式存在，本目标就是要确保软件组件间接口关系的正确性。如果接口用于连接低等级软件组件和高等级软件组件，则在高等级软件组件的设计中要加入适当的保护隔离机制及防御机制，防止由低等级软件组件可能通过接口带来的错误输入。

目标实现：软件架构涉及内部结构和跨软件架构，主要考虑组件分布、层次、关系、调度、资源使用等方面。

(10) 软件架构与目标计算机相兼容(A-4.10)。

解读：本目标主要是要确保设计的软件架构与目标计算机的软硬件特性不存在冲突，特别是要考虑初始化、异步、同步和中断操作。

目标实现：软件架构所涉及的空间、时间、硬件资源等特性与硬件资源之间的可匹配性检查。

(11) 软件架构可验证(A-4.11)。

解读：所谓软件架构可验证是指软件架构说明中描述的内容都可以运用一些可行的手段对其进行验证和确认。该目标保证所设计的软件架构中不存在不可验的部分，例如无界的递归算法。

目标实现：软件架构所确立的组件分布、资源使用、层次关系等可通过特定的手段，如构造测试用例、设置具有硬件接口上的特定测试点或观察点、调试代理等手段进行测试。架构的验证主要考虑基于需求的数据流和控制流是否被相关测试用例所覆盖。

(12) 软件架构符合标准(A-4.12)。

解读：本目标是要确保在软件设计过程生成软件架构时，是严格按照事先定义好的软件设计标准来执行的。此外，如果存在与软件设计标准相出入的地方，那么也能向适航审定当局证明这些偏离的合理性和正确性。

目标实现： 软件设计标准中应该设置架构的描述方式，如控制流图、数据流图、模块分布及关系描述方式、接口定义方式等规范架构说明的方式方法，同时对于一些特定的资源使用可设置限制，如空间隔离、时间划分、资源抢占等。软件架构需评审其与软件设计标准中架构部分的符合性。

(13) 确定软件分区(划分)的完整性(A-4.13)。

解读： 这里所谓的软件分区是指分区隔离(partition)的设计。如果按照系统架构或是软件架构的要求需要建立隔离区以确保两部分软件间不存在任何形式的耦合，则需要在设计过程中充分考虑上述隔离是否是完整的。一般来说在嵌入式机载软件架构中的隔离分时间和空间两个层面。通常的隔离区完整性需要说明两部分软件间不存在共用的存储区、直接的读写接口或共用的缓冲区等；在一个处理器上执行的两个隔离区还要说明在调度特性上两个隔离区的任务不存在干扰等情况；最后，在一个处理器、同一个操作系统或同一个应用程序接口上的不同隔离区，无论发生什么情况(包括系统崩溃或死锁)使其他隔离区无法运行的可能性都满足系统安全性分析所要求的安全性指标。

目标实现： 通常项目中分区的完整性借助操作系统或处理器的性能分析来证明。包括存储分析、最坏运行时间分析以及接口分析等。需要注意的是，分区的完整性不是一个简单的是或否的概念。分区机制也有失效的可能，在不同项目中对分区机制的失效概率要求需要根据系统安全性分析的结论来确定。这就使得同样的分区机制在不同的项目中可能需要重复评估。研制单位往往不能简单的通过以往项目的结论证明在当前项目中满足此条目标要求。

软件编码和集成过程输出结果的验证

说明： 本表中的目标一般都通过人工检查配合基于需求的测试来表明符合性。两者得出的结论应能互相印证。个别无法通过测试完全证明的目标可辅以人工分析的报告结论证明。本表中的目标如无特殊情况将不再单独说明符合性方法。

(1) 源代码符合低级需求(A-5.1)。

解读： 确保每句源代码都对应有相应的软件低级需求，并且都正确且完整地实现了软件低级需求的要求。

目标实现： 源代码在代码片段或者函数等级与低级需求所述功能保持一致。

(2) 源代码符合软件架构(A－5.2)。

解读：检查编写的源代码，确保实现了软件架构中定义的数据流和控制流。

目标实现：源代码在文件安排、文件内的函数安排上与架构保持一致。

(3) 源代码可验证(A－5.3)。

解读：本目标是要确保源代码中的每条语句和分支结构都可被验证，并且是无需对源代码进行调整就可完成对源代码的验证。

目标实现：源代码可验证，其一，源代码应保持良好的可读性；其二，源代码能够影响函数出口点；其三，源代码应该能够通过特定的手段观测到运行结果。

(4) 源代码符合标准(A－5.4)。

解读：在编写源代码时严格遵守软件编码标准的要求，例如参照标准中的复杂度限制和代码约束等条件。软件研制人员要对源代码中与编码标准要求相偏离的地方进行解释，以获得适航审定当局的认可通过。

目标实现：源代码对编码标准的符合性可通过评审或者工具检查获取符合性证据。

(5) 源代码可追溯到低级需求(A－5.5)。

解读：可追溯性是需求描述的一个总体特性，它反映了发现相关需求的能力。编码时，软件研制人员要将逐步求精的软件需求最终用程序设计语言表示出来，这个过程需要确保每条软件低级需求都被考虑且实现。要求源代码与软件低级需求之间的追溯性就是为了满足这个目的。

目标实现：研制单位应能提供(或向审查人员展示)源代码与低级需求的追溯关系矩阵，应能逐条建立其上述追溯关系。同时，审查人员还可能抽查若干条低级需求或源代码进行追踪。

(6) 源代码准确并且一致(A－5.6)。

解读：在检查源代码时，需要对如下情况进行重点检查，包括堆栈的使用、内存的使用、定点运算的溢出和解决、浮点运算、资源争用和限制、最坏情况运行时间、异常处理、使用非初始化变量、缓冲区管理、未用变量、任务或中断冲突导致的数据冲突等，来确保源代码的准确性和一致性。此外，编译器及其配件、连接器及其配件，以及一些硬件特征可能会对最坏情况运行时间产生影响，所以在检查时还要对这一影响进行评估分析。

目标实现：源代码之间不存在冲突；源代码之间不会产生精度的偏差，特别是在有效位的保持上；源代码之间的类型及类型转换保持合理性。

(7) 软件集成过程输出结果完整且正确(A-5.7)。

解读: 软件集成过程输出结果包括可执行目标代码、参数化数据项文件(DO-178C 规定)、编译、链接以及加载数据。检查软件集成过程的输出结果,特别是要详细检查链接和加载数据以及内存映像图。

目标实现: 检查编译工具的输出,对警告(warning)信息进行甄别。

(8) 参数化数据项文件完整且正确(A-5.8)。

解读: 参数化数据项与相关需求之间的关系是正确的、完整的,简言之参数化数据项来源正确。

目标实现: 检查参数化数据项文件的结构与值满足上层需求的定义和限制。

(9) 完成对参数化数据项文件的验证(A-5.9)。

解读: 参数化数据项的验证用例已经得到评估,确定对参数化数据项的验证工作是充分的,简言之参数化数据项的验证的验证。

目标实现: 检查参数化数据项文件的结构与值都是必要且正确的。

软件集成过程输出结果的测试

(1) 可执行目标代码符合高级需求(A-6.1)。

解读: 基于需求的测试可以有效地发现程序中的错误。因此,在验证可执行目标代码是否符合软件高级需求时,首先需要生成正常范围的测试用例。此外,还要选择基于需求的软硬件集成测试方法以及软件集成测试方法。执行基于需求的软硬件集成测试是用于确保安装于目标计算机中的软件可以满足高级需求的要求。执行软件集成测试是用于确保软件成分之间能够正常交互,并且符合软件需求和软件架构。在测试时,按照测试方法规定的要求执行指定测试用例,检查测试用例执行结果是否与测试程序中给定的测试结果相同,以验证软件在目标计算机环境中面对正常输入或正常操作时是否满足高级需求。

目标实现: 尤其需要注意,DO-178C 中要求测试均应基于需求进行。如果研制单位能证明测试是基于需求开展的,且测试结果通过,则能符合本目标的要求。严禁测试用例的编写人员对照源代码开发或修改测试用例。

(2) 可执行目标代码对高级需求具有鲁棒性(A-6.2)。

解读: 这里所谓的鲁棒性是指软件面对异常输入与条件时仍能正常工作的程度。验证可执行目标代码对软件高级需求是否具有鲁棒性,方法和步骤与上述目标(1)相同。差别在于需要使用异常范围的测试用例。此外,本目标侧重于检查软件在目标计算机环境中面对异常输入或异常操作时,可执行目标代码对软件高级需求的满足程度。

目标实现: DO-178C 的 6.4.2.2 节详细描述了需要开展鲁棒性测试的 7 种情况。包括数值范围、初始化程序、失效处理、循环越界、时间片越界、时间特性和状态转换。由于标准要求的鲁棒测试情况很多,许多研制单位在实现此条目标时存在困难。事实上某些操作系统和编译环境提供了一定的鲁棒性。如某些运行环境自带异常检测和处理能力;某些编译环境自动实施了对循环的检查等。在这种情况下我们认为,某些鲁棒性需求如果项目所采用的编译或运行环境提供了足够的保证,则可适当的通过对上述环境的分析结论结合鲁棒测试的方法来实现,从而节省大量的测试开销。

(3) 可执行目标代码符合低级需求(A-6.3)。

解读: 与高级需求一样,在验证可执行目标代码(executable object code, EOC)是否符合低级需求时,首先需要设计正常范围的测试用例,此外,还要选择基于需求的低级测试。在测试时,按照测试方法规定的要求执行指定测试用例,检查测试用例执行结果是否与测试程序中给定的测试结果相同,以验证软件在目标计算机环境中面对正常输入或正常操作时是否满足软件低级需求。

(4) 可执行目标代码对低级需求具有鲁棒性(A-6.4)。

解读: 鲁棒性定义与上面目标(2)相同,叙述也与目标(2)类似,只是测试对象换成低级需求,因此此处就不再赘述。

(5) 可执行目标代码与目标计算机兼容(A-6.5)。

解读: 可执行目标代码就是将目标代码连接后形成的可执行文件,属于二进制代码。本目标是要验证可执行目标代码与目标计算机的兼容程度,这种兼容性体现在: CPU 的指令集及寄存器的兼容性;片上外设的兼容性;存储分配的兼容性;其他 IO 或者驱动的兼容性。

目标实现: 可通过执行软硬件集成测试来表明。

软件验证过程输出结果的验证

(1) 测试程序正确(A-7.1)。

解读: 这里的测试程序是指在测试用例的基础上建立的执行测试的详细程序,以自动化测试环境为例,测试程序中包括初始化测试环境、调用程序接口,测试的输入集和期望输出及判定准则等。通过检查测试用例和测试用例的执行情况，评估测试结果，评估所使用的测试环境，从而确定所设计的测试程序的正确性。

目标实现：对测试程序应开展相应的人工检查确定其满足且正确实现了所对应的测试用例和测试环境要求。对于A级软件还要求开展独立的人工检查。

（2）测试结果正确，并且解释差异性（A-7.2）。

解读：检查测试结果，确保测试实施后的结果的正确性。此外，还要对比实际输出结果和预期输出结果，如有不同，需对差异之处进行解释，以获得适航审定当局的批准通过。

目标实现：测试结果需要进行评审，以确定测试结果中关于执行过程的记录合乎测试程序的规定，测试结果是否通过的判定是准确的。在测试操作较为繁多，需要人工操作多个激励或者观察多个输出时，或者对测试人员的技术要求较高时，详细的测试过程记录及结果评估过程记录就显得更为重要。

（3）完成对高级需求的测试覆盖（A-7.3）。

解读：本目标要求针对软件高级需求设计测试用例，保证软件高级需求都对应有充分的测试用例，并且相应的测试用例完全覆盖了高级需求中的全部功能。所以此处隐藏的是对测试用例进行验证。

目标实现：生成测试用例后，还要对测试用例进行人工检查和分析，以确保是否需要额外增加或加强已有的针对软件高级需求的测试用例，从而实现对软件高级需求的测试覆盖。分析或检查的结论也应该保存在验证结论和记录中以备适航检查。

（4）完成对低级需求的测试覆盖（A-7.4）。

解读：和上述目标（3）类似，只是测试对象换成软件低级需求。

目标实现：生成测试用例后，还要对测试用例进行人工检查和分析，以确保是否需要额外增加或加强已有的针对软件高级需求的测试用例，从而实现对软件低级需求的测试覆盖。同时需要注意的是，某些申请人习惯使用基于低级需求的测试用例，通过高低级需求之间的追踪性，声明这些通过低级需求开发的测试用例也是高级需求的测试用例。一般来讲，低级需求的测试颗粒度要更加细致，这种完全将基于低级需求的测试用例复用到高级需求的做法可能存在风险。

（5）完成对软件结构（修正条件/判定覆盖）的测试覆盖（A-7.5）。

解读：此条只对A级软件要求，即对每一个程序模块的入口点和出口点都至少考虑被调用一次，且需求中的每条输入值都至少能单独影响输出值一次。

对 MC/DC 方法详细解释可参考相关报告。除了单因(single cause)MC/DC,局方也接受掩盖型(masking)MC/DC 和短路型(short circuit)MC/DC 方法。

目标实现: 研制单位往往忽略这一点:与所有其他测试一样,本条以及以下三条目标所要求的测试也必须基于需求开展,包括对测试覆盖漏洞的补充测试也必须从需求出发编写测试用例。如果是因为需求定义的不具体而造成的覆盖漏洞,那么应该考虑修改或补充需求。

结构覆盖率分析一般要求在源代码上进行(DO-178B),这是因为源代码可以人工识读,因而容易与需求对应。在 DO-178C 中也提到了可以在中间代码或目标代码上进行,但与 DO-178B 并不冲突。如果能够证明源代码、中间代码以及目标代码的一致性,则在这三个层面进行的分析都具有同等效力(根据所用语言和编译环境的不同,这种证明有可能非常复杂)。需要注意,如果 A 级软件目标代码中被编译环境等自动加入一些附加代码,则必须开展追踪性分析。

(6) 完成对软件结构(判定覆盖)的测试覆盖(A-7.6)。

解读: 所谓判定覆盖就是设计若干个测试用例,运行被测程序,使得程序中每个判断的取真分支和取假分支至少经历一次。本目标是要保证对每个判定条件进行测试覆盖。

目标实现: 一般适用于 IF/ELSE、SWITCH 及带参数且为分支结构的宏。

(7) 完成对软件结构(语句覆盖)的测试覆盖(A-7.7)。

解读: 所谓语句覆盖就是设计若干个测试用例,运行被测程序,使得每一个可执行语句至少执行一次。本目标是要保证对每条可执行语句进行测试覆盖。

目标实现: 依据当前测试用例,完成对软件语句的全覆盖,否则说明不可覆盖的理由。

(8) 完成对软件结构(数据耦合和控制耦合)的测试覆盖(A-7.8)。

解读: 数据耦合是指两个模块彼此间通过数据参数(不是控制参数、公共数据结构或外部变量)交换信息,其影响的是程序执行的系数,而非路径。控制耦合是指模块间传递的是路径信息。本目标是要保证满足对每个存在数据耦合或控制耦合的软件模块都执行了基于需求的测试覆盖。

目标实现: 识别数据耦合的方式和具体部位,识别控制耦合的方式和具体部位。识别这些需求及其测试用例,保证测试用例能够覆盖这种耦合的验证,且测试结果通过。

(9) 验证无法追溯到源代码的附加代码(A-7.9)。

解读: 结构覆盖率分析一般在源代码层次做的居多,对于源代码层次完成的结构覆盖分析，对于A级软件，还要分析是否在汇编代码层次产生了不能追踪到源码的附加代码，并说明其合理性。

目标实现： 根据源码使用的C语言版本和复杂度考虑，对编译器进行分析，识别编译器产生的附加代码，确认其合理后，补充低级需求。否则，应重新考虑编译选项甚至是更换编译器。

4）软件构型管理过程

（1）标识构型项（A-8.1）。

解读： 构型项是软件项目管理的单位。构型项的识别可完整地识别软件生命周期产生的所有数据，并建立数据之间的关联。构型标识一般由标识编码和版本共同组成，以识别构型项的特定实体。构型标识的构成并不做统一要求。申请人应根据自己的管理便利和需求，自行设置标识规范。构型标识一般应表达厂商信息、项目信息、数据类型等信息，以区别于冗长或者过于简单的文件或者数据名称。

构型项可以是：① 被用作构型管理单元的一个或多个软件或硬件成分；② 被用作构型管理单元的软件生命周期数据或数据单元。本目标是指在软件开发时为每一个版本软件的构型项建立一个独立的且无二义性的标识，这类似于给每一个软件构型项分配一个“身份证号”。如此一来，就可以灵活地在以后的开发活动中对相应的构型项或构型项组合进行引用、追溯和控制操作。

目标实现： DO-178C的要求。

a. 所有标准要求的软件生命周期数据都应该被标识。

b. 所有独立控制和管理的生命周期数据组件都应该被识别为构型项。

c. 在对相应的生命周期数据实施更改控制或追溯管理以前，构型项就应该被标识。

d. 在软件生命周期其他过程使用这些生命周期数据前，构型项就应该被标识。

e. 如果软件产品的标识无法物理实现，则可以与其他部门一同标识。

为此，软件构型管理活动需要在项目的早期确定软件构型项的划分、构型标识的标记以及构型项管理的方式，并确保在软件生命周期过程中严格执行。

（2）建立基线和可追溯性（A-8.2）。

解读： 在软件构型管理中，基线是指一个或多个构型项的已批准并记录下的构型。因此，基线服务于后续开发活动，并且只有通过变更控制程序才能进行修改。在软件开发的前期，就要开始软件构型管理过程，对日后的软件生命周期活动进行规划,其中最重要的依据就是建立基线。基线是软件开发过程中的里程碑,它为软件生命周期数据之间的相互追溯建立了平台,使我们能够在不严重阻碍合理变更的情况下来控制变更。此外,也为后续活动追溯到前一相关活动提供了基础和依据。

目标实现: 基线的建立需要根据重要里程碑节点设置,并至少囊括所有的CC1构型项。基线的形成要经过评审,在确认所有当前阶段的数据准确和一致,并解决所有问题后打基线。基线的形式可以是索引文件,也可以是只读实体。基线的追踪性是靠所有基线构型项的变更记录和问题记录进行保持的。基线形成的依据是成熟度。不成熟的或者未经验证的产物不应进入正式基线。

(3) 建立问题报告,变更控制,变更评审和构型状态纪实机制(A-8.3)。

解读: 如何处理软件开发中出现的问题,例如软件过程与计划和标准不相符、软件生命周期输出存在缺陷、软件运行异常等,这需要对出现问题的地方进行记录和标记,并告知软件开发人员直到问题得到修改。问题报告机制很好地发挥了这样的作用。此外,变更也是软件开发中必然会发生的事情。如何记录、评估和执行更改是软件开发中必须要解决的问题,更改控制和更改评审可以很好地帮助软件开发人员完成上述工作。而构型状态纪实可以为软件构型管理过程中的这些活动以及涉及的生命周期数据提供记录,方便后续的查阅工作。

目标实现: 首先,研制单位应清楚其生命周期过程中生成的数据应该对应到DO-178C中的哪些数据项目。根据DO-178C需求的表7-1实现对应的CC1或CC2控制等级。各等级所需进行的工作详如表5.1所示。

表5.1 与CC1和CC2有关的软件构型管理过程目标

软件构型管理过程目标	参考章节	CC1	CC2
构型标识	DO-178C 7.2.1	●	●
基线	DO-178C 7.2.2a,b,c,d,e	●	
追溯性	DO-178C 7.2.2f,g	●	●
问题报告	DO-178C 7.2.3	●	
变更控制——完整性和标识	DO-178C 7.2.4a,b	●	●
变更控制——追踪	DO-178C 7.2.4c,d,e	●	
更改评审	DO-178C 7.2.5	●	
构型状态纪实	DO-178C 7.2.6	●	
检索	DO-178C 7.2.7a	●	●

（续表）

软件构型管理过程目标	参 考 章 节	CC1	CC2
阻止未授权的变更	DO－178C 7.2.7b(1)	●	●
介质选择、更新及复制	DO－178C 7.2.7b(2),(3),(4),c	●	
发布	DO－178C 7.2.7d	●	
数据保存	DO－178C 7.2.7e	●	●

(4) 建立归档、检索和发布机制(A－8.4)。

解读：当对软件进行复制、再生产、重新测试和修改操作时，就需要能够迅速地找到正确的软件产品以及相应的生命周期数据。如同图书馆的日常管理一样，对每一版本软件和生命周期数据建档，并将同类数据进行归类处理。同时，通过建立搜索方法，可以方便日后不同的软件研发人员去搜索需要的软件资料。建立发布机制则是为了保证所有对外发布的软件产品及其软件生命周期数据都是经过审定局方批准认可的，防止不合格软件产品及其生命周期数据被应用。

目标实现：建立数据备份机制；建立便捷检索的搜索或者索引机制；建立CC1 数据的发布机制。

(5) 建立软件加载控制(A－8.5)。

解读：将事先编好的程序和相应数据导入系统或设备之前，需要对加载过程进行控制。例如，建立检查规程，对检查执行加载操作的软件进行序号和介质的标识，防止加载错误。软件加载完成后，还要继续保持记录，确保加载的软件/硬件相互兼容。只有建立完善的加载控制机制，才能保证加载操作的正确进行，加载后的软件运行正常。

目标实现：通常，加载过程应定义相关的加载程序或手册。每次加载前还应详细描述所有的版本和目标机构型。系统审定实验前负责软件的制造符合性检查代表会对软件的加载情况进行检查。

(6) 建立软件生命周期环境控制(A－8.6)。

解读：本目标主要关注软件生命周期过程中用于开发、控制、编译、验证和加载环节的软件工具，以确保所用工具来源和安装均受控，不会有未经登记的工具被遗漏的情况存在。

目标实现：略。

5) 软件质量保证过程

(1) 确保软件计划和标准符合 DO－178C(A－9.1)。

解读：不管各过程的指导还是过程所对应的目标，还是各过程的数据要求，DO－178C 都有明确的指导和要求。软件计划和标准的制定应该满足 DO－178C 的内容要求和目标要求。

目标实现：DO－178C 的目标应给出如何满足的说明；软件项目的生命周期数据应给出满足 DO－178C 第 11 章内容要求的说明。

(2) 确保软件开发过程和综合过程符合已批准的软件计划(A－9.2)。

解读：软件质量保证过程在整个软件生命周期过程中都发挥着重要的作用，它负责保证最终生成的软件产品的质量。其中重要的一项就是要确保执行的软件开发过程和综合过程符合批准的软件计划和标准，开展的活动包括按照第 4.2 节的要求制定软件计划；软件生命周期过程中所有偏离软件计划和标准的地方都要得到检测、记录、评估、追溯和解决；记录所有通过批准的偏离地方；按照软件计划的规定提供软件环境；按照软件构型管理计划的规定执行软件构型管理活动等。从而，使整个软件生命周期过程的执行都能始终如一地执行。

目标实现：研制团队中应有指定的人员负责软件质量保证过程。在各个软件生命周期过程执行的同时开展质量保证活动和相应的检查。所开展的活动均应完整记录以备适航检查。审查代表尤其会关注在执行过程中发现的偏离及其处理情况。

(3) 确保软件开发过程和综合过程符合已批准的软件标准(A－9.3)。

解读：软件标准不光制定软件各生命周期数据所应达到的质量要求，还包括了相应工具的使用要求，生命周期数据的管理要求。所以软件开发过程和综合过程应该满足既定的软件标准。

目标实现：研制团队中应有指定的人员负责软件质量保证过程。在各个软件生命周期过程执行的同时开展质量保证活动和相应的检查。所开展的活动均应完整记录以备适航检查。审查代表尤其会关注在执行过程中发现的偏离及其处理情况。

(4) 确保满足软件生命周期过程的转换准则(A－9.4)。

解读：作为判断软件生命周期过程是否执行完成的条件，转换准则至关重要。在执行软件生命周期过程中，审查人员经常通过转换准则的执行程度来判断软件生命周期过程的完成情况，从而起到监控整个软件生命周期过程的作用。

目标实现：同(3)，质量保证人员在各个过程转换时是否开展了依据转换准则的检查，检查是否通过等也是适航检查关注的重点之一。

(5) 确保对软件进行符合性评审(conformity review)(A－9.5)。

解读：依照 DO－178C 8.3 节的要求，软件成品最终提交给审定局方审定前，需要进行软件符合性评审。评审的目的主要是要确保：软件生命周期过程被完整执行，生成了整套且完整的软件生命周期数据；可执行目标代码处于受控状态，并且如果需要可以再次生成。

目标实现：研制单位最好能准备最终符合性评审的检查单，并且将检查的记录及其所引述的生命周期数据详细记录。我们也鼓励研制单位将 DO－178C 所适用的目标列入检查单中并明确说明其如何实现。

6) 审定联络过程

(1) 在申请人和审查局方之间建立起沟通和理解(A－10.1)。

解读：因为申请人的计划决定往往会影响到软件产品和软件生命周期过程。因此，及时建立申请人和审定局方之间的沟通，就软件开发达成一致意见，将会使申请人和审定当局对整个软件生命周期过程和最终获得的软件产品有充分了解，也有理由证明研制的机载软件符合审定基础和 DO－178B 的目标要求。

目标实现：贯彻局方相关政策、型号要求及就型号内部管理规定达成一致。

(2) 提出符合性方法，并满足软件审定计划(A－10.2)。

解读：软件审定计划表明了申请人向审定局方提交的符合性方法，审定局方要对此软件审定计划进行审定。申请人要解决审定局方针对软件审定计划提出的问题，最终使申请人和审定局方就软件审定计划达成一致意见，以方便后续软件研发工作的开展。

目标实现：编制以 PSAC 为总入口的软件合格审定计划，说明软件范围、等级、附加考虑事项、生命周期过程、目标符合性规划说明等内容。

(3) 提供符合性证明(A－10.3)。

解读：本目标要求申请人能够向审查局方提供审查所用的软件生命周期数据，包括软件构型管理计划、软件完成综述以及其他审查局方要求的相关数据，并且提供审查局方发现问题已获得解决的证明，使审查局方确信软件生命周期过程的开展符合软件计划的要求。

目标实现：略。

5.1.2 DO－178C 新增目标描述

在最新版的 DO－178C 文件中，A 级别软件最多包含 71 个目标，比上述 66 个目标多出 5 个新目标。目标的变化如下：

(1) 增加新的目标。在DO－178C中新增目标[参数化数据项文件完整且正确](A－5.8)；[完成对参数化数据项文件的验证](A－5.9)。

(2) “隐性目标”显性化。将“隐性目标”[验证无法追溯到源代码的附加代码](A－7.9)和[确保软件计划和标准的开发与评审符合本文件的要求以及一致性要求](A－9.1)显性化。

(3) 拆分原目标。将DO－178B中目标[确保软件开发过程和综合过程符合已批准的软件计划和标准](A－9.1)拆分为DO－178C中目标[确保软件生命周期过程符合已批准的软件计划](A－9.2)和[确保软件生命周期过程符合已批准的软件标准](A－9.3)。

下面我们将对具有上述变化的目标进行解释，以方便读者及时理解和掌握DO－178C中目标的变化。

1) 新增目标

(1) 参数化数据项文件完整且正确。

解读：参数化数据项是指一种可以由目标计算机处理单元直接使用的数据形式。参数化数据项文件是参数化数据项中每个数据元都包含预定义初值的一个示例。执行本目标的前提是参数化数据项文件与可执行目标代码可以分别进行验证。在本目标中，需要验证参数化数据项文件是否符合高级需求所定义的结构，这一验证包括确保：在参数化数据项文件中不包含任何高级需求定义之外的数据元素；每个参数化数据项文件中的数据元都有正确的取值，并且与其他数据源相一致；还需要确保参数化数据项文件符合高级需求所定义的属性。

(2) 完成对参数化数据项文件的验证。

解读：执行本目标的前提仍是参数化数据项文件与可执行目标代码可以分别进行验证。本目标要求参数化数据项文件中的所有数据元都能够被验证。

2) “隐性目标”显性化

(1) 验证无法追溯到源代码的附加代码。

解读：正如前文提到的，验证活动可以在源代码、目标码或可执行目标代码中的任何一种上进行结构覆盖分析，因此不管执行在哪种代码形式上，如果软件等级是A级，并且编译器、链接器或者使用其他方法产生了无法直接追溯到源代码语句的附加代码，就必须要执行额外的验证活动来确保这些代码序列的正确性。这一目标实际上在DO－178B的6.4.2.2中已经明确，在新版标准中作为独立的目标提出。

(2) 确保软件计划和标准的开发与评审符合本文件的要求及一致性要求。

解读：作为后续软件研发工作的指南，软件质量保证过程需要确保软件计划和软件标准的开发以及评审符合标准 DO-178C 的要求，并且满足一致性的要求。这一目标也并不带来更多的要求，实际上计划过程中已有目标要求和满足标准的要求。此处只是将目标在质量保证过程中进一步明确而已。

3) 拆分原目标

(1) 确保软件生命周期过程符合已批准的软件计划。

解读：为实现本目标，需要软件质量保证过程中执行如下活动：确保软件计划的制定符合标准 DO-178C 的要求；任何偏离软件计划和标准的地方都已被发现、记录、评估、追踪和解决；已批准的偏离都已记录在案；软件开发环境也与软件计划中规定的一致；问题报告、追踪以及纠正活动都符合软件构型管理计划；已对系统过程，包括系统安全性评估过程传给软件生命周期过程的输入进行相应处理。此外，还需要确保软件生命周期过程中的转换准则与软件计划中规定的相一致，相应的控制类别也符合对应等级软件的要求。

(2) 确保软件生命周期过程符合已批准的软件标准。

解读：本目标与上一目标相似，之所以将其拆分主要是因为与软件计划普遍适用的 A 到 D 级软件不同，对于 D 级软件，表 A-1 中也没有要求对其编写软件标准。因此，为前后一致特将此条目标拆分，分别进行要求。

5.1.3 目标间的关系

5.1.3.1 可追溯性

系统和软件的追溯性是指在系统和软件研制过程中，从不同角度和不同抽象等级上对系统的描述中产生的要素以及其涉众等关联起来的能力。追溯性已成为系统和软件研制以及维护流程中的重要因素，为确保最终产品的质量提供帮助。追溯性的建立是确保飞机级设计、系统设计和软件设计各阶段间正确过渡的手段。同时，追溯关系也是确保测试和分析有效性并衡量测试和分析覆盖率的前提条件。

DO-178C 明确规定，在整个软件生命周期中必须实现要求的可追溯性。针对软件需求过程、软件设计过程、软件编码过程、软件集成过程四个过程来说，至少要实现如下几个方面的追溯：

1) 系统需求与高级需求之间

软件的高级需求是一套需求的集合，用于对功能、接口和需求的满足，常常是开发或验证流程的输入。因此，作为软件研制环节的首要因素，软件高级需求的完整性以及正确性将在很大程度上决定软件研制的成败。

追求系统需求和软件高级需求之间的双向追溯性是为了确保交由软件实现的系统功能、性能要求以及安全相关方面的需求都已被正确地转换成了软件的高级需求。这直接表现为目标[高级需求可追溯到系统需求](A-3.6)的要求上。

2) 高级需求与低级需求之间

由于在高层需求的细化过程中可能会产生许多中间层次的需求，因此为了保证最终用于编写源代码的低级需求的正确性和完整性，要求不同层次需求之间必须保持追溯性。此外，在该过程中还会产生衍生需求。由于衍生需求无法追溯到它的上层需求，因此为了保证其正确性，必须将衍生需求提供给系统安全评估过程。

追求软件高级需求和软件低级需求之间的双向追溯性是为了确保所有软件的高级需求及衍生的高级需求都已被正确地细化成了相应的软件低级需求。这直接表现为目标[低级需求可追溯到高级需求](A-4.6)的要求上。

3) 低级需求与源代码之间

追求软件低级需求和软件源代码之间的双向追溯性是为了确保所有软件的低级需求及衍生的低级需求都已被正确地转换成了源代码，以便代码的复核和检验。这直接表现为目标[源代码可追溯到低级需求](A-5.5)的要求上。

上述系统需求、软件高级需求、软件低级需求和源代码之间的追溯性如图5.1所示。其中，SR(system requirements)表示系统需求，HLR表示高级需求，LLR表示低级需求，SC(source code)表示源代码，SRN(衍生的系统需求)表示第N个系统需求，HLRN(衍生的高级需求)表示第N个高级需求，LLRN(衍生的低级需求)表示第N个低级需求。一个方框代表一项需求，双向箭头代表需求之间的追溯性。

除此之外，还有一些没有体现在目标要求中的追溯性，如在软件过程中的追溯性：

(1) 软件需求与测试用例之间：用来支持基于需求的测试覆盖分析。

(2) 测试用例和测试程序之间：用来验证完整的测试用例集都已被用于形成测试程序。

(3) 测试程序和测试结果之间：用来验证所有的测试程序都已被执行。

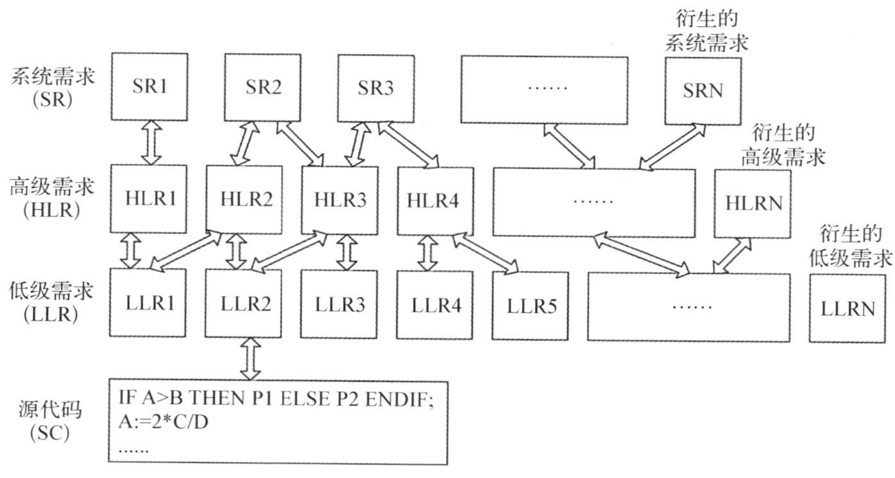

图 5.1 追溯性关系示例图

5.1.3.2 一致性

一致性目标的设立是为了确保软件的研制过程是按照软件计划和标准开展的，所有与原计划或标准相偏离的情况都可以得到有效的解决，从而确保软件的研制质量。一致性表现为以下几个方面：

1）参照的一致性

在软件项目开始之前就制定好相应的软件计划和标准是为了定义软件的研制方法，确保生产出来的软件满足系统需求，也为保证与设定的软件等级相一致提供置信度。这直接反映在 DO－178C 附录 A 中表 A－1 所有目标上。

2）管理的一致性

在软件研制过程中，如何对软件生命周期中的各种软件数据进行有效的管理和控制，以及如何有序地开展各项软件研制工作，解决研制过程中出现的问题，都对软件生命周期过程的管理提出了严格的要求。按照制定的一致性要求，加强对软件生命周期各过程的管理和控制，可以确保软件质量。这直接表现在 DO－178C 附录 A 中表 A－8 所有目标上和表 A－9 所有目标上。

3）沟通的一致性

软件供应商应说明项目中所采用的符合性方法，提交的符合性证明，以及项目的里程碑和进度，并与合格审定局方进行联络，以便适航审查人员安排审查。此外，还要建立恰当的沟通机制，以便审定局方能够对软件研制过程加深理解，增加研制过程的可信度。避免因为沟通不畅造成误解，导致工期延误。这直接表现在 DO－178C 附录中表 A－10 所有目标上。

5.1.3.3 可验证性

DO-178C除提出了软件生命周期过程外，更要求提供确定性的证据表明全部的目标已经在软件生命周期过程中被实现。作为软件适航性评价的重要过程，软件验证过程通过评审、分析、测试用例和测试程序的开发及测试程序的实施来实现验证过程的目标。可验证性目标要求能够利用评审、分析或测试手段中的一种或其组合来对软件开发过程和验证过程的结果进行技术评估。标准中要求所有的高级/低级需求，设计/架构以及源代码都被验证活动完全覆盖。同时对源代码和目标代码应按照等级要求实现相应的结构覆盖。这直接表现为DO-178C中附录表A-3目标1—5，目标7上；表A-4目标1—5，目标7—13上；表A-5目标1—4，目标6，7上以及表A-6和表A-7的所有目标上。

5.2 目标的分布与差异

在DO-178C中，A级软件的71个目标，B级软件的69个目标，C级软件的57个目标，D级软件的28个目标都各有侧重地分布在软件生命周期的6个过程之中，具体分布如表5.2所示。

表5.2 各等级软件目标分布表

过　程	软件安全性等级			
	A	B	C	D
软件计划过程	7	7	7	2
软件开发过程	7	7	7	4
软件需求过程输出的验证	3(ind)+4	3(ind)+4	6	3
软件设计过程输出的验证	6(ind)+7	3(ind)+10	9	1
软件编码和集成过程输出的验证	5(ind)+4	3(ind)+6	8	1
集成过程输出的测试	2(ind)+3	1(ind)+4	5	3
验证过程结果的验证	9(ind)	3(ind)+4	6	1
软件构型管理过程	6	6	6	6
软件质量保证过程	5(ind)	5(ind)	5(ind)	2(ind)
审定联络过程	3	3	3	3
合计	71	69	62	26

注："ind"表示目标要满足独立性要求(以下相同)。

通过对表5.2数据的比较，可以归纳出以下几点：

(1) 软件等级越高,所要实现的目标数也越多。

(2) 软件等级越高,在验证过程中所要实现的目标数越多。

(3) 软件等级越低,有独立性要求的目标数越少;反之亦成立。

(4) 不同的软件等级在开发过程、构型管理过程和审定联络过程所要达到的目标数相同。

(5) C 级软件和 D 级软件只是在软件质量保证过程对目标有独立性要求,而 A 级软件和 B 级软件还在软件质量保证过程对目标有独立性要求。

从表 5.2 中我们还可以看出,不同等级软件开发过程、构型管理过程和审定联络过程可以大体一致,严酷度的不同主要体现在软件计划过程、验证过程和质量保证过程。

为了更细致地比较不同等级软件之间的差别,下面我们依次对相邻等级软件的目标特性进行分析。

先对 C 级软件和 D 级软件的计划过程和验证过程的目标进行单独列表显示,如表 5.3~表 5.8 所示,读者可清晰比对两者要求的差别。

表 5.3 软件计划过程(C 级软件与 D 级软件相比)

目标	软件等级	
	C	D
定义软件开发过程和综合过程活动	√	√
定义过程之间的转换准则,相互关系及其执行顺序	√	
定义软件生命周期环境	√	
明确其他考虑的事项	√	√
定义软件开发标准	√	
软件计划满足 DO-178C 的要求	√	
协调软件计划的开发与修正	√	
共计	7	2

注:C 级软件的计划过程比 D 级软件的计划过程更加详细,覆盖面更广。

表 5.4 对软件需求过程输出的验证(C 级软件与 D 级软件相比)

目标	软件等级	
	C	D
高级需求符合系统需求	√	√
高级需求准确并且一致	√	√

（续表）

目　　标	软件等级	
	C	D
高级需求与目标计算机相兼容		
高级需求可验证	√	
高级需求符合标准	√	
高级需求可追溯到系统需求	√	√
算法准确	√	
共计	6	3

注：C级软件比D级软件对高级需求的验证项更多，更能确保高级需求的完整和正确。

表 5.5　对软件设计过程输出的验证（C级软件与D级软件相比）

目　　标	软件等级	
	C	D
低级需求符合高级需求	√	
低级需求准确并且一致	√	
低级需求与目标计算机相兼容		
低级需求可验证		
低级需求符合设计标准	√	
低级需求可追溯到高级需求	√	
算法准确	√	
软件架构与高级需求相兼容	√	
软件架构的一致性	√	
软件架构与目标计算机相兼容		
软件架构可验证		
软件架构符合标准	√	
确定软件分区的完整性	√	√
共计	9	1

注：C级软件比D级软件对低级需求和软件架构的验证项更多，更能确保低级需求和软件架构的正确。

表 5.6 对软件编码和集成过程输出的验证(C 级软件与 D 级软件相比)

目标	软件等级	
	C	D
源代码符合低级需求	√	
源代码符合软件架构	√	
源代码可验证		
源代码符合标准	√	
源代码可追溯到低级需求	√	
源代码准确并且一致	√	
软件集成过程输出结果完整且正确	√	
参数化数据项文件完整且正确	√	√
已完成参数化数据项文件的验证	√	
共计	8	1

注：D 级软件针对源代码没有设定验证目标，而 C 级软件则有相应要求。

表 5.7 对集成过程输出的测试(C 级软件与 D 级软件相比)

目标	软件等级	
	C	D
可执行目标代码符合高级需求	√	√
可执行目标代码对高级需求具有鲁棒性	√	√
可执行目标代码符合低级需求	√	
可执行目标代码对低级需求具有鲁棒性	√	
可执行目标代码与目标计算机相兼容	√	√
共计	5	3

注：针对可执行目标代码的验证，C 级软件比 D 级软件要多验证是否服从低级需求和对低级需求是否具有鲁棒性这两个目标。

表 5.8 对验证过程结果的验证(C 级软件与 D 级软件相比)

目标	软件等级	
	C	D
测试程序正确	√	
测试结果正确，并且解释差异性	√	
完成对高级需求的测试覆盖	√	√

（续表）

目　　标	软件等级	
	C	D
完成对低级需求的测试覆盖	√	
完成对软件结构(修正条件/判定覆盖)的测试覆盖		
完成对软件架构(判定覆盖)的测试覆盖		
完成对软件架构(语句覆盖)的测试覆盖	√	
完成对软件架构(数据耦合和控制耦合)的测试覆盖	√	
共计	6	1

注：D级软件在基于需求的测试中，只要求有针对高级需求的测试。而在基于结构覆盖分析方面没有要求。相比之下，C级软件在这两方面都有相应的要求，C级软件的验证更加严格。

B级软件与C级软件的差别主要体现在软件验证过程上。对B级软件和C级软件的验证过程的目标进行单独列表显示，如表5.9～表5.17所示，读者可清晰比对两者要求的差别。

表5.9　对软件需求过程输出的验证(B级软件与C级软件相比)

目　　标	软件等级	
	B	C
高级需求符合系统需求	√(ind)	√
高级需求准确并且一致	√(ind)	√
高级需求与目标计算机相兼容	√	
高级需求可验证	√	√
高级需求符合标准	√	√
高级需求可追溯到系统需求	√	√
算法准确	√(ind)	√
共计	7	6

注：在对高级需求进行验证方面，B级软件在C级软件的基础上增加了一条，即还要检查与目标计算机的兼容性，且更突出强调验证的独立性。

表5.10　对软件设计过程输出的验证(B级软件与C级软件相比)

目　　标	软件等级	
	B	C
低级需求符合高级需求	√(ind)	√
低级需求准确并且一致	√(ind)	√

（续表）

目　标	软件等级	
	B	C
低级需求与目标计算机相兼容	√	
低级需求可验证	√	
低级需求符合标准	√	√
低级需求可追溯到高级需求	√	√
算法准确	√(ind)	√
软件架构与高级需求相兼容	√	√
软件架构的一致性	√	√
软件架构与目标计算机相兼容	√	
软件架构可验证	√	
软件架构符合标准	√	√
确定软件分区的完整性	√	√
共计	13	9

注：在对低级需求和软件架构进行验证方面，B级软件在C级软件的基础上还要对低级需求和软件架构进行验证，强调检查其与目标计算机的兼容性。

表 5.11　对软件编码和集成过程输出的验证(B级软件与C级软件相比)

目　标	软件等级	
	B	C
源代码符合低级需求	√(ind)	√
源代码符合软件架构	√	
源代码可验证	√	√
源代码符合标准	√	√
源代码可追溯到低级需求	√	√
源代码准确并且一致	√	√
软件集成过程输出结果完整且正确	√	√
参数化数据项文件完整且正确	√(ind)	√
已完成参数化数据项文件的验证	√(ind)	√
共计	9	8

注：在C级软件的基础上，B级软件还强调源代码要服从软件架构这一条以及验证的独立性。

表 5.12 对集成过程输出的测试(B级软件与C级软件相比)

目 标	软件等级	
	B	C
可执行目标代码符合高级需求	√	√
可执行目标代码对高级需求具有鲁棒性	√	√
可执行目标代码符合低级需求	√(ind)	√
可执行目标代码对低级需求具有鲁棒性	√	√
可执行目标代码与目标计算机相兼容	√	√
共计	5	5

注:在对可执行目标代码进行验证方面,B级软件仅比C级软件在要求的程度上加强,即要求独立完成对可执行目标代码服从低级需求的验证。

表 5.13 对验证过程结果的验证(B级软件与C级软件相比)

目 标	软件等级	
	B	C
测试程序正确	√	√
测试结果正确,并且解释差异性	√	√
完成对高级需求的测试覆盖	√	√
完成对低级需求的测试覆盖	√	√
完成对软件结构(修正条件/判定覆盖)的测试覆盖		
完成对软件架构(判定覆盖)的测试覆盖	√(ind)	
完成对软件架构(语句覆盖)的测试覆盖	√(ind)	√
完成对软件架构(数据耦合和控制耦合)的测试覆盖	√(ind)	√
共计	7	6

注:B级软件特别要求要对判定、语句、数据耦合和控制耦合进行独立性验证,而C级软件则没有这样的要求。

A级软件与B级软件的差别主要体现在验证的独立性要求上。对A级软件和B级软件的验证过程进行比对,如表5.14~表5.17所示,从中读者可以清晰发现两者要求程度的差异。

表 5.14 对软件设计过程输出的验证(A 级软件与 B 级软件相比)

目 标	软件等级	
	A	B
低级需求符合高级需求	√(ind)	√(ind)
低级需求准确并且一致	√(ind)	√(ind)
低级需求与目标计算机相兼容	√	√
低级需求可验证	√	√
低级需求符合标准	√	√
低级需求可追溯到高级需求	√	√
算法准确	√(ind)	√(ind)
软件架构与高级需求相兼容	√(ind)	√
软件架构的一致性	√(ind)	√
软件架构与目标计算机相兼容	√	√
软件架构可验证	√	√
软件架构符合标准	√	√
确定软件分区的完整性	√(ind)	√
共计	13	13

注：在对软件低级需求和软件架构进行验证方面，A 级软件和 B 级软件要求的目标数相同，只是 A 级软件更加侧重强调对如下三个验证目标的独立实现：软件架构与高级需求相兼容；软件架构是一致的；确保软件分区的完整性。

表 5.15 对软件编码和集成输出的验证(A 级软件与 B 级软件相比)

目 标	软件等级	
	A	B
源代码符合低级需求	√(ind)	√(ind)
源代码符合软件架构	√(ind)	√
源代码可验证	√	√
源代码符合标准	√	√
源代码可追溯到低级需求	√	√
源代码准确并且一致	√(ind)	√
软件集成过程输出结果完整且正确	√	√
参数化数据项文件完整且正确	√(ind)	√(ind)
已完成参数化数据项文件的验证	√(ind)	√(ind)
共计	9	9

注：在对源代码进行验证方面，A 级软件和 B 级软件要求的目标数相同，只是 A 级软件更加侧重强调对如下两个验证目标的独立实现：源代码服从软件架构；源代码是正确且一致的。

表 5.16 对集成过程输出的测试(A 级软件与 B 级软件相比)

目　　标	软件等级	
	A	B
可执行目标代码符合高级需求	√	√
可执行目标代码对高级需求具有鲁棒性	√	√
可执行目标代码符合低级需求	√(ind)	√(ind)
可执行目标代码对低级需求具有鲁棒性	√(ind)	√
可执行目标代码与目标计算机相兼容	√	√
共计	5	5

注：在对可执行目标代码进行验证方面，A 级软件和 B 级软件要求的目标数相同，只是 A 级软件更加侧重强调对如下验证目标的独立实现：可执行目标代码对低级需求具有鲁棒性。

表 5.17 对验证过程结果的验证(A 级软件与 B 级软件相比)

目　　标	软件等级	
	A	B
测试程序正确	√(ind)	√
测试结果正确，并且解释差异性	√(ind)	√
完成对高级需求的测试覆盖	√(ind)	√
完成对低级需求的测试覆盖	√(ind)	√
完成对软件结构(修正条件/判定覆盖)的测试覆盖	√	
完成对软件架构(判定覆盖)的测试覆盖	√(ind)	√(ind)
完成对软件架构(语句覆盖)的测试覆盖	√(ind)	√(ind)
完成对软件架构(数据耦合和控制耦合)的测试覆盖	√(ind)	√(ind)
完成对不能追踪到源代码的附加代码的验证	√(ind)	
共计	9	7

注：在基于需求的测试方面，A 级软件比 B 级软件更加强调验证的独立性完成。而在对结构测试覆盖分析方面，A 级软件比 B 级软件多一项要求，即要求进行修正的条件/判定的测试覆盖。

通过以上软件等级之间的两两对比，可以发现，DO－178C 中规定的不同等级软件要实现的目标呈阶梯状增量发展。具体关系如图 5.2 所示。

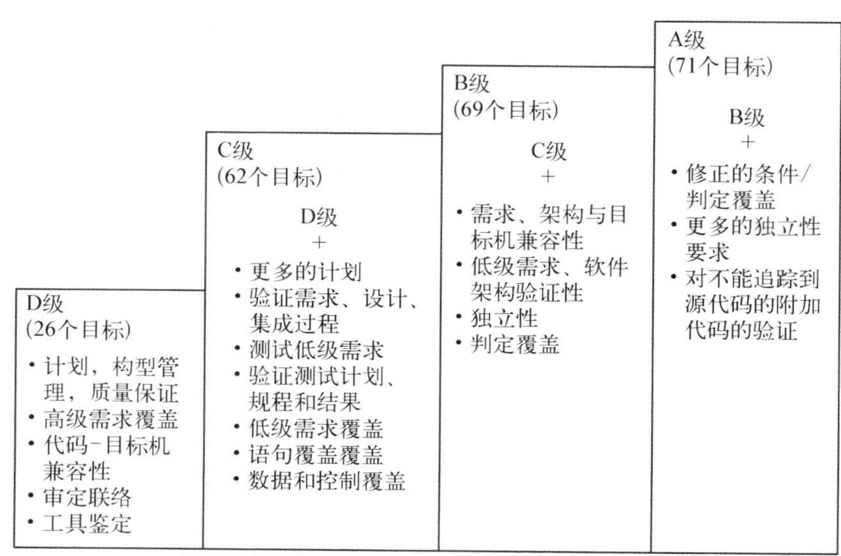

图 5.2 不同等级目标间的差异对比

5.3 目标和过程之间的关系

要想更加详细地区分各等级软件生命周期过程的不同,需对各过程的目标和所产生的数据进行分类汇总。为了让读者有一个清晰直观的印象,本节以图(每个图中所用符号的具体说明见图 5.3)的形式对各等级软件生命周期中的过程进行了总结,分别如图 5.4～图 5.7 所示。

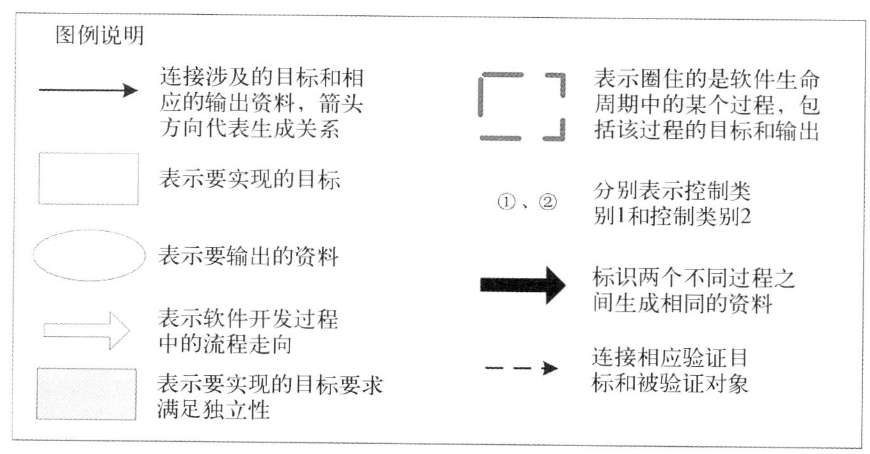

图 5.3 图例说明

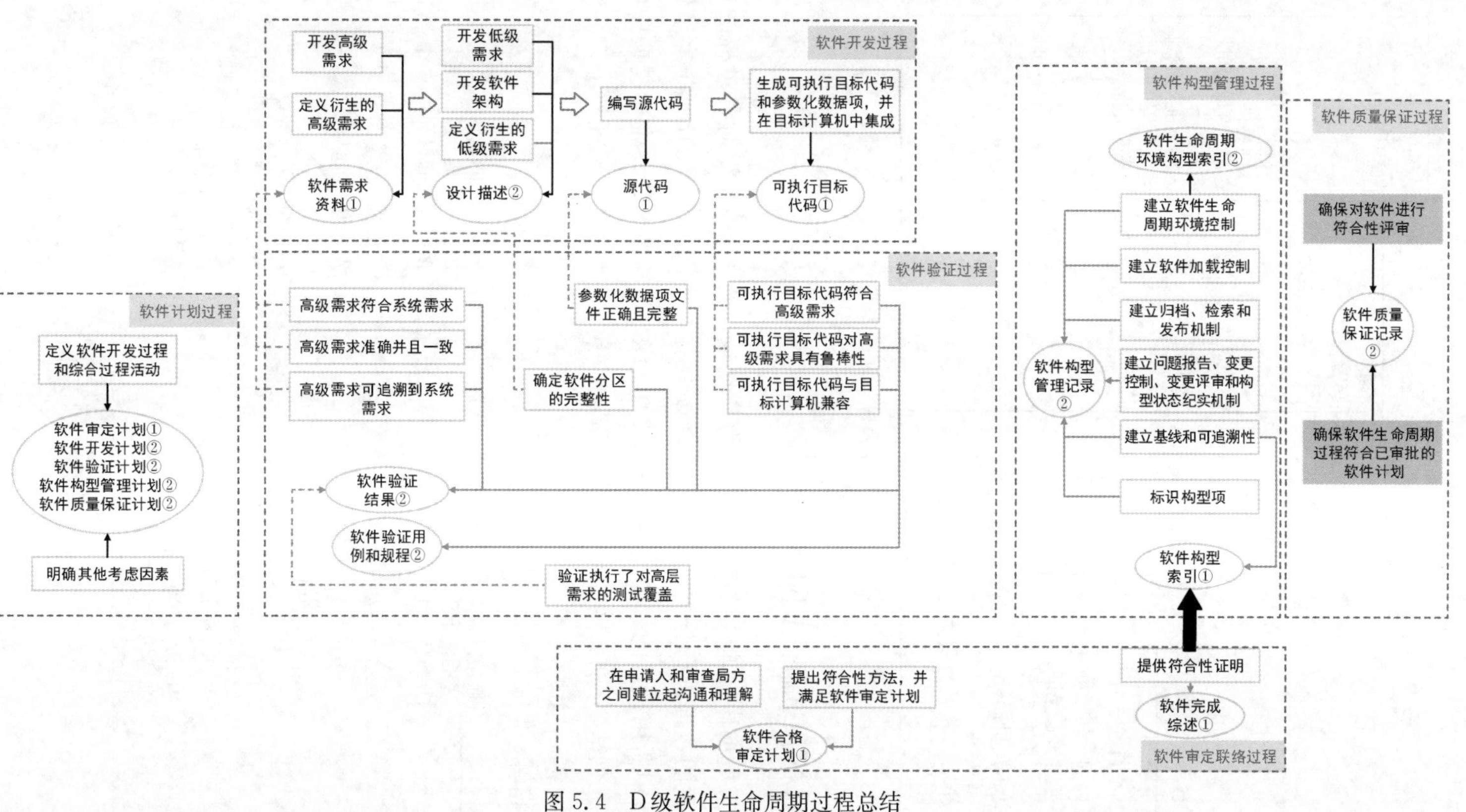

图 5.4　D级软件生命周期过程总结

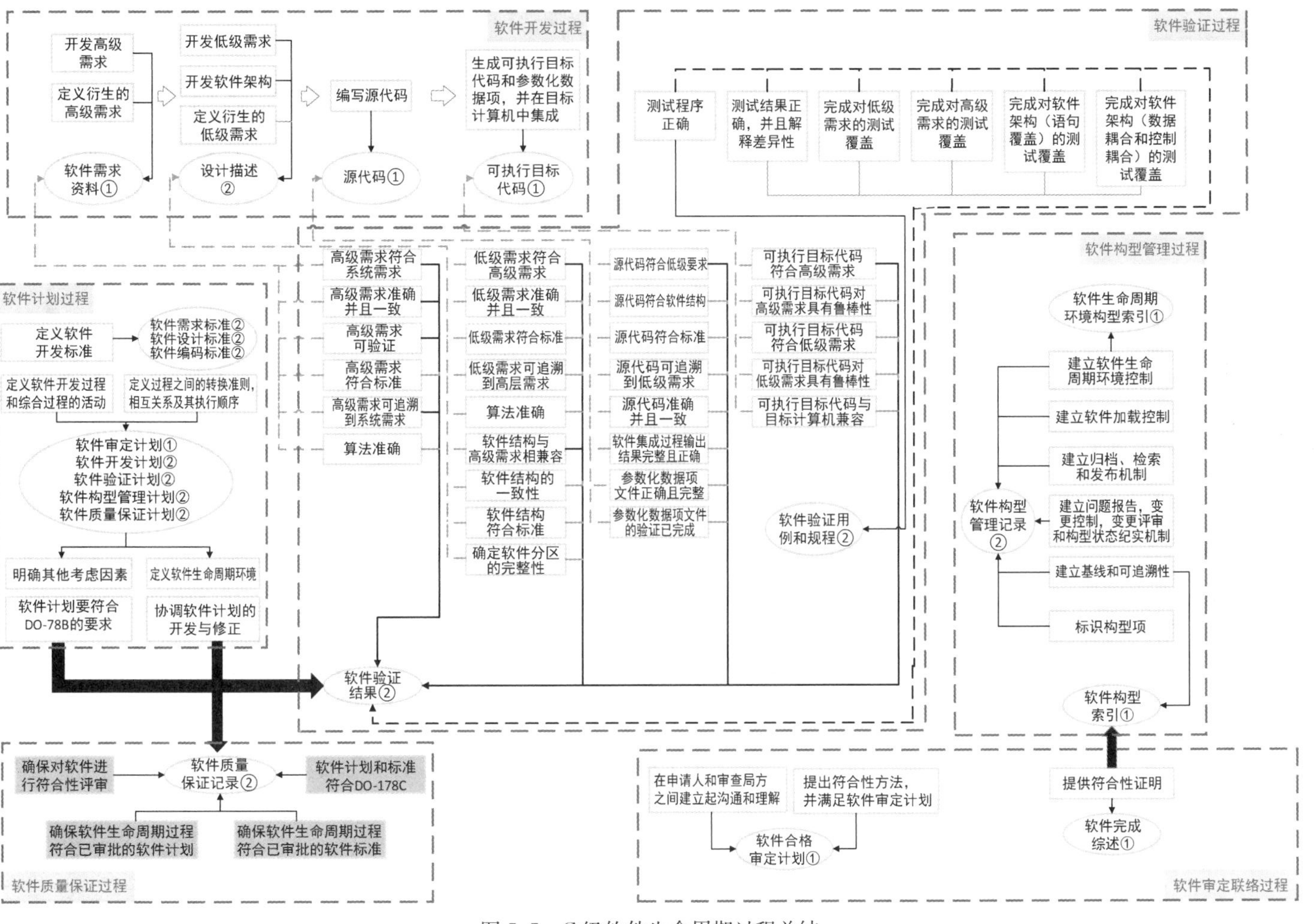

图 5.5　C级软件生命周期过程总结

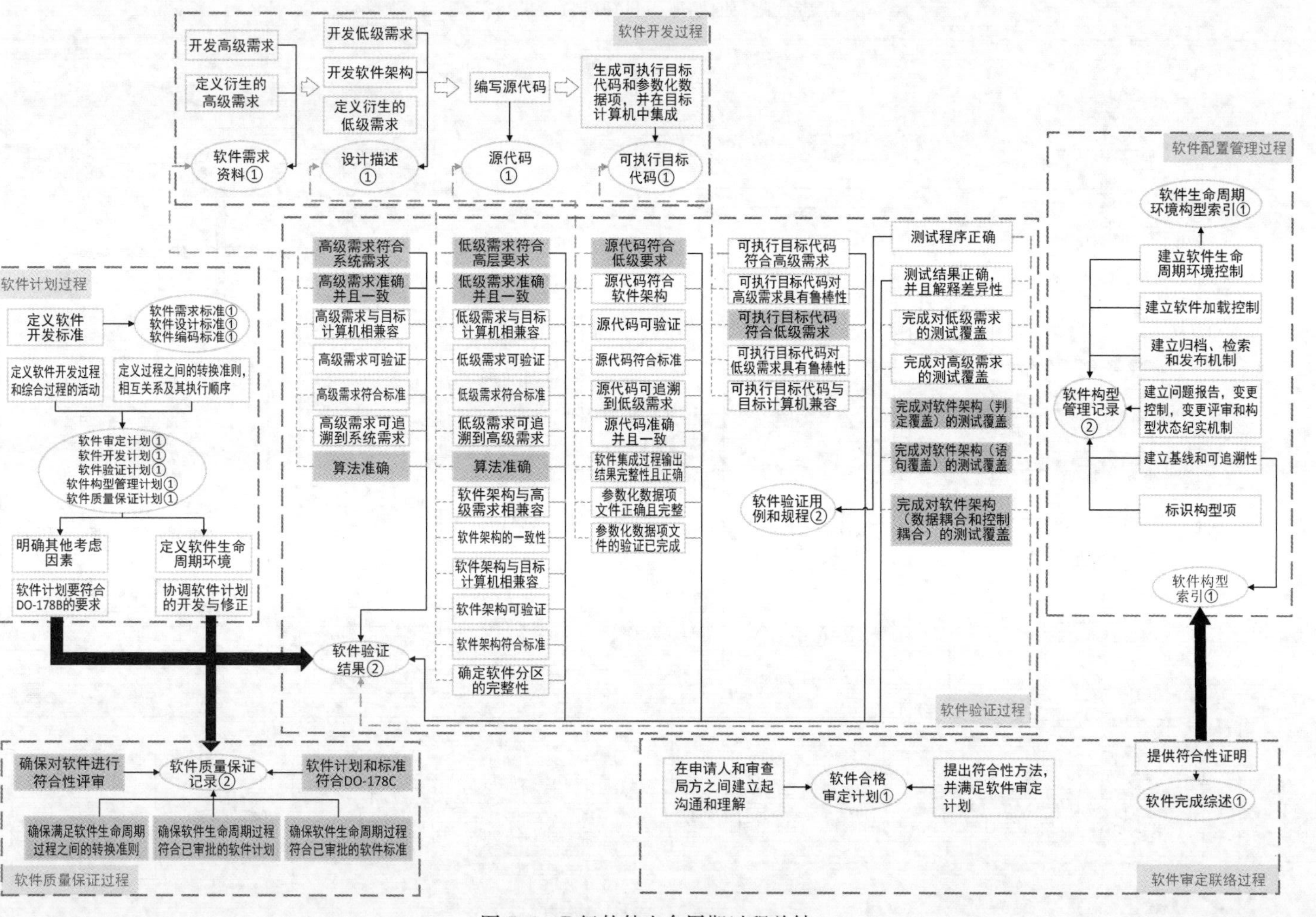

图 5.6 B级软件生命周期过程总结

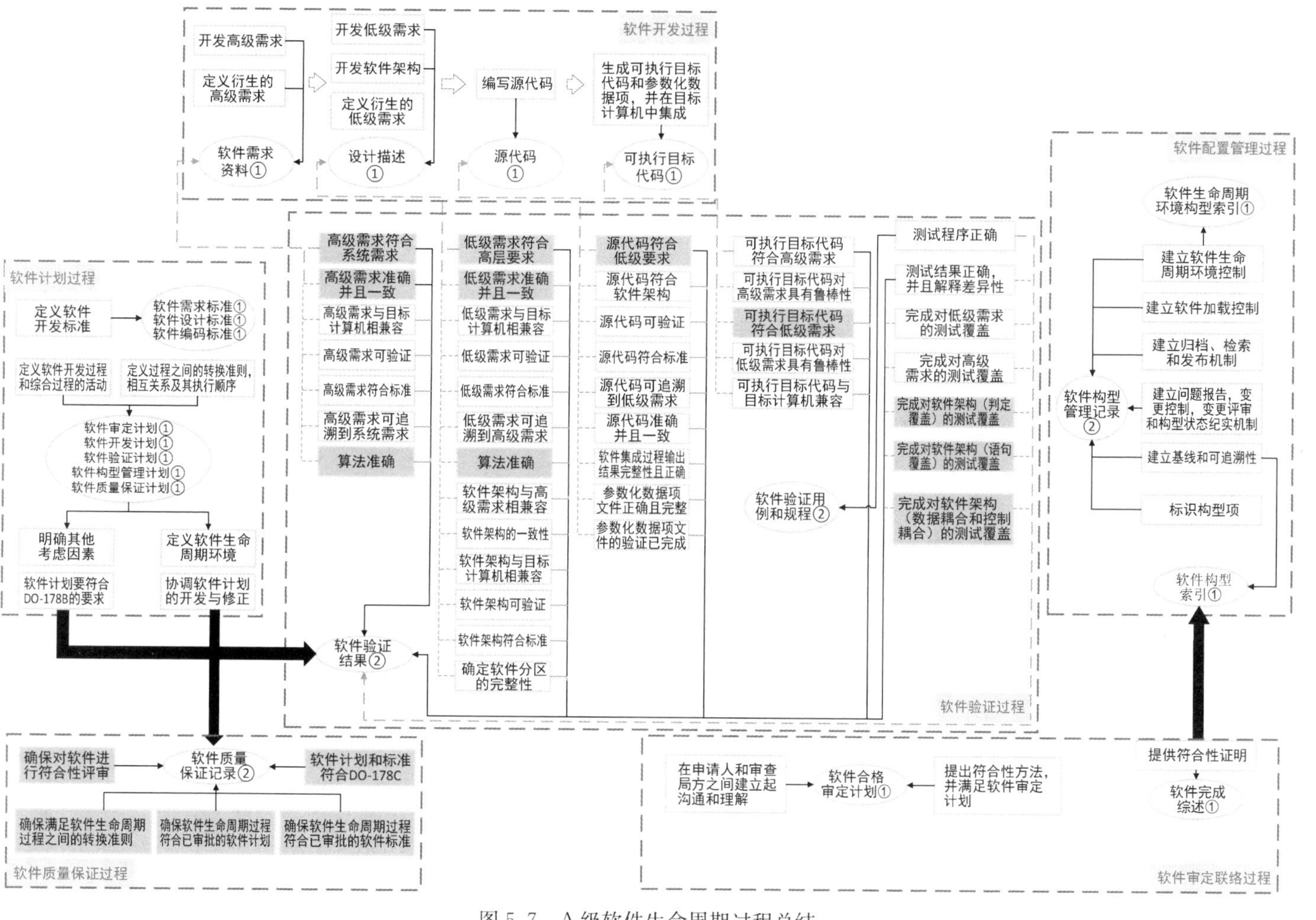

图5.7 A级软件生命周期过程总结

5.4 DO-178C 目标分布的因素推测

DO-178C 的目标分布，反映了标准制定者的一些考虑，这些考虑因素笔者推测如下：

(1) 目标的交叉，如代码的动态性测试和静态检查；既要求高级需求符合系统需求，又要求高级需求与系统需求保持追踪性。这反映了对软件生命周期数据从多个维度上进行质量确认的要求。

(2) 数据的验证原则：对上满足，自身自洽，对下可行。如对于高级需求，既要求高级需求满足系统需求，高级需求自身准确且一致，又要求高级需求对目标机兼容。对于软件的中间生命周期数据，要求其对上负责，对下具有可行性。

(3) 标准在位：开发数据需要有标准，需求、设计、代码均需要有标准。这里的标准指的是静态数据标准，其内容还包括了使用相关工具对数据进行编制的使用规范。值得注意的是某些厂商在研制活动中还存在所谓的验证标准、构型管理标准等，这种标准可算作厂商的规范文件，是其相关体系的一部分。

(4) 软件等级与目标梯度的考虑：众所周知，DO-178C 的四个等级软件在目标上有差异。这种差异的理由没有明确。笔者可做一下推测：MC/DC 是波音工程师提出的一种用于高效的确定（N 个变量只需要 $N+1$ 个测试用例即可完成较高的覆盖率，而非 2 的 N 次方）软件结构的彻底程度的方法，但是目前只针对 A 级软件有此要求。要实现这种要求，其实是要求变量之间具有较高的独立性，潜台词是软件设计者脑子要非常清晰，不要构造很多的依赖变量或者相关变量，否则在逻辑分析和处理上扰乱视线。如果说 MC/DC 就是给 A 级软件设置的，那么可以说标准制定者给 A 级软件这种可能导致机毁人亡的系统级失效格外重视，要求软件控制逻辑的输入具有较高的不相干性，软件设计者要对起作用的控制要素认知准确。判定覆盖仅针对 B 级软件及以上有要求，这要求每种可能的结果都被测试到。最次就是语句覆盖了。对于这种覆盖率上的梯度考虑，从形式上看是规律的，但同时也是无理由的，这种覆盖率层次和软件可能造成的危害之间没有必然的关联。还有一种不规则的梯度，如软件高级需求要求对目标机兼容，软件低级需求也要对目标机保持兼容，但是 C 级软件要求前者，而不要求后一个目标。只能说标准的制定者在 C 级软件上对于目标机的兼容性不在设计阶段检查了，全部后置到软件测试中去保证。审查方可以不在设计阶段关注低级需求对目标机的兼容性，但是软件研制方如果也不关注，那么还是存在风险的。但是目前 DO-178C 设置的目标梯度分布就是不规则，并不是按照需求、设计、代码、集成产物这样一个梯度来做要求，这样要求就太松了。

(5) 可验证性：该目标对于软件高级需求、低级需求、代码都是要求的。第一，可验证性的考虑着眼于软件能够落实需求中的要求，前提是可以基于需求开发测试用例或者通过评审和分析进行确定。目测需求是否可以在将来被评审、分析或者测试，以此确认其被忠实地实现了。第二，在需求、设计、代码阶段进行可验证性的评审，主要针对的还是需求的颗粒度要大小合适，否则容易出现类似多条系统需求对多条软件需求的追踪性情况，追踪性关系到底体现在哪些需求要素上不能明确。第三，需求的视角是否准确，该需求到底是在哪个层次上的需求实现的，需求文件内部也是分层级的，有章、节、小节等多种形式排布。若通篇需求都只以“某某软件”为主语的话，则分不清到底在指代具体的何种组件或者功能集合。第四，可验证性还表现在是否在需求表达上有模糊之处，范围、修饰语等是否有不清楚的地方。第五，对于代码的可验证性，表现在是否存在繁复或者复杂的表现形式。由于代码的语法，诸如指向函数的指针，还有一些甚至可以称得上“冷门”或“偏门”的用法，本身难以被理解，可读性差，评审本身就吃力，因此效果较差。

(6) 软件间目标：一个显著的目标就是划分性，某个软件构型项能够单独被定级的依据是其具有独立且被相对隔离的空间，除了确定的耦合通道外，如端口、共享内存，当然这些耦合路径也应该被严格的分析，以保证这种隔离可有效防止规则被破坏。其他的目标不应该被理解为跨越软件的，如需求的一致性，某系统的 A 软件和 B 软件之间应该保持界面的清晰，但是彼此之间的接口需求应该通过公共的数据字典定义和保证。

(7) 技术背景的影响：某些分析目标，如堆栈的使用、内存的余量分析、最差执行路径等要求，这些要求对于小规模的汇编语言是可在编码阶段面对代码进行检查，但是对于 C 语言，或者更高层次的语言，这些分析在代码阶段以静态的方式进行分析是难以进行的，然而这一点显然已经与现状脱节。

(8) 代码静态目标与动态目标的平衡点：目前 DO－178C 的附录 A－5 和附录 A－6 分别面向规则检查和行为检查等方向，但是目前已经出现某些工具，能够在软件不运行的情况下，对软件的动态行为进行预测。因此，在工具功能不断发展丰富的情形下，在静态阶段还是动态阶段进行代码的符合性目标检查，将与传统方法产生较大差异。某些由测试完成的功能，可能通过分析的手段进行完成。同时需要注意的是，这种跨表工具可能成为超级验证工具，其工具鉴定等级可能因此提高。

5.5 本章小结

比起其他软件过程标准，DO－178C 作为面向适航审定的软件生命周期过程标准，着重提出了每个过程中应实现的目标。既实现了将不同等级的软件区分对待的目的，也为我们开展适航审查、制定过程和程序提供了直观的参考。

由于标准中所定义的目标一般较为简练和抽象，因此作为机载软件适航标准的入门读物，本章对目标的要求和实现方式进行了较为简单的概括和提示，以方便读者快速掌握标准的要求。同时，本章对目标的一些潜在属性，目标与过程的对应关系，以及目标随软件等级的变化情况进行了解释。更进一步，读者在理解和掌握具体目标时，应仔细参考正文中对相应的过程和活动的描述，以及对具体的软件生命周期数据的要求。

6 附 加 考 虑

DO-178C 描述了以目标为导向，涵盖整个软件研制周期的机载软件研制过程规范。考虑到软件研制技术和方法的多样化，很难通过一个技术标准对所有的软件研制方法进行规定。DO-178C 之所以能够获得广泛的应用，除了各国审定部门的一致认可以外，另一个重要因素是标准本身避免了讨论各式各样的技术手段和具体规定，从而大大提高了标准的抽象性和适用性。例如，在对软件测试活动的要求中，对软件测试结构覆盖率提出了具体的目标，但并没有叙述和限制研制部门具体采用哪种测试技术和测试方法达到这些目标。

然而，DO-178C 是以 20 世纪 90 年代初典型的软件研制过程为原型制定的。在千变万化的机载软件研制技术中，依旧存在这样一些方法，它们与标准所定义的目标相冲突或可相互替代。在这些情况下，软件研制部门需要提交额外的证据表明软件的符合性。DO-178C 第 12 章中以附加考虑的形式提出了具体技术所需的额外证明。

本章里，我们将重点就先前开发的软件(PDS)、软件研制和验证工具及 DO-178C 替代性方法三个方面介绍常见的额外考虑情况。

6.1 先前开发的软件

软件复用是软件工程中经常推荐的手段。软件复用可以大幅度降低软件研制的成本，并且借助软件在实际应用中积累的使用经验有望减少软件中留存的缺陷。传统的软件工程更多的是讨论软件组件的复用，而较少涉及整个软件产品的复用问题，其原因在于传统计算机软件运行环境相对固定，并且不受各种如适航标准的限制，从而整个产品的复用问题几乎无须考虑。然而，在机载软件领域，纵使是整个软件产品的复用仍然会受到限制。在通常情况下，适航工作中我们称在当前项目中复用的这类机载软件为先前开发软件(PDS)。

PDS 指任何为其他机载系统或设备项目开发的软件。PDS 主要包含那些在 CCAR－21 所定义的型号合格审定中设计批准时已经被审查过的软件。PDS 的定义与是否是商用货架产品(COTS)无关。对于那些随着中国民用航空局与国外局方达成的双边协议,如果中国民用航空局能够直接认可或者等效认可这些系统或设备所国局方的设计批准证据,那么系统或设备中包含的软件也可被定义为 PDS。

6.1.1 相关考虑

需要注意的是,软件的复用情况通常较为复杂,并且在某些情况下可能对软件的整体造成负面影响。研制单位在考虑是否采用 PDS 时需非常谨慎的考虑这些问题。PDS 的使用既包含技术因素,也包含商业因素(成本及进度)。最终做出的决定需要综合考虑这些因素,并得到最佳的决策,以确保能维持该应用所必需的安全性要求。PDS 使用的成本及进度因素属于商业问题,不应当作为降低审定或安全性要求的理由。然而,PDS 使用的技术问题需加以关注,且这些技术问题通常被成本及进度问题所影响。下面我们就来分析哪些技术或非技术因素可能影响软件的复用。

6.1.1.1 技术考虑

首先,是否采用先前开发的软件,以及如何使用将涉及一系列的技术决策。需要技术人员对其进行评估。评估涉及的要素至少包括如下内容:

(1) 所开发系统的研制保证等级以及系统安全评估中对该 PDS 的等级要求。

(2) PDS 供应者在应用领域及认证要求方面的经验。

(3) 所定义的 PDS 环境及应用领域之间的兼容性或相似性,尤其是在安全要求方面。

(4) 合适的软件生命期数据的可用性、相关性,以及质量(新的或先前的认证软件数据包)。

(5) 包括 PDS 接口规范在内的 PDS 供应者其软件生命期数据的可用性及质量。

(6) 服务历史数据的适用性、可用性及质量。

(7) 在所需的系统等级使 PDS 与 DO－178C 相符合所付出的努力。

(8) PDS 供应者支持软件构型管理目标的义务及能力,如版本控制及维护。

(9) PDS 供应者支持认证要求的义务及能力,如独立的稽查。

(10) 软件、硬件及工具的可用性和陈旧过时问题(可能需包括硬件及软件组件、可携带性、技术更新等)。

(11) PDS与应用要求的适用性。

(12) PDS的可修改性,包括如下内容:

a. PDS所需的修改。

b. 根据PDS供应者或需求者的要求对PDS的可修改性。

c. 对认证软件数据包适用性的影响。

d. 对不需要的功能的抑制性。

e. 审定管理及更改控制。

f. PDS修改在应用范围之外的影响(改变历史可见性)。

(13) PDS的长期维护性能,包括如下内容:

a. 产品的引退。

b. 产品的增强。

c. 工具。

(14) 能提供备用的等价的软件可靠性方法的可行性及考虑因素。

6.1.1.2 成本考虑

同时,使用PDS软件在时间和经济成本上开销并不一定总如想象的那样少。由于严格的适航监管的存在,因此在软件生命周期的各个阶段,PDS的使用均存在相应的成本开销。

(1) 获取PDS的成本。

a. PDS的购买成本。

b. 成本及进度。即为了将PDS纳入目标系统所需的成本与建立自己的软件应用所需的成本。

c. PDS的认证成本。即为了符合DO-178C目标而对PDS所作的修改或变更,包括由于缺少PDS供应者可用数据而产生的附加成本;对PDS供应者可用认证软件数据包加以完善的成本。

(2) 维护PDS的成本。

a. 软件维护的责任。即谁负责对软件的维护,是PDS的供应者还是需求者,抑或是两者。

b. 审定管理及更改控制(包括在适航取证以后对使用过程中发现的缺陷进行的强制更改)。

c. 预期的应用服务期及长期维护计划(包括与特征修改及错误校正相关的更改控制)。

（3）运行许可及收购成本。

（4）源代码收购成本。

众所周知获完整的生命周期数据是机载软件通过适航审批的必须。然而许多PDS软件却很难或需要支付高昂的成本以获取全部的生命周期数据。

（5）对认证软件数据包加以完善的成本，包括收集并完善所需的资源；完成此工作尚需的努力。

（6）审查方可能要求的对PDS开发部门进行适航检查和审定可能带来的申请人成本负担。

（7）因任何第三方供应商对PDS产生的影响成本。

6.1.1.3 进度考虑

最后，决定使用PDS的同时，还需要考虑对项目的进度影响等。

（1）对项目进度的影响，包括对认证进度的影响。需要认真考虑，将PDS引入目标系统所需的时间相比于建立自己的软件应用所需的时间，以及PDS供应者的进度与PDS使用者的进度是否相容。

（2）关键路径分析，即PDS的使用任何影响进度的关键路径。

（3）安排PDS供应商的互动的时间，如实施对供应商的过程检查；软件生命期过程及数据检查。

6.1.2 适航影响

纵使成本合适的PDS也不一定能获得适航审定部门的许可。PDS是否可以在当前项目中复用以及复用所需进行的相关工作受以下几个因素制约：

1）软件所实现的系统功能

在民机研制的各个环节，多年以来的经验表明，严格的基于需求的设计方法是应对民机功能复杂性并且保证飞机安全性的重要手段。这里所说的严格基于需求事实上是双向的。以软件来说，机载软件必须实现所有分配到软件的系统需求，也就是说所有的系统需求都应有软件需求与之对应。同时，机载软件中实现的所有功能都应该直接或间接的对应到系统需求，即每一条软件需求都应该有明确的系统需求与之对应。在上述两项要求中，第一条是系统和软件功能正确性的基本要求，而第二条则是为了保证不存在潜在的缺陷或风险。在软件复用项目中，需要对系统和软件进行全面的功能分析，并且重新构建完整的追溯关系以满足对功能分解和验证的要求。特别是在软件功能要求变化的情况下，可能需要重新启动软件研制生命周期，并进行相应的开发、验证和所对应的综合活动。例如,在 PDS 本身符合 DO－178C 要求的情况下,如果仅仅对其中的部分功能的需求和设计进行了修改,则可能需要进行以下活动:

(1) 修订并评审系统安全性分析的结论,将新的功能纳入系统安全性分析中。

(2) 通过追溯分析确定软件需求和架构变化对其他部分的影响。

(3) 根据追溯关系对受影响的软件组成适航符合性进行重新确认。

2) 软件运行的环境和系统架构

在本书中我们多次提到软件无法脱离硬件和系统而独立存在,硬件环境和系统架构对软件的影响也是显而易见的。软硬件间存在大量的接口,软件必须与相应的硬件环境相匹配这已经是所有计算机应用领域的共识。同时,系统的架构虽然不直接影响软件产品及模块的功能和设计,但仍然是软件复用时需要考虑的关键因素。以 DO－178B 描述的民机软件研制保证方法来说,在功能一致的情况下,采用不同的系统架构可能造成软件等级的不同。当软件复用到新型号时,其所驻留的硬件环境及系统架构也需要重新确认,以确保软件实际研制保证过程等级满足当前系统安全性分析结论对其的要求。

3) 适航要求及符合性方法

除了上面提到的关注软件的功能需求以及软件的外部环境以外,适航考虑往往也会影响软件的复用。某些机载软件本身出于安全考虑存在特殊的适航要求,其中很多要求受规章修订影响。例如在较早的机型及软件项目中,当时的规章可能并不会对网络安保提出要求,但安保的各项要求近年来越来越多地出现在各类规章中,相应的适航要求对机载软件的影响也显而易见。再如,某些项目中符合性方法不是单一的,可以使用如穷举测试或者引述以往机型此软件的服务历史记录的方法来表明适航性。正如软件研制保证等级受系统和功能影响一样,这些方法的适用性也受到多种因素影响。

4) 使用其他标准开发的软件

复用以往开发的软件可能还涉及适航标准更新的问题。例如,1990 年以前研制的机载软件可能采用的是当时有效的机载软件适航标准 DO－178A。DO－178A 中也包含了软件研制保证过程的方法,但与现行有效的 DO－178B 存在许多差异。以软件等级为例,DO－178A 采用三级软件等级定义,而 DO－178B 将软件分为五级。因此,如果需要将机载软件复用到当前项目中,那么就必须考虑按照 DO－178A 完成的软件研制保证目标与当前标准间的差异,并表明其所欠缺的 DO－178B 目标的符合性证据。表 6.1 简单对比了两个标准间的异同点。

表 6.1 软件等级等价性

安装要求的 RTCA DO-178C 软件等级	RTCA DO-178B 软件等级遗产软件[①]	每个 RTCA DO-178/DO-178A 的系统软件等级遗产软件[①]		
		关键的/等级 1	重要的/等级 2	不重要的/等级 3
A 级	A 级	是/分析	否	否
B 级	B 级及以上	是	否/分析	否
C 级	C 级及以上	是	是	否
D 级	D 级及以上	是	是	否
E 级	E 级及以上	是	是	是

注：① 遗产软件指的是 PDS，是在其他型号上被合格审定过的软件。

此外，我们也经常见到其他行业的软件复用于民机机载软件项目的情况。在美国联邦航空局的相关指导材料里，这类使用类似标准开发的软件如果应用于当前的机载软件项目通常也被认为是 PDS。民机领域内最常被复用的其他行业软件所采用的标准包括：军用标准、铁路或者核电领域使用的类似软件研制过程保证标准等。

读者需要注意的是，COTS 软件有时也作为一类特殊的 PDS 描述，但是商用货架产品软件在审定中的要求常与 PDS 不完全相同。具体内容详见本书 7.2.5 节。

同时，根据软件复用的具体情况，DO-178C 标准第 12 章对其提出了具体的要求。为了方便读者理解，本书中将标准中 12.1 节的要求对应到各种可能的复用情况中，以便读者快速根据项目的情况进行选择。

(1) 如果所复用的软件或模块在以往的项目中获得了批准，并且批准是按照 DO-178B 的要求进行的，那么应用 PDS 应开展如下活动：

a. 确定 PDS 的安装要求是否与当前机型中的应用环境相匹配。

b. 将上述问题的分析和结论作为机载软件 PSAC 文件的一部分。

c. 进行软件和当前硬件的集成工作。

d. 在当前目标机环境中对软件所执行的系统功能进行验证。

(2) 如果软件研制环境(开发和测试环境)与上次取得批准时不同，则需要对开发环境进行评估、分析或者重新验证，那么应用 PDS 应开展如下活动：

a. 评估、分析或者重新验证应考虑编程语言的具体特性。

b. 如果使用了不同的编译器，则应重新运行当时的测试用例以获得新的测试结论和覆盖率分析数据。

(3) 如果软件运行环境与上次取得批准时不同,则对运行环境进行评估、分析或者重新验证。这些活动如下:

a. 重新进行软/硬件集成测试。

b. 重新开展对软/硬件兼容性的评审。

c. 针对当前更改补充进行新的测试或验证。

d. 检查并更新先前软件批准时的软硬件接口的结论。

(4) 如果先前软件批准的等级低于当前项目系统对软件的要求,则应开展如下活动:

a. 重新进行评估系统安全性评估过程的输出,并且识别出可能的软件修改。

b. 重新修正 PSAC 中对软件等级的定义以及修改相对应的符合性方法。

c. 评估现有的软件生命周期数据,并且与当前的软件等级目标相比较,以确定尚未实现的目标。

d. 在部分项目中允许使用逆向工程补充部分所需的生命周期活动和数据。

(5) 如果软件的功能发生了变化,则应开展如下活动:

a. 需要根据变更的影响范围重新进行系统安全性评估。

b. 针对软件需求的更改或软件架构的更改启动评估和相应的更改控制活动。

通常可以通过系统安全性分析和基于耦合性分析、时间相关分析以及(软件和系统级)追溯关系的分析确定更改涉及的范围。需要注意的是,一般来说,软件作为一个整体,在后期对需求进行修改往往会发生牵一发而动全身的现象。往往根据更改影响分析的结论这类更改的影响范围远大于真正发生更改的软件/软件模块。

(6) 如果所复用的软件或模块在以往的项目中获得了批准,并且批准是按照 DO - 178A 的要求进行的,则应开展如下活动:

a. 按照表 6.1 的内容,对比当前项目软件等级要求和 DO - 178A 以往批准时确定的软件等级。

b. 补充其他在 DO - 178B/C 要求中而在 DO - 178A 之外的符合性目标完成的证据,如需要可以补充部分活动。

(7) 如果所复用的软件或模块在以往的项目中获得了批准,并且批准是按照其他等效标准的要求进行的,则应开展如下活动:

a. 申请人和研制单位应首先在比较 DO－178C 和先前使用的标准，然后编写详细的对比报告并提交审查方。报告应至少包含两份标准间目标的差异对比。

b. 在上述报告的基础上，完成比照 DO－178C 的符合性矩阵（目标和完成情况的清单）。

c. 补充或补齐符合性目标和符合性数据。

(8) 如果所复用的软件或模块（如 COTS 软件）没有获得过上面提到的任何批准，则应开展如下活动：

a. 如果研制单位依旧决定采用 DO－178B 表明机载软件的符合性，则必须使用诸如逆向工程在内的方法恢复所缺失的生命周期数据，并且表明软件满足了 DO－178B 中对相应等级软件所提的要求。

b. 在许多情况下，机载设备和系统的研制单位无法获得 COTS 软件开发商的支持，如无法获得低级需求或者源代码等必需的生命周期数据。这时选用 DO－178B 第 12 章中描述的替代性方法是较为可行的方案，详见 6.3 节关于替代性方法的说明。然而不论采取何种替代性方法，为了确保软件满足安全性的要求，研制单位至少必须具备最低限度的生命周期数据以便开展系统级的功能分解、确认和验证活动。这里所说的最低限度的生命周期数据通常至少包含如下几项：

a. 软件合格审定计划（PSAC、DO－178C　11.1）。

b. 软件高级需求（DO－178C　11.9）。

c. 可执行目标码（DO－178C　11.12）。

d. 软件构型清册（SCI DO－178C　11.16）。

e. 软件完成综述（SAS DO－178C　11.20）。

6.2　工具鉴定

在现代软件工程中，工具已经出现在软件研制过程中的各个环节中。在常见的软件研制环节中，使用工具包括软件需求工具、软件设计工具、软件架构工具和软件测试工具等。这些工具的使用可以提高软件的开发效率，并且在正确使用相关工具的条件下还有望能提高软件的质量。当然，如果工具中存在错误或未能正确地使用工具，那么也将会带来负面的影响。由于工具的功能日益强大，因此人类有时已经无法对工具的输出进行直接的判断。

正如本书不断提及的那样，民机时刻以安全性为最高要求。为了保证达到预期的安全水平往往不惜牺牲效率和其他性能。就民机机载软件研制过程中使用的工具来说，风险也是显而易见的，主要原因如下：

(1) 相比纯手工开发，工具的输出中隐藏的错误往往更加分散，难以被发现。

(2) 工具生成的软件中含有的缺陷往往难以通过手工的方式排查并加以修正。

(3) 相比人工活动，工具产生的错误不再是偶然的。当同样的工具被用于多个项目中时，同样的错误将被成批地复制。

为了规避工具的应用给民机机载软件带来的风险，适航审定过程中通常采取将机载软件的要求延伸到相关工具中的方法，这一方法也可以称为“鉴定”。工具鉴定正是 DO-178C 12.2 节所描述的内容。

6.2.1 DO-178B 工具鉴定

谈到工具鉴定，我们首先需要明确工具鉴定的时机和方法。也就是要回答何时需要工具鉴定以及工具鉴定的基本方法这些问题。

(1) 何时需要进行工具鉴定？

“Qualification of a tool is needed when processes of this document are eliminated, reduced or automated by the use of a software tool without its output being verified as specified in section 6.” (RTCA DO-178B 12.2)

“当使用软件省略、减少或自动化了本文所要求的过程，并且没有采用本文件第六章的要求对输出进行验证，则工具需要鉴定。”(RTCA DO-178B 12.2)

上文描述了工具鉴定的两个基本条件，分别是“省略、减少或自动化了本文所要求的过程”以及“没有采用本文第6章的要求对输出进行验证”。

我们先来看看什么是“省略、减少和自动化”。从字面上来看，“省略”自然就是因为软件工具的使用而可以省去不再执行的软件生命周期过程，或过程中的某些步骤；“减少”则是 DO-178B 要求的过程依然执行，但是减少了过程中所包含部分活动；“自动化”顾名思义是原先标准要求的过程原先由人工执行，现在被工具自动化地实现了。由此可以看出，“省略、减少、自动化”是工具影响到软件过程或活动做多少和由谁做的置信度问题。下面我们通过一个例子来仔细分析上面三者间的区别。

例如，我们假设某软件研制过程中工具 A 能直接从低级需求和系统架构设计文件转换并且生成全部的源代码文件，在研制过程中无须进行人工编码。我们看到，在这一过程中源代码是被工具编写出来的，所以实质上 DO-178C 所描述的软件编码过程(software coding process)是被“自动化”了。但是由于这一工具的出色性能，研制单位认为在自动转换过程中不可能引入错误，从而决定不再进行对低级需求和源代码一致性的验证，则 DO-178B 第 6 章的验证工作在对源代码和目标代码一致性验证这点上被“省略”了。我们不妨再假设，研制单位对工具的信心非常足，以至于决定将原先执行一类构型控制的源代码由于工具的使用降为二类。可见，在这一过程中，构型管理过程及其活动依然保留，并且还是由人工进行，但部分过程将被“减少”。总结来说，软件工具鉴定的条件可通过如图 6.1 表示。

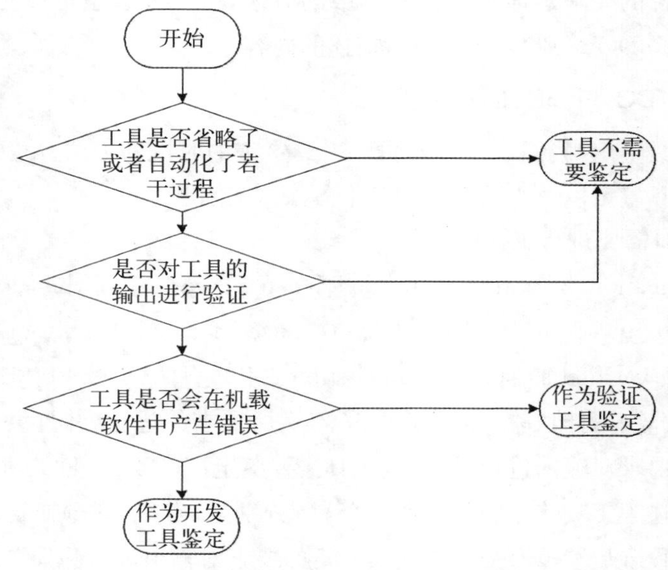

图 6.1　工具鉴定的条件

从 DO-178B 的要求中我们不难看出，如果软件工具的使用没有省略、减少或自动化 DO-178B 所要求的过程，则不需要对工具进行鉴定。这类工具常见的例子如构型管理(也称配置管理)工具。构型管理工具协助研制团队实现 DO-178B 第 7 章所要求的目标和活动，但如果它们仅仅对软件研制过程起到辅助作用而没有起到上文中所描述的“省略、减少或自动化”某一过程的效果，则这种工具不需要鉴定，可以在机载软件项目中直接使用。当然，所有使用的工具都应该在相应的软件研制环境计划中描述，同时也需要将这一计划放入构型管理的范围内。

另外,还需要重点关注 DO-178B 关于工具鉴定条件的第二条。如果存在工具,虽然满足上面所提的条件,即"省略、减少或自动化"了 DO-178B 所要求的某项活动,但研制单位能够通过对工具的输出进行全面的验证,且验证活动按照 DO-178B 第 6 章的要求进行,满足第 6 章的目标、活动和数据要求,则这个工具也可以不进行鉴定。

(2) 如何进行工具鉴定?

"The objective of the tool qualification process is to ensure that the tool provides confidence at least equivalent to that of the process(es) eliminated, reduced or automated." (RTCA DO-178B 12.2)

"工具鉴定的目标就是为了确定工具能够提供与其省略、减少或自动化了的过程具备同样的适航置信度。"(RTCA DO-178B 12.2)

换句话来说,通过对工具的鉴定,将原来对软件的评审以确定其适航符合性的过程转由通过对工具鉴定来完成,并由此认为其所加工的软件本身也达到了适航要求。

工具鉴定为研制机载软件提供了相当的便利性,这表现在以下两个方面:

a. 可以将某些复杂或者工作量巨大的软件验证活动转换为工具的鉴定活动。

b. 将每次研制机载软件时都需要进行的重复符合性工作转变为在工具鉴定时一次性开展的活动。

6.2.2 DO-178B 工具鉴定要求

工具鉴定的要求受工具功能类型的影响,不同类型的工具在机载软件符合性工作中所起的作用不同,自然要求也有所差异。DO-178B 将需要鉴定的工具可以分类两个类型:开发工具和验证工具。

(1) 开发工具——"输出将作为机载软件的一部分,可能直接向机载软件产品中引入错误"(RTCA DO-178B 12.2)。也就说开发工具可能在正确输入的情况下产生错误的输出,比如上文中提到的自动代码生成工具。

(2) 验证工具——"不会引入错误,但存在漏检错误的可能"(RTCA DO-178B 12.2)。验证工具的输出不是机载软件的一部分,不会直接向机载软件产品引入错误,但是它的使用可能会漏检错误,也就是在错误的输出情况下无法发现输入中所存在的缺陷,如对软件测试结果的校验工具。另外,在无法明确定义工具类型的情况下,对于组合工具(也就是同时包含了开发和验证功能的工具),除非能提供足够的证据证明两个工具间存在有效的隔离,否则组合工具必须按照最严格的要求即开发工具的要求进行鉴定。

读者应该认识到，并非所有的工具都可以通过鉴定，并且能够通过鉴定的工具必须是确定性的工具。所谓工具的确定性在不同时期的理解有稍许差异，主要包括两个方面：第一，以 DO－178B 来说工具的输出和活动对机载软件产品的影响是确定性的；第二，对于相同的输入，工具的输出是一致的。这一要求对于开发工具来说基本上不存在问题，然而对于某些验证工具，我们不得不面对这样的可能，验证工具在面对大量的输入情况下可能检测出的缺陷数量存在不同，也就无法满足 DO－178B 工具鉴定条件的要求。对于这一问题在新版本的机载软件标准中进行了调整。详见本书第 10 章。

DO－178B 对开发工具的鉴定要求如下：

- 开发工具的研制过程应满足相应等级软件研制过程（也就是 DO－178B 第 5 章）的目标。
- 除非能提供使得审定局方信服的证据证明降级的合理性，工具应该按照作为其输出结果的机载软件适用的软件等级表明其对 DO－178B 的符合性。如用于输出 A 级机载软件的开发工具，应该满足相应 A 级软件的各项目标。
- 能证明开发工具满足工具操作需求（TOR）。
- 工具能通过基于工具操作需求的验证。

DO－178B 对验证工具的鉴定要求则相对简单，只要求：

- 能证明工具在正常工作条件下满足工具操作需求。

同时，对于上述两类工具来说，DO－178B 规定的质量保证过程和构型管理过程的全部目标都必须满足。我们不难看出，对验证工具的鉴定要求几乎等同于对工具开展黑盒测试，而对 DO－178B 中软件研制过程的要求几乎都可以略过。需要注意的是，验证工具的要求在 DO－178B 中常被指责设置过低，这一问题在新版本标准中得到了部分调整。

工具鉴定通常都需要得到工具研制单位的支持。在 DO－178B 要求的生命周期数据之外，申请人需要向审查方提供工具鉴定计划（tool qualification plan，TQP）和工具操作需求数据，而审查方将根据工具鉴定的结论使用限制等信息签署工具鉴定许可书（tool qualification agreement，TQA）。

给出如下提示：

（1）由于工具因其具体的操作方式各有不同，因此在不同软件审定项目中所能提供的置信度也会发生变化。工具鉴定活动必须针对项目进行，其结论也仅在鉴定的项目范围内有效。如果在新的软件研制项目中使用相同的工具，则必须重新提交鉴定。工具研制单位常说工具能够通过DO－178B某级认证的说法，仅代表工具在某项目中曾通过鉴定或具备相应能力，并不代表审查方对其在新项目中的使用认可。事实上，在不同项目中使用相同的工具并不一定能确保总能获得审查方的批准。

(2) 对于验证工具，由于其验证要求较容易实现，因此相比耗时耗力的软件验证工作，工具鉴定有望大幅度提高软件研制工作的效率。相比之下软件开发工具的鉴定要求较高，特别是完整规范的定义软件开发工具的操作需求存在一定困难。

(3) 对于开发工具，研制单位有时会选择通过对开发工具的输出进行人工校验的方法来规避开发工具验证的复杂工作。从DO－178B的角度来看，这种方法也是可以接受的。

6.2.3 工具操作需求

我们不难发现，不论是开发工具还是验证工具，在工具鉴定中都涉及工具操作需求。常见的误解通常认为，工具操作需求是一份类似于使用说明书的文件。我们也曾发现没有取证经验的研制单位因为无法提交令人信服的软件操作需求而造成工具无法通过鉴定的情况。事实上，工具的操作需求作为工具鉴定活动中必须准备的生命周期数据，应该按照软件生命周期数据中的软件高级或低级需求的标准来编制，并且严格的执行适用的构型管理和更改控制。工具的操作需求起到机载软件验证过程中系统需求的作用，而工具的鉴定活动因此更加类似于我们经常进行的系统审查。我们除了对工具的操作需对其精确性和正确性进行评审之外，还需考虑工具在预期运行环境下的功能测试、鲁棒性测试以及需求和结构覆盖率分析等，而工具软件的高级需求则被作为符合工具操作需求的软件高级需求来对待。

6.2.4 DO－178C中的工具鉴定

就标准对全生命周期的要求来看。如果说大部分C版新标准的改动都是在B版基础上的延续和细化，那么工具鉴定要求可能是B版和C版标准中存在实质性差异的最主要内容。在这里我们不妨费些笔墨，从鉴定的时机、鉴定的类别、工具鉴定的要求几个方面，详细对比一下新旧版本中工具鉴定的差异。

6.2.4.1 工具鉴定等级的确定

(1) 何时需要进行工具鉴定？

"Qualification of a tool is needed when processes of this document are eliminated, reduced or automated by the use of a software tool without its output being verified as specified in section 6." (RTCA DO - 178C 12.2.1)

"当使用软件省略、减少或自动化了本文所要求的过程，并且没有采用本文件第六章的要求对输出进行验证，则工具需要鉴定。"(RTCA DO - 178C 12.2.1)

(2) 如何进行工具鉴定?

"The purpose of the tool qualification process is to ensure that the tool provides confidence at least equivalent to that of the process(es) eliminated, reduced, or automated."

"所谓工具鉴定就是为了确定工具能够提供与其省略、减少或自动化了的过程具备同样的适航审定置信度。"

可见，C版标准对工具鉴定的范围和目的与B版几乎完全一致。我们再来看看工具鉴定的方法和要求。

(3) 工具鉴定准则。

在B版中，工具主要根据用途分为开发工具和验证工具两类。在C版中，工具被进一步根据以下三个准则分成三个类别：

a. 准则1——"工具的输出是机载软件的一部分并且可能引入错误。"我们可以看出，这一定义与B版本中的开发工具是完全对应的。换句话说，C版中的1类工具就是B版中所谓的"开发工具"。

b. 准则2——将自动验证某些过程，并可能漏检错误；同时，这些输出被用来证明对以下过程的省略和减少是合理的：并没有被工具自动化的验证过程；可能对机载软件产生影响的开发过程。

c. 准则3——"在预期的使用范围内，可能漏检错误。"

事实上，准则2和准则3都是对B版本中验证工具的进一步细分。准则1的工具就是DO - 178B中提及的开发工具。准则3的工具就是DO - 178B中提及的验证工具，只不过对于某些验证工具可能会对其他的过程，如开发活动或者验证活动产生影响，进而产生了准则2的工具。准则1的工具比较好分辨，就是开发过程中需求、设计、编码或者集成过程中用到的产生软件本体的数据的工具。准则3的工具则是用于验证需求、设计、编码或者可执行目标码的工具，但是其作用较为单一，不会产生"副作用"。准则2的工具首先是验证工具，如检查数组索引越界的工具，如果因为该工具的使用，使得代码中预防数组索引越界的代码可以不用添加，那么该验证工具不但影响了验证过程，而且影响了开发过程，是一种超级验证工具，称之为准则 2 的工具。准则 2 的工具其次是测试用例的生成工具，其作用是生成测试用例。假如此时测试用例还无须人工评审或者部分减免了人工评审其与需求的追踪性，那么这个工具同时影响了表 A-6 和表 A-7 中的目标，产生跨表的符合性表达，也是一种准则 2 的工具。

(4) 工具鉴定等级。

20 世纪 90 年代，工具的规模和功能都与今天无法同日而语。近年来，软件工具的功能复杂度甚至超过机载软件产品本身，而在老版标准中对工具鉴定要求的描述过于简单，对于验证工具的要求甚至只有黑盒测试的要求。这与 DO-178C 中对整个机载软件开展全面系统的研制保证管理的要求差距较大。因此，DO-178C 在考虑上面提到的工具分类准则的基础上，结合工具工作对象（软件）的等级，细化了工具鉴定等级（tool qualification level，TQL）的要求。如表 6.2 所示。

表 6.2 工具鉴定等级的要求

软件等级	工具分类		
	1	2	3
A	TQL-1	TQL-4	TQL-5
B	TQL-2	TQL-4	TQL-5
C	TQL-3	TQL-5	TQL-5
D	TQL-4	TQL-5	TQL-5

在上述对工具分级的基础上，DO-178C 要求工具鉴定的过程依据 DO-330 的相应要求进行。

6.2.4.2 工具鉴定标准 DO-330 目标简述

下面给出 DO-330 中规定的各个过程所应满足的目标。在介绍目标时，索引号 T-x.x 表示标准 DO-330 附录 A 中的表格 T-x 所列的第 x 个目标，如 T-0.1 表示目标“确立工具需要鉴定”。

1) 工具操作过程

(1) 确立工具需要鉴定(T-0.1)。

确认软件生命周期过程中需要使用的工具及其预想使用方法的描述。据此定义工具是否需要鉴定、决定工具鉴定等级、明确工具鉴定相关方及其职责，并描述工具操作环境。

(2) 定义工具操作需求(T-0.2)。

定义工具操作需求(工具操作需求过程)。

(3) 在工具操作环境中安装工具可执行目标代码(T-0.3)。

在工具操作环境中安装工具可执行目标代码(工具操作集成过程)。

(4) 工具操作需求要完整、准确、可验证并具有一致性(T-0.4)。

在工具验证过程中,实施对工具操作需求编写的完整、准确、可验证并具有一致性的检查(工具操作验证过程)。

(5) 工具操作遵守工具操作需求(T-0.5)。

对于安装于工具操作环境当中的工具,其功能及输出要遵守工具操作需求。

(6) 工具操作需求正确并且充分(T-0.6)。

保证提出的工具要求能够充分、正确地删减或自动执行由 PSAC 所确定的过程。

(7) 工具能够满足软件生命周期过程的需要(T-0.7)。

工具鉴定必须在应用工具的机载软件审定项目中进行。既然是鉴定工具一定"省略、减少或者自动化"了某些软件生命周期过程。因此,工具鉴定的目标也就是确保工具满足目标软件生命周期过程的需要。

2) 工具计划过程

(1) 定义工具开发和集成过程(T-1.1)。

在遵守目标软件 PSAC 相关要求的前提下,依照工具预想的用途定义工具生命周期过程。

(2) 定义工具过程中各过程间的转换准则、相互关系以及次序(T-1.2)。

明确工具生命周期过程,包括定义各过程间的关系、先后顺序、反馈机制及转换准则。

(3) 选择和定义工具开发环境(T-1.3)。

确认工具开发环境、方法及要用于每个工具生命周期过程活动的工具。

(4) 说明其他考虑(T-1.4)。

在必要的情况下在计划中说明适用的其他考虑因素,如多功能工具(multi-function tools)、以往鉴定过的工具等。

(5) 定义工具开发标准(T-1.5)。

类似于机载软件中定义的需求、设计和编码标准。

(6) 工具计划符合文件 DO-330 的要求(T-1.6)。

确定如果工具生命周期按照所编写的计划实施,工具能满足 DO-330 的全部适用要求。

(7) 工具计划的开发和修改协调一致(T-1.7)。

协调工具计划的开发和修改。

3) 工具开发过程

(1) 编制工具需求(T-2.1)。

编制工具需求,相当于机载软件中的软件高级需求(工具需求过程)。

(2) 定义衍生的工具需求(T-2.2)。

必要时定义衍生工具需求,相当于机载软件中延伸的软件高级需求(工具需求过程)。

(3) 编制工具架构(T-2.3)。

编制工具架构,相当于软件架构(工具设计过程)。

(4) 编制低级工具需求(T-2.4)。

编制低级工具需求,相当于软件低级需求(工具设计过程)。

(5) 定义衍生的低级工具需求(T-2.5)。

必要时定义衍生低级工具需求,相当于衍生的软件低级需求。工具架构、低级需求以及衍生的低级需求都对应到工具设计描述(tool design description)文件中,且应满足 DO-330 文件 10.2.2 节的生命周期数据要求(工具设计过程)。

(6) 开发工具源代码(T-2.6)。

根据低级工具需求和架构开发工具源代码(工具编码过程)。

(7) 生成工具可执行目标代码(T-2.7)。

生成工具可执行目标代码(工具集成过程)。

(8) 在工具验证环境中安装工具(T-2.8)。

在工具验证环境中安装工具(工具集成过程)。

4) 工具需求过程输出结果的验证

(1) 工具需求符合工具操作需求(T-3.1)。

保证所有的工具操作需求都在工具需求中被实现,衍生需求及其产生原因的定义要正确无误。

(2) 工具需求准确并具且一致(T-3.2)。

确保每个工具需求都准确、清晰、足够详细且相互间不存在矛盾,包括验证工具需求细节的等级是否能够恰当正确地执行并用于评估工具的正确性。

(3) 定义工具操作环境兼容性需求(T-3.3)。

确保在每处需要考虑工具操作环境兼容性的地方都定义了相应的兼容性

需求。

(4) 工具需求要定义工具在错误条件下的响应行为(T-3.4)。

确保工具需求定义了工具在错误条件下的响应行为，并定义处理失败模式和非正确输入的特殊需求。

(5) 工具需求要定义用户使用说明书及错误信息(T-3.5)。

确保工具需求提供了用户使用说明书、错误信息列表以及限制条件。

(6) 工具需求是可验证的(T-3.6)。

确保工具需求是可验证的。

(7) 工具需求遵守工具需求标准(T-3.7)。

确保在工具需求过程中始终遵照工具需求标准，并且证明与标准背离之处均是正确合理的。

(8) 工具需求与工具操作需求间要具有可追溯性(T-3.8)。

确保工具需求是根据工具操作需求建立起来的。

(9) 算法准确(T-3.9)。

确保提出的算法及其行为(描述)的准确性，尤其对于不连续点、突变点等区域(的描述)。

5) 工具设计过程输出结果的验证

(1) 低级工具需求符合工具需求(T-4.1)。

确保低级工具需求满足工具需求，并且正确定义衍生低级需求及其设计依据。

(2) 低级工具需求准确并具有一致性(T-4.2)。

每个低级工具需求都准确、清晰并且相互间没有矛盾之处。

(3) 低级工具需求是可验证的(T-4.3)。

确保每个低级工具需求都是可验证的。

(4) 低级工具需求遵守工具设计标准(T-4.4)。

确保在工具设计过程中始终遵守其所适用的标准(如工具设计标准、在工具鉴定计划当中定义的工具需求标准、工具开发计划)，并且证明与标准背离之处均是正确合理的。

(5) 低级工具需求与工具需求间要具有可追溯性(T-4.5)。

确保低级工具需求是依据工具需求而建立的。每条低级工具需求均可追溯到其来源的工具需求。

(6) 算法准确(T-4.6)。

确保提出的算法及其行为(描述)的准确性,尤其对于不连续点、突变点等区域(的描述)。

(7) 工具架构与工具需求要兼容(T-4.7)。

确保工具架构与工具需求间不存在矛盾之处。

(8) 工具架构具有一致性(T-4.8)。

确保工具架构组件之间通过数据流和控制流建立了正确的联系。

(9) 工具架构符合工具设计标准(T-4.9)。

确保在工具架构设计过程中始终遵守工具设计标准,并且证明与标准背离之处均是正确合理的。

(10) 如果有保护机制,则需要确认其有效性(T-4.10)。

相对于机载软件来说。工具的保护功能更多地需要在工具研制和验证过程中确认。因此,如果在工具架构中使用了保护机制,应当避免或隔离可能出现的保护漏洞。需要通过分析或验证的方法证明所定义的保护机制正确有效。

(11) 正确且完整地定义了扩展组件接口(T-4.11)。

某些工具可能存在对外部组件的接口,如某些集成化的自动编码和验证工具均允许用户菜单式的采购和配置。对某些没有在当前工具中使用的对外接口也必须在工具鉴定中予以确认。具体地来说就是需要在工具各级需求和设计中正确完整地定义工具及其扩展组件间的接口。

6) 工具编码和集成过程输出结果的验证

(1) 工具源代码符合低级工具需求(T-5.1)。

确保工具源代码正确、完整、符合低级工具需求,且不执行任何需求以外的功能。

(2) 工具源代码符合工具架构(T-5.2)。

工具源代码要与工具架构中的定义相匹配。

(3) 工具源代码是可验证的(T-5.3)。

确保工具源代码中不包括无法验证的声明或结构体。

(4) 工具源代码遵守工具编码标准(T-5.4)。

在代码开发过程中始终遵循工具编码标准,并且证明任何与标准背离之处均为正确合理的。

(5) 工具源代码与低级工具需求间可追溯(T-5.5)。

确保工具源代码是依据低级工具需求而编写的,追溯关系能展示这种对应关系。

(6) 工具代码准确并具有一致性(T-5.6)。

确认工具源代码的正确性和一致性,包括定点数运算溢出及解决、浮点数运算、资源竞争及限制、异常处理、未初始化变量的使用、未使用的变量或常量以及由于任务冲突所导致的数据异常。

(7) 工具集成过程的输出正确并且完整(T-5.7)。

确保工具集成过程的输出正确,完整。

7) 集成过程输出结果的测试

(1) 工具可执行目标代码符合工具需求(T-6.1)。

工具可执行目标代码符合工具需求。与机载软件类似,主要通过基于需求的测试来证明。

(2) 工具可执行目标代码对于工具需求具有鲁棒性(T-6.2)。

工具可执行目标代码对于工具需求具有鲁棒性。与机载软件类似,通过基于需求的鲁棒性测试来证明。

(3) 工具可执行目标代码符合低级工具需求(T-6.3)。

工具可执行目标代码符合低级工具需求。

(4) 工具可执行目标代码对于低级工具需求具有鲁棒性(T-6.4)。

工具可执行目标代码对于低级工具需求具有鲁棒性。

8) 工具测试输出结果的验证

(1) 测试过程正确(T-7.1)。

验证测试用例及预期输出结果在测试过程中被正确建立。

(2) 测试结果正确且误差是可解释的(T-7.2)。

确保测试结果正确,并且能够解释实际结果与预期结果间的误差。

(3) 满足工具需求的测试覆盖率要求(T-7.3)。

工具测试满足工具需求的测试覆盖率要求。

(4) 满足低级工具需求的测试覆盖率要求(T-7.4)。

工具测试满足低级工具需求的测试覆盖率要求。

(5) 完成对基于需求的扩展组件测试的分析(T-7.5)。

通过分析来提供工具代码结构满足相应的工具鉴定等级的证据。

(6) 完成对基于需求测试的分析(结构覆盖率达到 MC/DC 等级)(T-7.6)。

通过分析来提供工具代码结构满足相应的工具鉴定等级的证据。

(7) 完成对基于需求测试的分析(结构覆盖率达到判定覆盖等级)(T-

7.7)。

通过分析来提供工具代码结构满足相应的工具鉴定等级的证据。

(8) 完成对基于需求测试的分析(结构覆盖率达到语句覆盖等级)(T-7.8)。

通过分析来提供工具代码结构满足相应的工具鉴定等级的证据。

(9) 完成对基于需求测试的分析(数据耦合和控制耦合)(T-7.9)。

通过分析来提供工具代码结构满足相应的工具鉴定等级的证据。

9) 工具构型管理过程

(1) 明确构型项(T-8.1)。

每个构型项及其后续版本要清晰地标明,以便形成控制和援引构型项的基准。

(2) 建立基线并保证追溯性(T-8.2)。

定义基线用于未来工具生命周期活动,允许构型项间的相互援引、控制并保证其追溯性。

(3) 完成问题报告、更改控制、更改评审以及构型纪实(T-8.3)。

问题报告过程记录不满足工具计划和标准的过程、工具生命周期过程所缺少的输出、工具产品的模糊行为,并确保这些问题有相应的解决方案;更改控制规定贯穿整个工具生命周期的记录、评估、解决以及更改批准;更改评审应确保:问题和更改已经过评估、批准或不批准;已批准的更改得到实施,且通过在工具计划过程中定义的问题报告和更改控制方法为受到影响的过程提供了反馈;构型纪实为工具生命周期过程中的构型管理提供相应于构型标识、基线、问题报告以及控制更改的有关数据。

(4) 完成归档、检索及发布(T-8.4)。

归档及检索确保:在需要复制、重新生成、重新测试或修改工具产品时,能够检索到与工具产品相关的工具生命周期数据;除了归档及检索外还要进行发布活动,以确保只有经过局方认证的工具才可被应用于软件生命周期过程。

(5) 建立工具生命周期环境控制(T-8.5)。

工具生命周期环境控制是为确保其他用于生产(目标)工具的工具是经过确认、可控并且可检索的。

10) 工具鉴定保证过程

(1) 保证开发依照了工具计划及标准并经过一致性审查(T-9.1)。

保证开发依照了工具计划及标准并经过一致性审查。能提供程序和记录表明开展了足够的质量保证检查。

(2) 保证工具过程遵守批准计划(T-9.2)。

保证工具开发过程和综合过程及其供应商遵守已被批准的工具计划。

(3) 保证工具过程遵守批准标准(T-9.3)。

保证工具开发过程和综合过程及其供应商遵守已被批准的工具标准。

(4) 保证工具生命周期过程中的转换准则均已满足(T-9.4)。

保证工具生命周期过程中的转换准则均已满足。

(5) 已经进行了工具符合性评审(T-9.5)。

为工具产品进行符合性评审。最好能提供最终符合性评审检查单和目标对应矩阵。

11) 工具鉴定审定联络过程

(1) 申请人和审定局方间经过沟通理解(T-10.1)。

申请人和审定局方间经过沟通理解。

(2) 提出符合性方法并得到双方一致同意(T-10.2)。

提出符合性方法并得到双方一致同意。工具鉴定计划实际上就是双方达成符合性方法一致意见的文件。

(3) 提供符合性证明(T-10.3)。

提供符合性证明。按照审查方的要求提供所需的文件和证据证明符合性方法的执行情况。

(4) 确认并分析已知问题对工具操作需求的影响(T-10.4)。

确认并分析已知问题对工具操作需求的影响。收集并分析工具问题报告，特别是对于已投入使用的工具收集使用单位反馈的问题和使用困难，并在此基础上开展影响分析。

6.3 非激活代码、死代码及无关代码

DO-178C 第 6 章对非激活代码(deactivated code)和死代码(dead code)有着明确的定义和要求。简单来说有需求对应但因为特殊原因测试过程中无法覆盖的称为非激活代码。测试无法执行且没有需求对应的代码称为死代码。软件产品中不得含有死代码但允许非激活代码的存在。然而，我们也应该认识到，非激活代码的存在首先破坏了软件的完整性，使得正常执行的更改控制和影响分析等效率大大降低；同时，非激活代码的存在使得 DO-178C 中针对测试验证的相关指标被破坏。大量适航经验表明，非激活代码的确对软件的安全性存在潜

在影响。研制单位应该了解，虽然非激活代码的存在并不违反 DO - 178C 的要求，但审查方也不会允许非激活代码的无限制存在。

（1）非激活代码的典型类型包括维护代码、可选项软件（option selectable software，OSS）、操作系统的未配置使用的模块、库软件的不使用部分。

死代码，一般是遗产软件中未进行及时去除的代码，此时需求或者设计已经移除，但是代码由于没有经过专门维护导致仍有部分代码遗留在软件中。这种死代码如同孤岛，已经没有可追踪的上下游数据进行追踪，也没有任何的验证数据对其进行测试。对于没有经过过程保证的此类死代码，其最终归宿只能是去除。DO - 178C 还新增了一个概念是无关代码（extraneous code），这类代码除包括死代码外，还考虑为了跨平台移植或者扩展目的而保留的代码，或者那些为了调试方便而采用编译开关的代码。无关代码的概念比死代码要大，其处理要求是除非能证明在编译时不会进入最终的可执行代码，否则都应该被去除。

（2）建议：针对软件项目中存在的非激活代码，我们建议从识别、评估、保护和表明符合性等方面入手。在限制非激活代码规模和影响的基础上合理地保留和验证这些代码。

a. 识别：申请人（及其机载软件供应商）应首先确保其机载软件研制过程和方法（包括需求、代码追溯关系以及机载软件验证方法）能识别出各类非激活代码。同时对每一个识别出的非激活代码应进行必要性和影响/风险评估。

b. 评估：对于无法准确说明其存在合理性和必要性的非激活代码不应保留在最终交付的软件构型中。对于确定保留的非激活代码应该开展专门的失效影响分析，并将其与相应系统安全性评估工作相结合。

由于非激活代码均存在对应的需求，对于非激活代码对应的需求也应进行确认；对非激活代码本身也应该开展相应的验证活动。例如，在验证测试过程中，研制单位应通过主动设置等手段使得非激活代码被激活，并验证其激活后的功能和性能满足所对应的需求。通过测试、分析等方式表明非激活代码其激活以后仍不会产生“重要的”（major）以上的不利影响。

c. 保护：对于受其影响的功能失效等级高于或等于“重要的”（major）时，须提供必要的设计缓和措施以消除其可能的意外激活所造成的影响。

应对这些代码进行详细的分析，论证其确实在任何情况下都无法被激活。如果采用某种屏蔽机制来实现上述功能，则这些功能也应该作为软件的一部分，针对其需求开展验证和测试。

d. 表明符合性：由于对非激活代码的接受和认可尺度不尽相同，因此如果存在非激活代码，则申请人应定义对机型中机载软件非激活代码普遍适用的处理原则和管理方式，并尽早取得审查方的认可。随后，申请人应该确认这些要求被各级机载软件供应商正确执行。研制单位和申请人应该提交非激活代码及其对应的软件需求清单。

若机载软件项目允许保留合理的非激活代码，则申请人必须在软件审定计划和相应的生命周期数据中说明这些非激活代码的用途以及保留的原因，并提交审查方批准。相应的生命周期数据各类计划文件中还应明确研制过程中对非激活代码的管理方式。

6.4 外场可加载软件

现代化飞行器极其复杂。例如，飞行器可能具有很多种类型的机载电子系统。飞行器上的一种特定电子系统被称为外场可更换单元(line replaceable unit, LRU)。每个外场可更换单元都可以进一步呈现不同的形式。外场可更换单元可以是：例如而不限于飞行管理系统、自动驾驶仪、飞行娱乐系统、通信系统、导航系统、飞行控制器、飞行记录器和碰撞避免系统。LRU 可以使用软件或程序，从而为不同的操作和功能提供逻辑或控制。在这些 LRU 中使用的软件通常被视为航空业的一部分。具体地，使用在飞行器上的 LRU 中的软件应用也可以被单独地跟踪并且被称为可加载软件飞行器部件(loadable software aircraft parts, LSAP)或软件飞行器部件。如美国联邦航空局(FAA)所定义的，该软件应用程序也可以被认为是飞行器配置的一部分。当某个实体(如航空公司、维护、修理和检修服务供应商或军事飞行中队)收到飞行器时，软件飞行器部件典型地已经被安装在飞行器中的 LRU 中。例如，航空公司在这些软件飞行器部件需要被重新安装或重新加载到已经故障和已经被替换的 LRU 的情况下也可以收到这些软件飞行器部件的复本。进一步地，航空公司有时也可以接收可加载软件飞行器部件的更新。这些更新可以包括在当前所安装的软件飞行器部件中没有的额外特征，并且可以被认为是对一个或更多 LRU 的升级。用于管理、处理和分配可加载软件飞行器部件的当前系统是烦琐的并且是耗时的。当前，软件飞行器部件被存储在物理介质中，例如磁盘、光盘或数字化视频光盘(digital video disk, DVD)。航空公司收到传送的物理介质并且将该物理介质保存在诸如档案柜的地方。在许多情况下，该介质也可以被放置在飞行器上。有时也可以对飞行器进行维护操作以安装或重新安装软件飞行器部件。当需要一个软件飞行器部件时，必须定位和获取包含该部件的介质以供维护人员使用。这种类型存储和获取系统和过程占用空间和时间。

外场可加载软件的设计使得系统或者设备不经安装位拆卸即可对软件进行更新。这种加载功能所对应的安全性需求对系统或设备非常重要。故新版软件咨询通告提出如下针对 DO－178C 或 DO－178B 的补充指南：

（1）外场可加载软件的开发者应提供必要信息以支持系统过程满足 DO－178C 2.5.5 节 a、b、c、d 项的要求及 DO－178B 2.5 节 a、b、c、d 项的要求。

（2）外场可加载软件应具有与其软件等级相称的手段防止数据损坏和加载不完全。

（3）外场可加载软件加载完成后应有合适的验证手段、验证部件号或软件标识等兼容性信息。

（4）飞行期间或其他安全关键阶段应有阻止软件加载的手段。

6.5 用户可修改软件

用户可修改软件（user modifiable software，UMS）是预期不经过合格审定机构、飞机制造商或设备供应商的评审就能进行修改的软件，只要是在原先的合格审定项目中建立的修改约束之内。用户可更改软件允许用户在更改限制内无须审定局方的批准对软件进行更改。用户可修改软件的形式包括可执行源代码、航空器特定的参数设置或者数据库。用户可修改软件通常既有不可修改的部分，也有可修改的部分，分别得到设计批准。相比于传统的不可修改软件，局方批准其设计用户可修改的软件，局方批准的重点是其修改所需经过的规程。

DO－178C 和 FAA 规定的 Order 8110.49 的第 7 章都关注了用户可修改软件。这些文件作为型号合格审定中的一部分软件，强调需要把系统设计为可修改的，并且保护不可修改的软件不受可修改部分的影响。两份文件还都解释了用户可修改软件一旦作为用户可修改软件得到批准，它将不需要合格审定机构的介入，然而可能仍然要求运行机构的批准。航空器的型号合格审定和运行批准通常由不同部门的授权。因此从用户的角度，可能有两类的用户可修改软件：要求运行批准的软件和不要求运行批准的软件。

新版软件咨询通告针对用户可更改软件提出了针对 DO－178C 或 DO－178B 的补充指南。

（1）用户可更改软件的开发者应提供必要信息以支持系统过程，以满足 178C 2.5.2 节 a、b、c、f 项的要求及 DO－178B 2.4 节 a、b 项的要求。

（2）该用户可更改软件的可更改部分应按照不低于该软件自身的软件等级

进行研发。

6.6 商用货架成品软件

随着软件工业的发展,软件研制单位越来越倾向于使用一些成品软件或软件部件。正如我们在第 6 章中所提到的那样。复用成品软件既有优点也给软件产品带来一定的不确定性。为此,当使用商用货架产品(COTS)软件时,通常将其当作一类特殊的对 DO-178B 符合性方法的偏离处理。

1) COTS 软件与 PDS 的区别

我们发现,在实际研制和审定案例中,申请人和研制单位(包括一些非常资深的工程人员)通常将 COTS 软件与 PDS 这两个概念混淆。虽然前者是后者的一部分,但其符合性方法通常存在重大差异。有必要对这两个概念进行澄清。

PDS 泛指所有在当前审定的软件项目前开发或批准的软件,其中也包括了 COTS 软件。COTS 在 DO-178B 和 C 中都有定义:"Commercially available applications sold by vendors through public catalog listings. COTS software is not intended to be customized or enhanced. Contract-negotiated software developed for a specific application is not COTS software."

考虑到上述表达并不是十分明确,对我们区分 COTS 软件和 PDS 软件带来不便。通常来说,在民机软件项目中的 COTS 软件指那些通用的而且不是为特定公司或特定类型的项目开发的软件。这些软件的一个典型特征就是将 COTS 软件集成到机载软件项目中的研制单位,作为使用者往往无法获得 COTS 软件的全部生命周期资料和关键信息。根据上面的解释我们不难看出:

(1) 如果某公司根据某类通用要求开发的软件在本公司内部不同项目间重复使用时,这一软件可以看作是非 COTS 软件。

(2) 如果通用软件的研制单位,如实时操作系统开发商,为满足相应的民航标准而将其软件的生命周期资料和关键信息(如架构、安全性等)与机载软件研制单位充分的交流,并能配合相关审定工作,则也可以看作是非 COTS 软件。

我们也发现,在许多情况下,申请人声称机载软件产品中包含 COTS 软件,其实都是上面所说的两种情况之一。这些软件完全是可以按照 PDS 的要求表明符合性的,而如果是真正意义上的 COTS 软件,取得局方的认可则会相当困难。因此,在这里,我们强烈建议研制单位和申请人在向审查方表明符合性立场时对照上述描述,谨慎使用 COTS 软件的定义,并与审查人员充分沟通以避免不必要的审定开销。

2）对COTS软件的建议

COTS软件的符合性方法在DO-178C中有明确的要求，然而对于COTS软件来说，由于研制单位无法完全掌握软件的生命周期信息，因此完全满足DO-178C的全部目标就会非常困难，特别是如果将COTS软件提供商作为机载软件研制单位的下级供应商看待。这些困难可能如下：

（1）COTS软件采购合同，往往无法要求软件产品提供商为配合审定而接受其上级研制单位的监督和管理。这包括审查方均难以对这些软件的研制过程进行全面的检查，或无法实现软件审查活动对供应商管理的要求。

（2）COTS软件中发现的问题报告也无法及时收集、反馈给其研制单位，无法满足当前审查方对软件问题报告的要求。

（3）如果COTS软件中的部分功能没有在当前机载软件中被使用，则作为一类非激活代码或死代码很难在最终的机载软件产品中去除。

（4）机载软件研制单位可能无法说明COTS软件验证时所设定的使用环境和操作特性，特别是COTS软件设计时对使用条件和情况作出的种种假设往往无从知晓，更无法在当前项目中进行验证。

（5）机载软件研制单位和飞机制造商都无法控制这些COTS软件的版本和具体构型，也无法建立适当的软件发布程序。

上述这些困难事实上阻止了许多COTS软件在机载软件项目中的使用。目前从国际上民机领域的项目情况来看，失效影响在“次要的”（minor）以上（不包括minor）的COTS软件很难得到审查部门的认可。如果研制单位坚持使用，则在考虑审定风险的基础上建议首先尝试其他替代性方法来表明这部分软件的符合性。

对于失效影响在“次要的”的COTS软件，通常审查部门在进行评价的基础上可以降低或免除其对DO-178C表A-2、表A-4、表A-5、表A-6中目标的要求。但是，是否认可它的使用，以及具体免除哪些目标要求还需要研制单位与审查部门协商确定。

6.7 参数化数据项

软件由可执行目标代码和数据组成，可能包括一个或多个构型项。参数化数据项是指那些不需要修改可执行目标代码就可以改变软件行为且能够被处理成单独构型项的数据集。也就是说，在讨论参数化数据项以及可执行目标代码时，参数化数据项不是可执行目标代码的组成部分。

一个参数化数据项是由一组单独的单元所组成，其中每个单元都被赋予唯一的值。每一个单元都包含很多属性，如类型，值域或可选值的集合。

参数化数据项的范例包括配置表和数据库（不包括航空数据库，它们不在本文档讨论范围内）。参数化数据项可能包含如下用途的数据：

(1) 影响可执行目标代码的执行路径。

(2) 激活或关闭某些软件组件和功能。

(3) 优化软件计算过程以更好地适应系统配置。

(4) 用作计算上的数据。

(5) 分别确定时间和内存的分配。

(6) 为软件组件提供初值。

对参数化数据项的要求是DO-178C与DO-178B的一个显著差异。以往不属于机载软件生命周期过程和生命周期数据管理范围内的参数化数据项也被纳入了新版标准的要求，并且参数化数据项文件也作为新增的两种生命周期数据之一补充到了标准第11章。

新标准中明确规定如下：

(1) 参数化数据项文件的每一个单独打包的实例都应该当作生命周期数据进行管理。

(2) 软件完成综述(SAS)以及软件构型索引中(SCI)应该包括这些参数化数据项文件实体，并且与可执行目标代码一同对待。

(3) 参数化数据项应与使用它的软件组件具有相同的软件等级设定。

依据参数化数据项在机载系统中的使用情况，研制单位可能需要准备以下文档以备审查方查阅：

(1) 用户可更改软件指导手册。

(2) 用户可选项软件指导手册。在参数化数据项激活或关闭某些功能的情况下，最好提供有关被限制的代码的具体情况。

(3) 外场可加载软件指导手册。应特别注意参数化数据项被误用的情况，以及在可执行目标代码和参数化数据项之间不相容的情况。

参数化数据项有两种审定策略：一种与用户软件进行联合开发与验证，另一种与用户软硬件进行独立的开发与验证。联合的开发与验证意味着用户软硬件将与参数化数据项共同表明DO-178C的符合性，同时参数化数据项的更改将会导致用户软硬件的开发与验证也会受到影响，好处是用户软硬件对参数化数据项的约束可以弱化。但是并不意味着用户软硬件由于参数化数据项的特定设置无须充分满足自身的需求。独立开发与验证的用户软硬件与参数化数据项分别表明对 DO-178C 的符合性，但是彼此则必须具有相互之间的接口规范或者约定，并彼此遵守。在约定范围内，用户软硬件与参数化数据项展开各自的验证工作。参数化数据项将来的更改只要在预期的范围内，用户软硬件可不做变更影响分析。参数化数据项单独表明符合性的情况，可在相应的生命周期过程缺失或者不必要的情况下申请对 DO-178C 目标的豁免。

更多详细信息请参见 DO-178C 6.6 参数化数据项的验证过程。

6.8 替代方法

因为 DO-178B 是由 RTCA 这一民间组织开发并颁布的，不是由任何一个国家审查部门颁布的文件，并不具备天然的法律效应。DO-178B 中所描述的软件研制要求在各国审查方的政策中往往都被描述成“可接受但并不唯一的符合性方法”(means but not the only means of compliance)。因此，研制单位还可以选择其他方法获得机载软件的审定批准。为方便使用，DO-178B 也对这些可以替代 DO-178B 的方法进行了简单的讨论。

其中，软件可靠性模型不论是在 DO-178B 制定的 1992 年还是机载软件行业的如今，它都不是一种方便精确定量化分析的手段。对于这一技术的使用至今还缺少可以参考的模型或案例。在 DO-178B 和 DO-178C 版本中，软件可靠性模型都没有进行详细的描述。

给出如下提示：

(1) 这些替代性方法可以与 DO-178B 结合使用。例如，DO-178B 要求可执行目标码与目标机的一致性(目标 A6-5)，这在面向对象技术中可能难以通过传统的验证和测试方法进行证明，而使用形式化证明的方法往往能起到很好的效果。如果替代性方法与 DO-178B 方法结合使用，则应该在相应的 PSAC 中说明，并且需要根据软件的具体级别考虑方法的有效性。

(2) 这些替代方法也可以单独使用，例如穷尽测试的方法。

6.8.1 穷举测试

穷举测试/穷尽测试的方法并不是一种新的概念。在机载软件投入民航运输的早期，软件规模和逻辑复杂性都较低，对软件采取穷举测试的方法通常能达到很好的效果。随着机载软件规模和复杂性的增加，穷举测试的工作开销超出了研制团队的能力，同时，测试对于复杂系统来说并不能确保取得很好的效果。

事实上，DO－178 系列标准就是以有限但是有效的测试的角度取得性价比高的产品质量的方法。但我们也应该看到，穷举测试的方法在表明机载软件的适航性方面有时仍然有效。从民机机载软件审查的角度来看，研制单位在以下情况仍然可以采取这种方法：

(1) 软件的规模极小，穷举测试远小于采用 DO－178C 方法开展大量的研制保证活动的工作开销。同时，机载软件的逻辑层次简单，测试可以发现并修正所有的软件缺陷。那么在取得审查方认可的情况下，研制单位只要能够说明所有测试的结果都能满足系统需求，且软件中不存在非预期的代码即可。

(2) 软件中的某一部分较为简单并且可以证明与其他软件组件间相对独立。对于这部分软件的验证可以通过穷举测试的方法实现，并且与机载软件中使用 DO－178B 表明符合性的其他部分组合为一个整体提交软件审查部门批准。这种情况有时也出现在软件项目中使用部分 COTS 组件的情况，因为申请人有时很难从 COTS 组件的研制单位那里获得足够的生命周期数据以支持 DO－178C 审查。同时，COTS 组件的逻辑较为简单且与其他软件模块的耦合情况也很清楚。对 COTS 组件编写穷举测试用例可能是研制单位不得已的最后选择。

对于使用穷举测试的软件项目来说，首先需要定义测试集。穷举测试的测试集需要能够满足所有输入可能条件的组合，当然也包括异常输入的情况。对于上面提到的穷举测试与 DO－178C 组合的符合性方法来说，还需要提供分析手段以证明进行穷举测试的软件组件与软件其他部分间的独立性。其次，要求所有的输入经过分析是隔离的。在 DO－248C 的 FAQ＃63 中，穷尽测试所谓的所有输入的隔离意味着输入和输出的范围有界。再次，根据测试集编写测试用例和测试程序，并提供测试用例的编制理由或者原则。最后，将测试用例、测试程序以及全部的测试结果作为符合性证据提交局方审查。

一般来讲，穷举测试与申请人自身的能力、人力相关。如果有信心在预期的项目周期内完成穷尽测试，则可选择此种符合性方法。如果在过程保证与穷尽测试中间有所摇摆，那么还是要权衡穷尽测试的工作量。同时还需要注意的是，穷尽测试需要将测试计划、测试用例、测试规程及测试结果进行有效的构型管控，并佐之以相应的质量保证活动。

穷尽测试本身也存在很多争议，穷尽测试并不意味着将所有可能的输入组合进行测试，穷尽测试是允许使用等价类的方法进行测试。穷尽测试的来源本身并不要求基于需求，那么不基于需求如何判断测试用例的适用性？同时穷尽测试在多个类型的多个变量的无限组合中，即使软件规模很小，穷尽测试的成本仍然是不可接受的。目前很少有机载软件使用穷尽测试作为符合性方法。

但是需要留意的是，穷尽测试由于其可采用测试用例的自动生成，自动测试，其测试效率可能自动化，所以人工劳动强度有望得到大大的缓解，并且穷尽测试可能挖掘出定向测试未能挖掘到的软件错误。

6.8.2 多版本非相似软件

多版本非相似软件有时也称为N版本软件或软件的非相似设计。在DO-178C第2章关于系统架构考虑部分中就描述了多版本非相似软件。多版本非相似软件可以在硬件已经实现冗余配置的情况下，降低潜在的软件错误可能造成的共模失效(common mode)。然而，多版本非相似软件在软件适航符合性中的作用长期以来存在争议。其原因在于：第一，多版本非相似软件对软件安全性方面提供的贡献度难以度量；第二，通过多版本非相似设计的监控通道甚至可能因为监控功能的错误而使整个功能丧失。通常在监控功能中设有比较器，当比较器发现监控通道和运算通道得出不一致的结果时，系统为避免误导通常会报错并退出运行。

DO-178B 2.3.2节也指出，多版本非相似软件技术通常是作为软件在按照其等级满足了软件验证过程的目标以后提供的附加保护手段。换句话说，多版本非相似软件技术并不适用于降低软件的等级或减少软件相关的过程和目标要求。针对多版本非相似软件，最让读者感到难以理解的可能是DO-178C 2.3.2节中最后的那句话："Dissimilar software verification methods may be reduced from those used to verify single version software if it can be shown that the resulting potential loss of system function is acceptable as determined by the system safety assessment process."(对非相似软件验证方法，如果它能通过系统安全性评估过程表明系统功能的最终潜在失效可以接受，那么它可以减少验证单一版本软件时所用的那些方法。)实际上，这句话并不是说多版本非相似软件技术可以降低软件的等级。它的意思是：对于确定等级的软件，在设计过程中有时会采用研制保证以外的其他架构方法来确保软件和系统的安全性[如电子狗(watch dog)]，而如果多版本非相似设计技术正确使用可以减少这些架构设计。

如果由于使用多版本非相似软件而更改了软件验证过程，那么要提供证据证明软件验证过程目标得以满足，且每个软件版本都实现了等效错误检测。所谓等效的错误检测需要证明不同版本的软件所采用的验证方法对于发现潜在的失效来说具备相当的能力。这些软件验证方法可能是通过对单一版本软件验证方法进行修改得到的，使它们也适用于多线程软件开发过程活动。此外，还需要注意软件验证过程受联合的软硬件架构影响，特别是它会影响到多版本软件的非相似性。不同的软硬件架构可能需要不同的多版本非相似设计和验证策略，不可随意照搬。

6.8.2.1 非相似程度

在大部分情况下，非相似是一个“相对”的概念。软件非相似的程度往往会影响使用软件非相似技术的效力。软件非相似的程度需要参考对以下技术的使用情况：

(1) 用两种或多种不同程序设计语言实现源代码。

(2) 用两种或多种不同的编译器产生目标代码。需要注意的是：相同的源代码仅通过不同的编译器编译不能被认为是非相似设计。

(3) 每个软件版本的可执行目标代码在各自的非相似处理器，或单一处理器上执行，以此区分软件版本。

(4) 由两个或多个开发团队研发软件需求、软件设计和/或源代码，其中，团队间的交流受到相应的管理和制约①。

(5) 用两种或多种不同的连接编辑器和不同加载程序对可执行目标代码进行连接和加载。

(6) 软件需求、软件设计和/或源代码的开发分别符合两种或多种不同的软件需求标准、软件设计标准，和/或软件编码标准。

6.8.2.2 提示

给出如下提示：

(1) 多版本非相似软件通常并不能支持降低软件级别。通常认为，对一个功能开发两个B级多版本非相似的软件并不比开发两个独立功能的A级软件成本低，研制单位也不会采取这种途径降低软件级别。

(2) 在软件研制保证方法还不足以保证软件和系统的安全性时，采取多版本非相似设计是一种潜在的方案。

---

① 采用两个团队开发非相似软件时，研制单位为表明研制过程的独立性，需要证明两个团队间的研制是独立开展的。纵使因为系统需求等方面的原因存在稍许交流也是非常有限度的，并且证明过程往往存在困难，就好像证明两个人认识很容易而证明两个人互相不认识也很难找出证据一样。同时，研制单位应考虑软件需求、软件设计和/或源代码在两种或多种软件开发环境中开发，每一个版本用各自的测试环境进行验证。

(3) 如果决定采用多版本非相似软件设计，则需要考虑两个非相似版本软件所运行硬件环境的冗余以及非相似情况。

6.8.3 服务历史记录

尽管我们建立了较为完善的 DO－178C 机载软件研制保证标准，并且存在上述多种替代方法可以作为对研制保证过程的补充，但是仍然会存在某些机载软件无法使用上述任何一种方法表明符合性。典型的例子就是规模较大的 COTS 软件。某些 COTS 软件其研制背景和目标都不是针对民机机载软件的，并且使用 COTS 产品的原因之一可能就在于其成本相对低廉，COTS 软件的研制单位难以为成本高昂的民机适航审定提供帮助。同时，既然软件适航的目标就是确保软件能够支持其飞机级和系统级功能达到某一可靠性水平（如对于 A 级功能这一指标通常是 1×10^{-9} 每飞行小时），如果能提供较为可靠的记录证明这一水平，那么当然也是适航符合性方法所能接受的。

使用服务历史记录表明符合性需要注意以下几点：

(1) 服务历史记录方法存在不确定性，况且历史上没有问题不代表软件自身的可靠性就一定很高。使用的方法以及使用的（软硬件及自然）环境可能都对软件的安全性带来影响。许多国家审查部门并不允许服务历史记录方法用于高级别的软件项目。

(2) 服务历史记录收集的应用方式和环境是这些记录是否有效的关键因素。

(3) 服务历史记录方法对其收集的历史记录有较为严格的构型管理要求。

(4) 在使用这些记录时，需要详细分析过去运行中所发现和收集的问题报告（或使用困难报告），对已暴露出的问题进行充分的评估是确保安全性的重要手段。

(5) 必须定义能使审查方接受的方法计算软件的实际故障率。

6.9 新技术与新方法的使用

6.9.1 基于模型的开发和验证

基于模型的开发和验证（model-based development and validation，MBDV）也是近年来在民机系统和软件研制领域得到广泛使用的新技术。模型技术给民机机载软件研制工作带来的变化主要包括如下方面：

(1) 它的使用改变了以往 DO－178B 所依赖的基于文字描述的需求和设计

方法。

(2) 由于模型的使用，因此在以往软件研制中不常见的仿真方法也引入到软件生命周期过程。

DO－331正是基于上述两点，对使用模型定义的各级需求/架构/设计数据的研制和验证要求(包括验证覆盖率的判断方法)、仿真作为验证手段的符合性要求进行了规定。

在具体工程应用中，利用基于模型的方法进行机载软件的研制和验证时，除了要满足DO－178C中相应过程的目标外，还需要满足补充文件DO－331中新增的如下几类目标。

1) 软件开发过程

(1) 标识任何对高级需求实现或执行无用的特定模型元件。

当软件高级需求可以通过规范模型进行表示时，没有描述任何高级需求且不能作为开发过程或开发活动输入的模型元件都应该被标识出来。该目标是否满足可以通过MB.6.3.1中的验证目标进行证明。

(2) 标识任何对低级需求实现或执行无用的设计模型元件。

当软件低级需求可以通过规范模型进行表示时，没有描述任何低级需求且不能作为开发过程或开发活动输入的模型元件都应该被标识出来。该目标是否满足可以通过MB.6.3.2中的验证目标进行证明。

(3) 标识任何对软件架构实现或执行无用的设计模型元件。

当软件架构可以通过规范模型进行表示时，没有描述任何软件架构且不能作为开发过程或开发活动输入的模型元件都应该被标识出来。该目标是否满足可以通过MB.6.3.3中的验证目标进行证明。

2) 软件需求过程输出结果的验证

(1) 仿真用例正确。

补充文件DO－331中规定，若使用仿真技术作为符合性方法，用于证明表MB.A－3中目标1、2、4或7是否满足，则在传统测试方法的基础上必须补充对仿真用例的确认工作。MB.A－7目标10“仿真用例正确”也应被满足。

(2) 仿真程序正确。

补充文件DO－331中规定，若使用仿真技术作为符合性方法，用于证明表MB.A－3中目标1、2、4或7是否满足，则目标“仿真程序正确”也应被满足。

(3) 仿真结果正确，并且解释差异性。

补充文件DO－331中规定，若使用仿真技术作为符合性方法，用于证明表 MB. A－3 中目标 1、2、4 或 7 是否满足，则目标“仿真结果正确，并且解释差异性”也应被满足。

3）软件设计过程输出结果的验证

（1）仿真用例正确。

补充文件 DO－331 中规定，若使用仿真技术作为符合性方法，用于证明表 MB. A－4 中目标 1、2、4、7、8、9 或 11 是否满足，则目标“仿真用例正确”也应被满足。

（2）仿真程序正确。

补充文件 DO－331 中规定，若使用仿真技术作为符合性方法，用于证明表 MB. A－4 中目标 1、2、4、7、8、9 或 11 是否满足，则目标“仿真程序正确”也应被满足。

（3）仿真结果正确，并且解释差异性。

补充文件 DO－331 中规定，若使用仿真技术作为符合性方法，用于证明表 MB. A－3 中目标 1、2、4、7、8、9 或 11 是否满足，则目标“仿真结果正确，并且解释差异性”也应被满足。

4）软件验证过程输出结果的验证

（1）仿真用例正确。

补充文件 DO－331 中规定，若使用仿真技术作为符合性方法，用于证明表 MB. A－6 中目标 1 或 2 是否满足，则目标“仿真用例正确”也应被满足。

（2）仿真程序正确。

补充文件 DO－331 中规定，若使用仿真技术作为符合性方法，用于证明表 MB. A－6 中目标 1 或 2 是否满足，则目标“仿真程序正确”也应被满足。

（3）仿真结果正确，并且解释差异性。

补充文件 DO－331 中规定，若使用仿真技术作为符合性方法，用于证明表 MB. A－6 中目标 1 或 2 是否满足，则目标“仿真结果正确，并且解释差异性”也应被满足。

6.9.2 面向对象技术

面向对象技术（object oriented technology，OOT）的引入在软件领域是一件影响深远的重大技术突破。时至今日，在传统的软件领域内，OOT 作为软件研制技术来说已经不算是新技术。然而，在民机机载软件领域，非面向对象的研制技术却长期占据主要位置。但在美国空军使用 Ada 语言的强制标准于 2000

年前后取消、各种工具的推广和使用、系统研制过程中模型和对象技术的推广以及研制单位人员成本的问题等多方面因素的作用下，OOT 的广泛使用在最近几年才刚刚起步却发展迅速。然而，我们也应该认识到，典型的面向 OOT 以及面向对象语言存在一定的不确定性并可能引起安全隐患。同时，民机研制单位对这些技术的掌握情况还不成熟。对于在民机领域普遍采用 OOT 还准备不足，特别是传统的 DO－178B 中的许多要求是按照结构化设计技术制定的，并不适用于采用 OOT 的新方法。这在一定程度上阻碍了 OOT 在民机机载软件中的使用。

DO－178C 系列标注制定的一个主要目标就是适应当前的技术情况。随 DO－178C 一同推出的补充标准 DO－332 即是为 OOT 的使用提出具体的符合性要求。读者应该从以下两个方面了解 DO－332 的要求：

(1) OOT 不仅仅指的是面向对象的编码技术或编程语言。我们基于 OOT 可以实现需求、设计、编码等一系列的活动。因此，对 OOT 的适航符合性标准要求也涵盖在上述领域使用 OOT 的情况。

(2) 在 OOT 可能产生的各种不利影响得到完全消除以前，标准制定者以及审查局方更倾向于阻止某些技术的使用。纵观 DO－178C 以及 DO－332，我们不难发现，条文中最主要的内容往往都是对某些技术的使用提出限制和更高的使用要求。同时，申请人为表明 OOT(或是其使用的编程语言)中那些存在不确定性的潜在的“危险”技术已经被屏蔽需要提交更多的数据和证据。我们建议研制单位充分利用好软件需求标准、软件设计标准以及软件编码标准等生命周期数据来说明符合性情况。

DO－332 对生命周期过程的要求与 DO－178C 差异不大。下面，我们将简要叙述 DO－332 的这些特别要求。

1) 计划过程要求

该类要求主要是在 PSAC 中描述即将使用的面向对象技术和预期的复用情况。此外，还要在软件生命周期环境计划中规定：

(1) 需求收集和表达的工具。

(2) 编程语言。

(3) 其他研制工具。

(4) 与目标机环境的匹配性。

2) 开发过程要求

对开发过程活动的要求如下：

(1) 依据高级需求定义类层次结构。

(2) 依据低级需求定义类型确定的类层次结构。

(3) 作为软件架构的一部分定义内存管理策略。

(4) 作为软件架构的一部分定义异常处理策略。

(5) 对复用的对象确定衍生需求和非激活代码。

对追溯性关系的要求是建立需求到类及其全部子类的追溯性关系。

3) 验证过程要求

对验证过程活动的要求如下：

(1) 对上述开发过程要求的验证。

(2) 增加测试要求。正常测试用例需测试构造函数正确初始化了对象的状态，并且与需求一致(详见 OO. 6. 4. 2. 1. e)。

(3) 增加类型一致性验证要求(详见 OO. 6. 7)，包括形式化证明类型转换；或穷举验证所有的输出；在每个函数调用点，穷举所有可能的方法。

(4) 增加对动态内存管理机制的验证要求(详见 OO. 6. 8)。

此外，对于面向对象中特殊的验证，还要求通过强化编码标准和设计标准的方法表明符合性。

6.9.3 形式化方法

形式化方法通过使用形式逻辑、离散数学以及计算机可读的描述语言来帮助进行软件需求描述和验证。形式化方法的应用主要涉及两方面的活动：形式化建模和形式化分析，这两方面的工作基于一些精确的数学方程来实现。下面对这两方面的工作进行介绍。

6.9.3.1 形式化模型

为感兴趣的软件组件建立一个形式化模型是所有形式化方法的基础。从总体上说，模型就是一个软件用来分析、仿真及/或代码生成的各特定部分的一种抽象表示。在本章的上下文中，如果称其为形式化的，那么这个模型必须具备明确的、数字化的语法和语义。这样使得采用自动化的方法保证模型具有特别的属性成为可能。

形式化模型既可以产生于开发过程(如需求或设计工作)，又可以是对软件组件的形式分析。当软件组件本身具备很好的语法和语义特性时(如源代码和可执行目标代码)，由对软件组件的形式化分析而创建一个形式化模型是可行的。

在整个开发生命周期中，不同的形式化模型可以用于不同的分析及不同特性的建立。形式化模型的例子如下：

(1) 那些具有数学上语法和语义的图表组件及图表之间的连接构成的图形化模型,如流程图或状态机。

(2) 具备数学上语法和语义定义的基于文字的模型,如 Z 逻辑、集合论、代数或微分方程、C 语言子集、Ada 语言子集或其他语言。

(3) 由对软件组件(如代码)的分析而产生的抽象模型。

6.9.3.2 形式化分析

形式化分析可以为软件特性与需求保持一致提供保证或依据。所谓依据或保证表明一切执行情况都需要被考虑到,并能够满足苛刻的验证。形式分析方法多种多样,但通常可以归结为三类：演绎法(如定理的证明),模型校验,抽象解释。

形式化分析目前在航空航天乃至民机机载软件领域都有应用,可用作错误检测、属性和参数的证明或直接用作证明系统的安全性能。以下是我们通过调研总结的部分形式化方法的使用情况。这里,我们给出一些使用常见的形式化方法解决机载软件研制工作中难题的例子,供有兴趣的读者参考。

1) 形式化方法用于软件错误排查

通过在测试检验和设计测试条件中使用形式化方法,特别是形式化规约和模型的使用,可为测试人员明确测试结论对系统的意义。2005 年 NASA 开展了相关尝试,在座舱综合显示管理系统中使用形式化分析的方式对需求(模型)进行评估,并排查模型和需求的错误。在共计 16 000 个 Simulink 模块组成的全系统模型中,共计定位到 98 处高级需求以及模型的错误。其中,在项目进行中,为分析如此庞大的系统需要将全系统模型分隔成若干子系统模型,并采用工具和人工相结合的方式对模型进行评估。这是形式化方法用于软件错误排查的典型例子。Vittorio Cortellessa 等人也尝试使用形式化的方法对飞行控制系统的测试进行量化评估,并与 DO－178B 研制保证进行了对比。

2) 形式化方法用于关键属性和参数的证明

在系统安全性分析和评估过程中,系统的架构特征是表明系统达到相应安全性指标的重要依据。为表明系统中重要功能的冗余性,保证任何单点失效不会造成灾难性后果,调度算法对不同等级任务的隔离(partition)通常是机载系统所采用的实时操作系统(real-time operating system, RTOS)最重要的属性之一。在机载软件领域,安全性和适航要求也是系统的重要目标和属性。将安全性属性加入软件生命周期的各类模型中也是形式化方法在机载软件中应用的重要方面。Sergiy 等人就在其文章中对安全关键系统的规范要求（包括适航要求）的证明展开了讨论。Ewen Denney 等在 13 个软件审定案例中使用类霍尔逻辑自动产生证明模型并运用自动定理证明工具对从高级需求自动产生的代码进行安全性评估。J. Lygeros 等也将形式化验证方法应用于空中防撞系统（traffic collision avoidance system, TCAS）的算法验证过程中，以证明 TCAS 最为关键的碰撞逻辑及其软件实现的正确性。

在现今的机载软件项目中，还有一类情况可能会使用到形式化证明，就是我们在第 5 章中提到过的测试覆盖率的证明。例如，对于采用基于目标代码的测试覆盖率数据来表明满足了结构覆盖要求的机载软件项目（DO-178C 所说的结构覆盖率分析大多在源代码等级执行），可使用形式化证明来证明目标代码和源代码间的对应关系。如果能借助形式化方法证明编译工具对源代码的处理是确定性的，则可能被审查方认可。

3）形式化方法用于系统安全性的验证和证明

我们也注意到，学术界也在积极地将形式化方法应用于机载软件以外的机载系统领域。Alan C. Tribble 等人在飞行导引系统中使用形式化分析所做的尝试更是将形式化方法的使用提前到了系统安全性分析阶段。在航电系统研制领域普遍采用的 V 模型基础上对以形式化模型，包括 RSML-e 需求定义模型、NuSMV 模型检测技术、原型验证系统（prototype verification system, PVS）定理证明工具，所表达的系统需求进行分析，并结合传统的功能危险性评估（functional hazard assessment, FHA）、失效模式及影响分析（failure modes and effects analysis, FMEA）、FTA 等分析手段确保系统设计的安全性，提供相应的符合性证据。与传统的系统安全性分析方法使用自然语言定义系统的安全性需求相比，模型的安全性属性通过形式化的方法定义使得安全性能与功能性和正确性一样在模型检测工具和证明方法中得到确认。

6.9.3.3 使用形式化方法的要求

虽然 DO-178B 中对形式化方法的使用提出了若干关注点，但我们也认识到，这些要求较为笼统且缺乏实践条件。新的 DO-178C 在“基于模型的开发和验证”以及“形式化方法”两部补充文档中分别涉及对形式化建模和验证方法更为详细的使用要求。感兴趣的读者可参考本书 3.6 节关于 DO-178C 的介绍以及 DO-178C 相关补充文档 DO-331 和 DO-333。

利用形式化方法进行机载软件的研制和验证时，除了要满足 DO-178C 中相应过程的目标外，还需要满足补充文档 DO-333 中新增的如下目标：

1) 软件需求/设计/编码&集成过程输出结果的验证

(1) 形式化分析用例和规程正确。

形式化分析用例(详见 DO－333　6.3.6.a)：本目标是为了提供证据证明形式化分析方法能够覆盖 FM.6.3.1～FM6.3.4 中的所有目标。形式化分析方法中的所有假设都应该被证明是成立的，并且任何错误假设(导致分析无效)都应该被识别和提交。

形式化分析规程(详见 DO－333　6.3.6.b)：本目标是为了验证形式化分析用例已被精确地转化为形式化分析规程和符合期望的结果。

(2) 形式化分析结果正确，并且解释差异性。

形式化分析结果(详见 DO－333　6.3.6.c)：本目标是为了确保形式化分析结果的正确性以及实际值与期望值之间的差异是可以解释的。

(3) 需求形式化正确。

需求形式化的正确性(详见 DO－333　6.3.i)：如果为了使用形式化分析方法而将需求转化为形式化符号，那么应该使用评审或分析的手段来证明所得的形式化语句是对非形式化需求的一种稳妥的描述。

注意，如果在描述需求的非正式语句和利用形式化符号对其进行转化所得到的变体之间存在过大的差异，那么这可能很难进行评审。形式化符号的准确性只有当把重现精度视为非形式化需求的目的时才具有优势。

(4) 形式化方法被正确定义和证明，并且适合应用。

详见 DO－333　6.2.1。当形式化分析被用于处理一个验证性目标时，将有一个附加的目标用于确定每一个被用到的形式化方法都被正确地定义、证明以及适用于处理这个目标。一般情况下需要进行如下活动：

a. 在形式化分析中使用到的所有符号都应该验证它们的精确性、无二义性以及数学意义上的语法和语义；也就是说，它们是形式化符号。

b. 每一个形式化分析方法的公正性都应该被证明。对于一种公正的方法，当一种特性尚存在为假的可能性时，它不会断言其值为真。

c. 与任意形式化分析方法有关的所有假设都应该被描述和证明。例如，与目标主机相关的假设或者与数据值域限制相关的假设。

2) 软件验证过程输出结果的验证

(1) 形式化分析用例和规程正确。

形式化分析用例(详见 DO－333　6.7.2.a)：本目标为形式化分析能否达到相应软件等级的覆盖要求提供证据。形式化分析中所有的假设都应该被证明，并且任意错误假设（导致分析错误）都应该被识别和提交。形式化分析用例应该对照 DO-333 6.7.a 与 DO-333 6.7.b 中提到的标准进行评审。

形式化分析规程（DO-333 6.7.2.b）：本目标是为了验证形式化分析用例能被正确的转化为形式化分析规程和期望得到的结果。

（2）形式化分析结果正确，并且解释差异性。

形式化分析结果（详见 DO-333 6.7.2.c）：本目标是为了确保形式化分析结果的正确性，以及实际值和期望值之间的差异能够得到解释。

（3）满足对高级需求的覆盖。

达到高级需求的覆盖要求（详见 DO-333 6.7.1.a）。

（4）满足对低级需求的覆盖。

达到低级需求的覆盖要求（详见 DO-333 6.7.1.b）。

（5）满足对软件架构的覆盖。

详见 DO-333 6.7.1.c。验证性覆盖分析是一个与代码的测试与执行有着紧密联系的概念，它主要用于发现测试中的不足。利用形式化方法进行验证是完全并详尽的，而且与结构覆盖等同之处在于它并不仅仅要求分析架构覆盖达到多少。这种相同之处包含于从 DO-333 6.7.1.2～DO-333 6.7.1.5 中如下一系列活动中：

a. 基于需求的验证用例或规程中存在的不足（在 DO-333 6.7.1.2 中提到）。

b. 软件需求中不完备的地方（在 DO-333 6.7.1.3 和 DO-333 6.7.1.4 中提到）。

c. 无关联代码，包括死代码以及被限制的代码（在 DO-333 6.7.1.5 中提到）。

（6）验证源代码和目标代码的性能差异。

详见 DO-333 6.7.f。可执行目标代码验证过程相关活动的选项如下：

a. 如果下面的所有条件都满足，则可执行目标代码的形式化分析可以实现既定目标。即形式化表示所有需求；可执行目标代码定义一种形式化模型；正式的证据证明可执行目标代码的形式化模型满足所有需求。

b. 如果下列条件全部满足，则源代码的形式化分析可以实现既定目标。即形式化表示所有需求；为源代码定义一种形式化模型；正式的证据证明源代码的形式化模型满足所有需求；补充的分析显示出源代码和可执行目标代码之间的不同之处。

通过验证源代码到目标代码转换过程的正确性，对应于高级需求或低级需求而展开的形式化分析可以用来推断对应于相应等级需求而得到的可执行目标代码的正确性。这就像源代码的覆盖标准可以用来评估验证目标系统的测试是否足够一样。如果一个编译器，链接器或其他部分所产生的额外代码不能直接追溯到源代码语句，那么就需要额外的验证手段来评估差异之处。

(7) 形式化方法被正确定义和证明，并且适合应用。

详见 DO - 333　6.2.1。当形式化分析被用于处理一个验证性目标时，将有一个附加的目标用于确定每一个被使用的形式化方法都被正确地定义，证明以及适用于处理这个验证性目标。一般情况下包括以下活动：

a. 所有在形式化分析中使用到的符号都应该验证它们的精确性、无二义性以及数学意义上的语法和语义。也就是说，它们是形式化符号。

b. 每一个形式化分析方法的公正性都应该被证明。一种公正的方法从不在当一种特性尚存为假的可能性时断言其值为真。

c. 与每个形式化分析方法有关的所有假设都应该被描述和证明。例如，与目标主机相关的假设或者与数据值域限制相关的假设。

6.9.4　单一需求等级

在机载软件研发过程中，当遇到仅有一个需求等级(或者是把低级需求和高级需求合并)时，我们称之为单一需求等级。在单一需求等级情况下，DO - 178C 中的某些要求难以与生命周期过程和数据直接对应。在 DO - 178C 以及 RTCA 另一份标准 DO - 248C 中对单一需求等级的考虑进行了说明。

DO - 178C 中第 5 章(第二段)对单一需求等级有如下陈述："软件开发过程中会生成一个或多个软件需求等级。高级需求是对系统需求和系统架构进行分析而直接获得的。通常，在软件设计过程中，这些高级需求得到进一步开发，从而生成一个或多个连续的较低级的需求。但是，如果源代码直接由高级需求生成，那么这些高级需求将被认作低级需求，对低级需求的指导同样也适用于它们。"

DO - 178C 中第 5 章强调，在一个精化步骤下可以将系统级需求精化为软件需求，以便适合于编程。因此，一个单一等级的软件需求是被允许的。但是，该段文字有时被错误地用于证明把高级需求和低级需求合并为同一需求组是合理的。因为合并需求会"削平"应有的需求层次，且可能在尚未建立低级需求和高级需求之间追溯关系的前提下，将所有需求归并为一个单一的需求组。需要注意的是，这并不表明在同一文件里要将高级需求和低级需求分开陈述，而是指在没有区分出哪些是高级需求或哪些是低级需求的情况下，就将高级需求和低级需求合并为一个单一需求组的问题。

采用单一需求等级的研制单位在表明其对标准的符合性问题时尤其需要注意如下问题：

(1) 通常，高级需求表示“什么”将被实现，而低级需求表示“如何”执行这些实现。将这两个等级合并为一个单一组可能会导致以下问题：

a. 对于合并高级需求和低级需求的情况，使需求和/或设计过程不再被外部数据可见。使用 DO-178C 第 5 章来证明其合理性，实际上意味着对第 5 章原始目标的违背。由于容易造成混淆，因此合并高级需求和低级需求会使 DO-178C 目标符合性证明工作变得复杂化，且增加审查局方在软件审查方面额外的工作负担。基本上，当把高级需求和低级需求合并为一个单一需求组(即把“什么”与“如何”结合在一起)时，DO-178C 中表 A-3、表 A-4、表 A-5 和表 A-6 中目标的符合性证明就相应降低了要求。

b. 当把高级需求和低级需求合并为一个需求组时，没有了高级需求和低级需求之间的追溯性，精确验证就会更加困难。因为我们都清楚，一个好的变更影响分析依赖于高级需求和低级需求之间的追溯性，从而识别出受变更影响的特定需求和组件。

c. 在合并高级需求和低级需求的情况下，如果不能区别软件变更，不管是只影响低级需求还是同时影响高级需求和低级需求，那么即使是较小的软件变更，也会导致系统级别和软硬件集成级别上的重新验证。

(2) 不提倡对高级需求和低级需求进行合并。但如果研制单位除此之外别无其他选择，则应该考虑如下建议：

a. 当机载软件组件很大或很复杂时，高级需求由软件需求过程生成，而软件设计过程生成低级需求和软件架构。因此，高级需求和低级需求不是相同开发过程的产物。不能减少用于验证 DO-178C 第 6 章目标符合性的验证过程活动。如果将高级需求和低级需求合并，与高级需求和低级需求同时相关的目标因此将适用于每一个需求，且适用于软件需求过程和设计过程的输出。在单一等级中，也应规定相应的软件需求数据(DO-178C 11.9)和设计描述(DO-178C 11.10)。软件需求标准(DO-178C 11.6)和软件设计标准(DO-178C 11.7)也应适用于单一需求组。

b. 如果存在将系统级需求精化为软件级需求来适应于编程要求的情况，那么单一等级的软件需求是可行的，但是这必须对软件如何满足 DO－178C 中的目标做一个详细的分析。

c. 如果将高级需求和低级需求合并，尽管最终也能证明与 DO－178C 相符合，但其可维护性的置信度水平在很长一段时期内都将会低于把两者分开处理时的情况。事实上，如果将高级需求和低级需求合并为一个单一的需求组，那么每次软件发生变更，都需要重新评估该方法所带来的影响，以确保 DO－178C 第 6 章的目标能够被实现。

6.10 本章小结

在本章中，我们根据标准第 12 章的内容，介绍了对 DO－178C 机载软件研制保证过程的附加考虑，包括先前开发软件、工具的使用和鉴定，以及可以替代或部分替代 DO－178C 要求的“替代性方法”。对于上述附加考虑问题的各项要求来说，当其适用时，将与标准其他章节一样具有强制性。然而，在通常的民机机载软件项目中，各种各样的困难和偏离总是无法避免。在当今机载软件的研制和审定过程中，需要研制单位、申请人以及审查方进行有效的沟通、协商，以期对各种可能出现的问题尽早达成一致。在下一章，我们将继续讨论在整个项目过程中各方的协同，以及可能出现的其他偏离情况。

7　DO－178C 的应用

航空工业特别是大型客机研制过程中涉及的先进技术几乎遍及现今已知的所有工业领域。对于动辄携带数百人以接近音速在上万米高空飞行的民航飞机来说，安全性必须是其考虑的最为关键的因素。自从 RTCA 发布 DO－178B/C 以来，该标准作为最为常用的机载软件符合性方法在各类机载软件审定项目中得到广泛的使用。可以毫不夸张地说，目前行之有效的机载软件审定方法、程序和文件体系都是建立在这一重要标准之上的。此外，用于空中交通指挥和导航的航空地面软件等诸多类型的“非机载”航空软件，甚至近年来许多其他高安全性软件领域也在大量使用 DO－178C 定义的软件研制保证方法或相似标准和方法对软件实施鉴定。综合以上几章对 DO－178C 的解析我们不难看出，DO－178C 成功地回避了长久以来在软件测试和精确度量方面的困难，借鉴软件工程和全面质量管理的成功经验，特别是对美国主要机载软件研制单位在以往机型和项目中的实践总结，提出了成本可控、技术可行的软件安全性管理方法。

国内外机载软件项目的研制经验表明，研制单位满足 DO－178C 要求的最大风险来自以下几个方面：

（1）软件研制过程与相关系统的研制过程脱节。

（2）DO－178C 中要求的五个过程计划不足以指导实际研制活动。

（3）不会从现有体系中寻找满足 DO－178C 的证据。

（4）缺乏与审查方及早交流和沟通。

（5）对于外包的工作没有明确的满足 DO－178C 要求的项目计划。

（6）对 DO－178C 仅仅进行了字面理解，没有掌握其中的实质。

特别是对于国内研制单位来说，最后一个方面似乎更能引起共鸣。事实上，为能够普遍适用于不同背景的研制单位的实际情况，DO－178C 中要求的机载软件研制保证过程，仅仅是规定了定义相关过程时应该至少满足的目标和具备的过程要素特征。标准条文均采用相对中立的词句提出了较为宽泛的要求，并没有太多的实现细节。研制单位仅仅依据这些要求是无法组织起像样的软件开发的。研制单位仍然需要定义切实可行的机载软件研制保证过程细则。我们认为,机载软件的研制活动从根本上无法与航空器及机载设备的研制工作分离。以当前国内常见的主制造商加系统供应商的研发模式来说,软件研制单位、主机厂所、审查部门都应该立足于 DO-178C,进而定义与各自角色相匹配的过程、程序和标准。

本节,我们立足典型的软件研制和审定项目情况,就采用 DO-178C 的应用准则以及常见问题进行简要的说明。主要针对在项目中如何满足和运用 DO-178C,以及如何面对常见的偏离情况。

7.1 软件适航规划要结合软件项目实际

在系统概念设计完成后,航空器和系统都会经历初步设计阶段,这一阶段将完成飞机的功能定义、安全性的分析和评估、系统架构的初步设计等工作。此过程中机载软件研制的典型风险来自很多研制单位的系统设计和软件设计团队相互独立,往往在这一阶段由于缺乏软件专业团队的介入而造成估算不足、沟通不畅等情况为项目后期以及取证动作带来不利影响。如在开展系统方案和架构设计的同时,研制团队必须充分考虑软件实现的情况,软件实现的难度特别是取证难度等。

与此同时,另外一个典型的风险来自系统和软件新技术的使用。由于无法对软件产品的符合性进行确定性的证明,民机软件行业的显著特点就是适航审定过程对新技术和新方法提出较为严格的限制。因此,我们尤其提醒研制单位,任何系统与软件领域新技术和新方法的使用都需要考虑软件实现和审定的风险。特别是新技术和方法的使用可能带来的额外适航审定成本,需要在项目早期及早确认。我们建议,在航空器和系统初步设计阶段,系统和软件团队之间至少应该就以下关键问题充分交流,并尽可能地将这些问题记录在系统及软件计划文件中方便审查过程查阅:

(1) 软件将要实现的系统功能基本情况。

(2) 软件对应的飞机及功能和可能产生的失效及预期等级。

(3) 确定系统和软件需求的表达方式。

(4) 明确软件功能与失效条件的对应关系。

(5) 软件将要运行的平台和硬件环境规划。

(6) 系统和软件设计中面向对象技术使用情况。

（7）系统和软件设计中基于模型的设计和验证情况。

（8）软件形式化技术的使用情况。

（9）其他软件新技术和新工艺情况。

（10）系统和软件研制过程中的构型管理规划。

软件是否属于申请人熟悉范围的软件，申请人首先应该已经对软件本身所要实现的功能，软件在系统或者设备中的用途有清醒的认识，对于先前的技术积累是否足以支撑软件的顺利完成具有充分的技术方案。通过对软件功能的摸底，申请人应至少排除有创新或者需要特别进行技术难点攻关的障碍存在，才能保证后续软件实施方案在需求中的表达不具有颠覆性的迭代。

DO－178C 的实施是随着软件对系统或设备的重要程度进行严苛性控制的。这也就是常说的安全性结论。安全性结论的给定不但需要有经验的安全性人员的确定，而且需要上级系统或者主机的确认，这是由于安全性影响往往需要从顶层进行确认。所以软件的等级未被确定之前，不能贸然进行开发。同时需要注意的是，申请人也不必就高进行高等级软件的开发，毕竟高等级软件的开发往往意味着更高的人力、物力成本，同时安全性要求也不止包括软件的研制保证等级一项。

软件需求本身是一般软件企业不太重视的一个重要方面。为了保证软件生命周期数据的追踪性，需求的表达并不像其他信息技术（information technology，IT）企业那般只要明确个大概，后续的开发工作就开始了。民机的需求要求准确、完整地表达系统的需要，避免软件产品乃至设备或者系统不能精确吻合系统的实际需要。同时还应该注意，系统需求在没有明确得到成熟稳定之前，也不应该就贯彻到软件层面。软件精确的吻合系统需求是民机软件的一个重要特点。

IT 类的软件往往什么技术新用什么，但是民机软件具有相对保守的特性，软件技术的成熟稳定是软件开发的第一要求。同时对于软件需求表达具有潜在误区，明显陷阱的技术，民机软件往往需要进行明确的回避。不管是 IT 领域常见的面向对象技术、基于模型开发与验证，还是形式化方法，在民机领域都是关注的焦点和有争议的地方，因此在这些技术的选用上，一定要保持对适航要求的熟稔和分辨能力。

机载软件与其他领域一样，非常重视构型管理和质量保证，这些方面都是对项目管理能力的巨大考验。这些层面的项目实施不在于其难度有多大，而在于能够持之以恒，而非忽冷忽热随心所欲。

7.2 注重整机、系统和软件项目间的衔接

机载软件研制单位是DO－178C各过程和目标的实现主体。通常来说，机载软件的研制过程相对独立，或者说可以与系统中的其他过程同步开展。需要注意的是，机载软件作为航空器和机载设备或系统的组成部分，首先应该满足航空器和系统相关研制过程分配给软件的目标。但是，如果项目的输出是TSO产品中所装的软件，那么可能不存在航空器研制过程向系统和软件过程的目标分配。可以认为在这种情况下，系统和软件的研制是基于一系列对航空器的假设进行的。事实上，这些所谓的假设构成了航空器向下分配的目标。

根据我们审查中的发现，当今民机研制工作呈现国际范围内分工合作的局面。许多申请人（整机研制单位）直接开展的DO－178C符合性活动较少。然而，我们的民机研制活动要求各级需求的提出和贯彻都是自顶向下的，上层（系统）研制环节中确定的需求和参数将决定软件研制工作的特征，研制过程中必须确保软件和系统间的一致性。系统和软件研制部门由于缺少全机级的总体视角，因此难以掌握上层要求的变化情况。基于以上两点，我们强烈建议整机研制单位，不论实际参与否，都必须确保软件研制过程的输入与系统和整机级相关过程的结论相匹配。同时，对整机、系统和软件项目的研制环节进行充分的监控，发现并且协调随时出现的不一致情况是整机研制单位不可推卸的责任。

为确保飞机、系统和软件研制过程间的一致性，至少要进行以下活动：

（1）开展全机级功能确定和安全性分析。

（2）执行功能向系统和子系统的分解。

（3）对系统以及软件级开展的功能分解进行确认。

（4）检验系统初步安全性分析的结论。

（5）收集和整理全机软件项目的信息。

（6）收集和掌握软件项目的新技术新方法情况。

（7）确认所有采用替代性方法的软件项目情况。

（8）了解并认可研制单位对软件项目的转包和外包情况。

（9）提出相对协调一致的全机级软硬件研制标准。

（10）建立涵盖整机、系统和软件研制环节的问题报告和问题处理机制。

（11）对系统和软件项目的各项目标进行确认。

（12）对研制部门进行的DO－178C活动进行评审和确认。

（13）执行与审查方的联络活动等。

7.3　软件等级的确定不能想当然

1）问题的由来

关于系统架构对失效条件的贡献情况以及从飞机级功能分析到系统级安全性评估的全部流程，通常研制单位会参考 ARP 4754A 标准进行确定。然而，对于 ARP 4754A 来说，在软件等级定义方面存在差异给系统和软件的安全性工作带来诸多困扰。根据笔者的经验，研制人员对软件等级确定最常见的误解来自认为系统研制保证等级决定了软件等级。如果按照相关标准确定系统研制保证等级为 B 级，则软件也应该定义成 B 级。事实上，上述要求正来自 ARP 4754A 的表述（详见 ARP 4754A 5.4 节）。

然而，根据 DO－178C 的要求，软件等级应与其能够产生的最严重的失效条件相对应（DO－178B　2.2/DO－178C　2.3），其中并没有提到系统研制保证等级。乍看起来两者似乎也不存在矛盾，但系统研制过程中可能会采用某些架构缓和（relief）措施降低系统的研制保证等级。然而根据 DO－178C 的要求，如仅从字面上理解，软件等级的确定过程中并不考虑我们通常所说的系统架构对失效的缓和作用。虽然 DO－178B　2.3/DO－178C　2.4 也提到了常见的系统架构缓和措施，但这些措施仅供参考，并没有说明这些措施对软件等级确定的适用性。

比较两者后我们不难发现，两套标准由不同的团队编写，并且系统研制保证的要求是面向所有机载系统的，软件由于某些技术特征与系统研制方法和条件上均存在差异。问题的关键在于系统研制保证等级是否与其能够产生的最严重失效条件直接对应。然而，ARP 4754A 中恰恰给出了由架构缓和措施而降低系统研制保证等级的例子，如独立非相似就是常见的架构缓和的实例。如果研制单位能够证明系统的“独立和非相似”，则允许系统设计中采用具有较低研制保证等级（如 B 级）的多个系统实现一项可能产生高级失效的功能（如 A 级）。

2）建议

根据我们的了解，当前审查局方在大多数软件审定案例中也可以接受 ARP 4754A 中的降级原则。但是需要注意的是，与系统设计领域不同，软件组件间实现所谓的“独立和非相似”难度极高。我们注意到很多项目开展到后期由于无法提供足够的证据表明软件组件间的“独立和非相似”而严重影响取证工作进度的情况。甚至由于软件采用过程保证的方法实现对适航符合性，因此某些项目在软件设计中引入“独立和非相似”有时远远超过按照高一级的软件进行研制所带来的成本。对于研制单位,我们首先建议在开展软件研制前应充分开展整机级和系统级的安全性分析。对于软件定级,尽量按照最严格的要求执行,只有在与审查方充分沟通后才能采用相对较低的定级原则。同时,要对其中存在的风险有充分的准备。

同时还应关注一个现象,某些研制单位怕将来软件等级不能够满足安全性要求,尽量往高等级软件方向上取靠。其中存在两个误区,首先安全性要求并不仅仅是研制保证等级一个,往往同时还包括了隔离、备份、异构等架构缓和措施及相关安全性需求。软件等级的提高并不能完全地覆盖系统级的所有安全性要求。其次,软件等级的提高并不能反映软件真正对系统和设备所造成的失效状态的影响程度。反而还会“掩护”那些真正对系统和设备造成较高等级安全性影响的软硬件,使其得以实施“不充分”的研制保证过程。造成软件等级盲目提高的现象有几个诱因:有的是因为系统级安全性分析不能够充分考虑软硬件的功能,其失效状态的真正诱因不能够关联到具体软件;有的是因为软件研制活动超前于系统级活动,系统安全性要求尚未下达,软件研制已然启动。

7.4 软件研制体系

DO-178C 的实施,依赖的不光是符合 DO-178C 的计划,也绝非形式上有几份检查单。首先机载软件需要结合工具,工具的所长、所短及其使用需要在项目中进行总结。拿某著名的需求管理工具来讲,对于新购买的用户来讲,不会强于办公工具的一张白纸。如何构思这张白纸的布局谋篇,这才是将工具为我所用的要旨。过程的实施是要补上管理漏洞,缓解管理风险,这些漏洞有的是诸多企业共有的,有些漏洞则是特定项目中才有的。所以过程的实施不是无病呻吟,更需要有的放矢。软件研制体系的存在是具体软件项目落实的基石。软件研制体系可以划分为指南、方法、模板三个层面。指南类的文件划定大的原则和方向,为最顶层的文件,规划了各个过程的明确指向和目标。方法类文件为指南类文件的落地实施,在具体工具的支持下实现对具体事项的步骤性描述。模板类文件为指南和模板的落地给出成熟的编制指南和要求。DO-178C 集中的焦点是适航所需,但是并不能完全满足机载软件开发的所有需要。例如,软件的集成,软件集成在机载软件开发中是重要的一环,但是在 DO-178C 中却对这种集成策略并未过多的涉及。对于大型系统和设备来讲,软件的集成往往需要很多的技巧和方法。软件的集成需要与测试紧密地结合,以达到集成完毕即测试完毕的效果。再例如,关于软件的测试,软件是否在长时间的运行中发生错误,即我们在 IT 领域常说的“烤机”，在 DO - 178C 中并未提及，但是此种测试往往又是非常必要的。所以综合软件的实际问题，考虑流程和体系的规范性和全面性，才是机载软件落地的实际意义。

软件研制体系的构建往往是一个组织或者团体长期经验的积累，是广泛调研和结合自身实际的产物，是从自身的薄弱环节进行风险分析并制定解决方案的产物，是教训与失败案例的总结，是项目管理和产品质量综合考虑的结果。一个单位的软件研制体系应该是在经历了细致入微的研发生产体验之后的知识与经验的结晶。这种研制体系是面向与进度、人力、成本、质量等诸多考量因素后的产物。因此，具有成熟软件研制体系的软件研制组织往往能实现良好的整体收益，达到项目所有利益人的一致赞同。

成熟软件研制体系是机载软件研制单位经验总结的结晶，在考虑到适航要求后，才有了面向航空软件研制的适航标准。对于准备进入航空软件研制的新入门者，并不意味着从这些经验结晶或者适航标准就可以分解出适合企业实际的体系。DO - 178C 的目标是坚如磐石的存在，但是达到这个目标的方法多种多样，路径也千差万别，这需要对机载软件项目的真知灼见和深刻认识。

7.5 软件研制活动与表明符合性的协同

进入系统详细设计阶段后，除按前期确定的架构进行系统的详细设计和软件的研制过程外，根据 DO - 178B 的划分，通常还会存在并行开展的软件计划、软件开发、软件验证等典型环节。其中，重要的时间节点通常包括以下几个关键节点：

(1) 系统审定计划提交批准。

(2) 软件审定计划提交批准。

(3) 软件高级需求编写启动。

(4) 软件编码和测试启动。

(5) 最终正式测试运行。

1) 系统审定计划提交批准

此节点与我们下面即将提到的“软件审定计划提交批准”存在一定的关联。事实上，在系统审定计划中应该包含多少软件审定信息，以及系统审定计划与软件审定计划(PSAC)应存在多少关联和交叉的问题一般来说并没有统一的答案。但无论采取何种方式，按照 ARP 4754A 标准，系统级审定计划作为软件审定相关计划的上层文件，应该明确分配到软件的关键指标。一种可以接受的编写方法是在系统审定计划中至少概述以下基本信息：

(1) 本系统所含有的软件和复杂硬件情况，包括软硬件的名称和类型。

(2) 上述软硬件的基本功能。通常系统审定计划都会包括系统功能的概述，编写规范的系统审定计划应该能让读者通过系统审定计划直接了解这些软件与哪几项系统功能相关。进一步的，如果能通过系统审定计划将在软件中实现的系统功能与更高级的飞机级功能相对应，那么也将大大方便系统和软件研制活动间的衔接。

(3) 软件的等级。根据 DO-178C 第 2 章的要求，软件的等级应与其可能引起的功能失效等级相对应。系统审定计划提交时，应该已经按照功能危害性分析和初步安全性评估对与软件关联的失效条件进行了确定。此时，必须在系统审定计划中明确所含机载软件的等级。若某一系统中的软件可以分为不同的模块，也可分别对应不同的软件等级。尤其需要注意的是：虽然功能失效后产生的危害不同，但如果无法说明软件模块间相互独立，适航审定时常要求按照最严格的软件等级执行(参见 7.2.1 软件等级的确定)。

(4) 软件所采用的特殊架构和特殊技术情况，尤其是那些可能影响系统架构的软件技术。例如模型技术、不采用 DO-178C 表明符合性的软件单元、数据库和数据表的使用等。

2) 软件审定计划提交批准

系统审定计划提交后，除非经批准的系统审定计划中已经说明所含软件不会超过 E 级，否则含软件的系统应该提交 PSAC。该计划的内容依照 DO-178C 第 11 章的要求编写，并至少包括以下信息：

(1) 系统生命周期数据。在软件进入计划阶段前，与软件相关的系统生命周期数据(如适用)必须已经完成研制单位或申请人的内部评审，并且已经进入构型系统并处于可控状态，对这些数据的更改都应该已经启动相应的更改控制过程。

(2) PSAC。PSAC 是整个软件适航审定活动中最为关键的一份文件。按照 DO-178C 的要求，该文件必须提交审查代表或委任人员批准。在 FAA 的规定中，对于高介入等级的项目，虽然委任工程代表(designated engineering representative, DER)可以承担许多的审查和批准任务，但 PSAC 文件必须由审查代表亲自批准，由此可见其中分量。事实上，编写和提交 PSAC 的意义在于申请人与审查方间就软件适航性达成协议。也就是说，如果申请人能够按照批准的 PSAC 执行，并且提供足够具有信服力的数据证明这一点，那么软件应当被认为是“适航”的。当然，由于项目情况的不断变化，以及软件计划阶段未能发现的特殊情况，软件审定计划可能在项目中期经历数次调整。

（3）相关计划与标准。此阶段，除了提交软件审定计划申请批准外，软件计划阶段还应完成的其他四份计划以及三份标准也是适航审定关注的重点。它们分别如下：

a. 软件开发计划（SDP）。

b. 软件验证计划（SVP）。

c. 软件构型管理计划（SCMP）。

d. 软件质量保证计划（SQAP）。

e. 软件需求标准。

f. 软件设计标准。

g. 软件编码标准。

上述计划和标准，分别向用户说明了 DO－178C 中关于需求、开发、编码、验证、构型管理以及质量管理过程中将要执行的过程和过程标准，它们与 PSAC 一同构成了软件研制生命周期的计划文件体系。不论是 DO－178C 还是审定实践中，并不一定完全按照上述文件类别分别编写相关计划和标准文件。大多数情况下研制单位可以将其中的部分标准要求在一份或若干份文件中实现。审查方也只会检查 DO－178C 规定的目标和活动是否已经纳入规划，而不会计较具体的格式和组织方式。

其中，对于上面所述的需求、设计和编码三份标准，如果项目中不涉及特殊技术或特别的方法，那么许多研制单位不一定会为单个项目编写需求、设计和编码标准，而是采用通用技术标准代替。常见的供审查方查阅的形式包括《XXX 公司 Ada 语言编码标准》《基于 XXX 的高级需求标准》《XXX 公司软件设计规范（C 语言版）》等。我们认为这也符合实际情况，原因在于任何成熟的研制团队都已经形成了相应的标准体系，而在一段时间内执行统一的标准有利于提高开发效率和降低缺陷率。我们也建议在同一个团队内，根据使用的技术方法、编程语言、需求描述语言等情况准备并执行固定的标准，形成有利于提高产品安全性的研制文化。

另外，研制单位（或包括申请人）还需要格外注意的是，软件审定计划提交的同时也标志着 DO－178C 中要求的软件计划过程告一段落。作为 DO－178C 中第一个过程，需要尤其注意计划中的构型管理、质量保证、软件验证、审定联络等过程及其要求同样也适用于本过程中。所谓的计划和标准准备接受审查的同

时,还应该具备下列生命周期数据:

a. 相关计划和标准的构型数据,包括构型标识、基线、问题报告以及变更管理记录。

b. 相关过程执行的质量保证数据,包括质量保证检查记录等。

c. 相关计划和标准的验证结论。特别是按照 DO-178C 附录 A-1 中目标 6、7 开展的验证活动的记录。

d. 审定联络过程的记录。如果申请人或研制单位制定了适航内审程序,则应该准备相应数据来表明这些活动的执行情况、发现问题及问题解决情况等。

3) 软件高级需求编写启动

通常,软件高级需求编写活动启动并不是开展软件适航评审的节点。但作为研制单位来说,软件高级需求编写活动的开展意味着软件研发团队大规模的介入。为缩短研发周期提高开发效率,许多研制单位推行并行工程。就是将需求、设计、开发乃至验证的过程在时间上重叠,并通过过程间的不断迭代高效地推进。在这些研制单位内,软件研发团队中人数众多的需求、编码和验证团队,从软件高级需求编写活动启动之时便纷纷开始介入。例如,需求团队编写高级需求、低级需求和架构时编码团队便可同时开展对上述需求数据的可实现性、兼容性等方面的评审;验证团队也可以开始在已编写完成的高级需求条目的基础上初步开发测试用例等等。

为此,确保计划过程中对各子过程的要求被正确的执行,就成了在这一时间节点上需要重点关注的问题。此阶段特别需要关注下列要求的执行情况,以期能尽早发现如下潜在的风险:

(1) 已编写的需求是否满足需求标准,特别当采用模型来描述需求时。

(2) 需求的可实现性和可验证性。

(3) 上下级追溯关系的建立。

(4) 衍生需求及其向系统研制过程的反馈。

(5) 其他需要系统研制过程协调解决的问题。

4) 软件编码和测试启动

软件编码活动启动标志着整个软件研制过程进入了实质阶段。与编码过程同时,软件验证活动可以在前期编写的测试用例的基础上编写并运行测试程序。此时,涉及的 DO-178C 过程很多。设计、验证、构型管理、质量保证甚至需求和计划过程都可能在这一时间点上并发。特别是,对编码标准执行情况的确认以及对验证过程中测试活动的计划执行等需要在此节点上重点确认。常见的关注重点问题如下：

（1）设计标准和编码标准的执行。

（2）按计划实施的更改控制。

（3）测试用例的编写和需求可测试性的确认，其中确定测试用例的编写是基于需求的。

（4）测试环境的确定。

（5）测试覆盖率的初步确定。

（6）覆盖漏洞的处理原则和非激活代码的确认。

（7）发现的衍生需求（包括派生的低层需求及设计）的处理及追溯情况。

（8）构型管理的执行情况。

（9）质量管理内控的发现问题。

5）最终正式测试运行

由于在研制过程中需求、设计、编码、测试活动可同步开展，为统计需求和结构覆盖率，开展鲁棒测试等工作带来了诸多不便。同时，其中许多活动和中间过程中发生的更改并不一定都是在一个完整的基线上进行，也不方便得出正式的验证结论。为此，许多研制单位通常会在所有分散的测试和集成活动完成后在最终基线上集中进行正式测试运行（formal test）。研制单位的这一做法在行业内属于普遍情况。并不能简单理解为是在做表面工作。通常，正式测试运行的目的如下：

（1）正式收集结构覆盖率证据。

（2）正式收集测试通过的证据。

（3）确定软件各组成部分同时运行不存在相互影响的异常情况。

（4）某些项目中可用于分析系统负载等方面的性能证据等系统和硬件符合性数据。

然而，正式测试运行作为重要的软件研制里程碑节点，在其开展过程中应注意以下关键要素：

（1）被测的目标代码以及测试程序是否已经在构型管理控制之下。作为正式测试运行，应确保所有的代码、测试程序均从构型管理系统中取出。为方便起见，这些代码和程序最好已经通过基线进行了统一标识。

（2）测试环境是否符合软件生命周期环境计划或类似计划中的要求。正式测试运行所使用的硬件、加载程序、平台等环境的构型信息应该正式记录在最终的测试报告内。

（3）如有必要应考虑邀请审查人员现场目击。

7.6 系统符合性试验前需要对软件进行成熟度评估

适航审定过程中，飞机、系统或设备往往需要进行许多试验以确定功能和各项要求得到了满足。这些试验分为多个层次，即包括研制单位进行的工程试验，也有为表明对规章和条款的符合性而开展的取证试验。对于工程试验，审查方通常不做要求也较少介入，而适航取证试验因为将直接提供符合性的证据往往备受适航审查人员关注，有着较为严格的审定要求。以取证试飞为例，审查方需批准相应的试验大纲，批准并确定试验所采用的构型，并在试验开始前进行制造符合性检查，以确保试验件的组成和生产工艺满足大纲中批准的条件。

具体到软件研制环节，为配合这些取证试验，软件研制单位应注意：

（1）尽早确定参加试验的构型。

（2）确定软件编译的环境。

（3）准备并提交软件编译、安装、加载和校验的程序说明。

（4）如被要求还应配合审查方和委任人员现场开展软件制造符合性检查。

（5）记录并提交当前发现的所有开口问题供审查方评审。

正常情况下，软件生命周期全过程作为一个整体来接受适航评价，并将评价的最终结果反馈给系统层面，用于确定系统和航空器符合规章和标准的要求提供依据。由于生命周期各过程间相互关联，因此对于尚未完成的软件项目无法判断是否符合了 DO-178C 的要求。

可能大多数研制人员都有这样的感觉，标准中定义的生命周期过程是一种理想情况，而实际工作中会有很多例外。实际上，标准也一再强调生命周期过程可以并行开展、迭代或者反复进入，这并不会对软件符合性评价带来太多的麻烦。然而，在系统和软件研制过程衔接环节出现这样的问题就要复杂得多，尤其是当系统或飞机的验证试验与软件迭代开发同时发生时。

这里我们所说的验证试验通常指向局方表明符合性的正式取证试验，包括试验室试验、机上地面试验和试飞等。参加试验的各系统构型理论上应该是将要交付审查的最终状态，其中所安装的机载软件理论上也应该已经完成了最终阶段评审并且已经得到审查人员批准。否则的话，验证试验的结论就无法表明最终构型满足规章和标准的要求。

然而，在很多型号研制项目中，飞机上各部分系统的验证实验是分批开展的，往往长达数年时间。并且，当代民用飞机由于系统复杂度大幅度提高以及各类型供应商的介入，研发工作一般是在不同的研制团队间并行开展。因此，如果完全等待所有系统和设备完成开发和评审才启动验证试验，势必会影响整机取得适航证的时间。很常见的情况是，参加验证试验的系统完成了研制或阶段性完成了研制，与此同时，其他各系统和设备的研制工作可能仍在进行中。为评估这种状态下验证试验的有效性，我们不得不对这些未完成的系统和设备中的软件进行成熟度评价。需要注意的是，这里的成熟度评价与经常提到的软件能力成熟度没有任何关系，本节所描述的软件成熟度主要指对软件部分符合 DO-178C 目标情况下所能提供的验证试验置信度。

1）软件成熟度评价四种情况

通常来说，需要开展成熟度评价的机载软件可能存在以下四种情况：

（1）情况一：为满足 DO-160（或等效）标准而开展的飞机或系统环境鉴定试验。

（2）情况二：不涉及软件功能的试验。

（3）情况三：软件研制已经完成，但仍有待确定项目需要等待系统验证结论。

（4）情况四：软件功能没有完成开发或验证，且验证试验与未完成的功能相关。

为分析这些情况下的软件成熟度，需要首先明确正式验证试验的目的。在型号审定或系统审定过程中，取证试验或局方验证试验是用来显示证明设计满足了规章的要求，并且通过了有审查方参与的取证试验，使得审查人员建立对申请人及其产品符合规章和标准要求的信心。首先应该明确：取证试验并不是考试，并不会因为偶然的通过而得到审查人员的肯定评价，甚至即使中间阶段的产品通过了取证试验，仍需要向审查方证明后续更改不会对试验的结论造成影响，否则试验结果可能不被接受。其次，取证试验一般不是用于证明工程假设或为设计提供数据和信息的，研制单位不应该将取证试验和工程设计过程中的试验混淆起来。最后，国内外的审查部门一般也会关注参加相关验证试验所存在的人力、物力成本乃至安全风险，以避免审查资源被无端浪费。

不论是什么类型的局方验证试验，通常研制单位都会编制试验大纲。试验大纲中会规定试验的方法、环境、判据、试验构型以及试验设施的选用情况等。由于需要通过试验结论证明某种符合性假设，因此试验大纲必须得到局方的批准。而机载软件作为试验构型的一部分同样也会在试验大纲中说明并等待批准。

2）软件成熟度评估三原则

一般来说，试验大纲获得批准就意味着审查人员将认可大纲中开展的试验及其所涉及的系统和软件构型。软件成熟度评估通常在试验大纲批准前开展，并作为试验大纲批准的一项重要依据。对于软件成熟度的评估，审查方通常会基于三个基本原则开展：

(1) 原则一：确保相应试验不因为软件的当前状态而带来安全隐患。在有局方参试人员（如局方试飞员）参与的情况下更是如此。

(2) 原则二：分析确定申请人和研制单位是否有能力和可能对试验通过后潜在的软件更改进行充分的影响分析。

(3) 原则三：评估相关验证试验是否存在需重复进行的风险。

在明确了验证试验的目标以及成熟度评估原则后，我们对验证试验中的软件有了较为明确的评估方向。研制单位和申请人如需在软件批准前开展相关的局方验证试验，应参照上述原则提供成熟度评估报告供审查方参考。一般来说，对于情况一和情况二，需要说明的情况较为简单，主要通过对试验的目的以及软件功能的情况进行描述。而针对情况三，由于软件符合性活动已经基本完成，在这里建议尽量采用现成的审定结论。

最复杂的莫过于“软件功能没有完成开发或验证，且验证试验与未完成的功能相关”，即我们所说的第四种情况。首先我们需要说明的是，开展对中间状态软件的成熟度评估需要研制单位和申请人进行分析并编写专门的报告，这事实上增加了研制团队的人力物力成本。同时，往往后期无法遇见的软件构型更改（很多更改可能是由系统需求和设计的变更引发的，在软件组织内无法控制），使得以往的验证结论失效需要重新开展验证试验，造成进一步的人力和物力损失。如果时间条件允许，那么我们建议研制单位和申请人在这种情况下尽量多开展工程试验，待系统和软件达到稳定状态后再提交试验大纲。

不论在什么型号中，国内外研制单位都不可避免地会遇到第四种情况。如研制单位确信需要在这种情况下开展局方验证试验，我们给出一些建议供参考。其他几种情况下对下列目标的要求可以有所取舍：

(1) 被测软件应至少完成了绝大部分的软件生命周期目标。

(2) 被测软件的全部高级需求已经开发完成，并且与安全性有关的功能已经通过了验证。

(3) 被测软件至少完成了与安全性有关功能的集成测试。

(4) 被测软件与验证试验相关的功能已经完成低级需求设计。

（5）被测软件与验证试验相关的功能已经通过了软件测试。

（6）被测软件安装、加载和使用手册已经准备妥当。

（7）所有已编写的软件生命周期数据都已经处于构型管理和更改控制之下。

（8）对各阶段发现的软件问题已经建立了问题分析和报告机制。

对于以上各项活动已经完成了所需的质量保证活动，并且能够提交完整的记录。

7.7 供应商管理是符合性表明工作中的重要部分

无论是在型号或是 TSO 设备的设计活动中，申请人作为适航责任的主体，都应该对各级供应商、子供应商（也就是我们上面提到的“研制单位”）开展适当的监控，监控的目标包括软件研制是否满足 DO-178C 的要求以及实际执行情况是否符合已批准的计划。为此，在存在软件供应商和子供应商的情况下，申请人应建立监控计划和程序，以确保所有的供应商和子供应商符合适用于合格审定项目的所有规章、政策、指导材料、协议和标准的要求。上述计划和程序应该与软件审定计划一同提交审查部门批准。尤其是在提交批准的供应商管理计划中，申请人应该说明以下审查方所关注的问题：

（1）明确可见对于规章、政策、计划、标准和协议的符合性。计划应表明申请人将如何确保所有适用的规章、政策、计划、标准、问题纪要、安全合作计划和协调备忘录被传达给主供应商及子供应商，与之协调并要求其符合这些要求。

（2）集成（integration）管理。计划应表述系统各部分组件如何被集成，且谁将负责确认和验证软件和集成后的系统。计划应说明所有过程相关数据的确认与验证，包括需求管理，问题报告机制，标准的使用，更改影响，评审等。在计划中应写明以下内容：

a. 如何实现、管理和确认需求，包括安全性需求、衍生需求及对需求的更改。

b. 如何控制和批准设计。

c. 如何控制集成测试环境。

d. 如何控制软件的编译与发布过程（供应商和申请人发布策略的不同如何协调取得一致）。

e. 执行哪些支持合格审定需求的产品保证活动，且谁负责执行这些活动。

f. 申请人集成和验证系统的策略，包括基于需求的测试和结构覆盖分析。

(3) 委任代表的职责。计划应阐明委任代表有哪些人,他们的主要职责,与之对应的联络人,以及他们之间的活动如何协调和沟通,并说明谁将批准或推荐批准软件生命周期数据。

(4) 问题报告和解决措施。计划应建立一种跟踪问题报告的机制,描述问题在申请人和所有层级供应商之间如何报告。问题报告机制应确保问题能够被最终解决,且在构型管理系统中对报告与其导致的更改有所记录。计划同时应描述委任代表将如何对问题报告机制进行监控。

(5) 集成验证活动。对于所有层级供应商之间的集成验证活动,计划应阐明谁将负责确保此验证活动符合适用的指导材料要求,并描述委任代表将如何监控这些验证过程的执行。

(6) 构型管理。计划应描述用以辅助所有软件生命周期数据构型管理的程序和工具,且如何在所有子供应商之间保持构型的一致性,特别是对项目中可能存在的国外供应商。此外,与其他部分类似,委任代表将如何对构型管理进行监控也是构型管理的重点。

(7) 符合性证据和数据资料的保存。计划应描述申请人将如何确保所有供应商和子供应商为项目保存了所需的符合性数据,至少阐明以下合格审定数据:

a. 符合性证据。

b. 验证和确认数据。

c. 软件生命周期数据。

7.8 软件审定及其关注要点

在 DO-178B 基础之上,各国民航审定局方分别制定了各自的机载软件审定程序和要求体系。以美国民用航空局为例,软件适航评审可以采用多个介入阶段(stage of involvement, SOI)并通过现场审查和资料评审两种主要形式进行。

7.8.1 审查介入阶段

机载软件的合格审定过程可包括四个审定阶段,分别是软件计划评审(介入阶段 1,SOI#1)、软件开发评审(介入阶段 2,SOI#2)、软件验证评审(介入阶段 3,SOI#3)以及软件最终评审(介入阶段 4,SOI#4)。其中,按照 FAA 的规定,每个阶段的评审均可由审查代表或授权的委任代表执行。通常每个阶段评审耗费 2~4 天。所有的评审都可通过资料评审和现场评审或两者结合的方式进行。

需要注意的是，机载软件的合格审定阶段并不是一成不变的，会根据项目的具体情况增减。下面对这四个阶段的评审内容进行简要介绍。

1）软件计划阶段评审（SOI＃1）

该阶段主要完成以 PSAC 文件的批准为标志的一系列软件计划的评审工作。在此阶段，研制单位应基本完成软件计划阶段的各项工作（DO－178B 第 4 章所要求的过程和目标）。编写详细的软件审定计划还意味着能规范软件整个生命周期的其他计划和标准文件构成了一个有机的整体。审查人员从 PSAC 文件出发，应该在整个计划和标准文件体系中确定如果按照此计划执行，DO－178B 的全部目标以及系统对软件的各项要求。同时，计划阶段评审还将重点确认研制团队的过程保证执行情况。通过分析已开展的过程记录、内部评审和控制情况、构型管理情况以及质量保证情况获得关于研制团队当前过程执行情况的信心。

通常来说，计划阶段评审应该在系统审定计划中获批。在软件审定计划及相关计划和标准完成首轮正式编制，并且经研制单位和申请人内部审核发布后，计划阶段的评审才开始进行。

评审的数据包括如下几项：

（1）软件合格审定计划（PSAC）。

（2）软件开发计划（SDP）。

（3）软件验证计划（SVP）。

（4）软件构型管理计划（SCMP）。

（5）软件质量保证计划（SQAP）。

（6）计划的内部评审记录。

（7）软件需求、设计和编码标准。

（8）工具鉴定计划（如适用）。

（9）软件质量保证（software quality assurance，SQA）记录。

软件计划阶段的关注要点是：计划文件与 DO－178C 框架的符合性，适航策略的合理性，工具鉴定理由的充分性，附加考虑的全面性和合理性，供应商管理的可控程度及符合性。申请人在计划阶段应就项目的实际情况拟定合乎实际的、可行的计划，并佐之以充分的标准。对于软件项目存在多种软件的情况，特别是 COTS 软件和先前开发的软件（PDS），申请人应准确澄清其适航取证策略。同时由于审查方关注的一些特定问题，如非激活代码、外场可加载软件等典型问题，申请人应一并进行考虑。

2）软件开发阶段评审（SOI＃2）

考虑到软件开发过程的反复和迭代，很难要求研制单位在软件完成所有开发活动后再进行适航评审。软件开发阶段评审可在研制单位完成全部或大部分（FAA要求不少于50％）软件开发阶段的工作后开展。软件开发阶段评审将覆盖软件需求、软件设计、软件编码以及随之进行的构型管理、质量保证、验证和审定联络过程。审查人员不仅将检查过程的执行情况，也将对开发阶段的输出数据进行检查。

评审的数据包括如下几项：

（1）软件需求、设计和编码标准。

（2）软件需求数据。

（3）软件设计数据。

（4）源代码。

（5）对需求、设计和代码开展内部评审和分析的结论。

（6）问题报告。

（7）软件构型管理记录。

（8）软件质量保证记录。

软件开发阶段的关注要点是：以需求工程为核心的，检查软件高级需求与系统需求、软件低级需求及代码的追踪性。检查软件高级需求、软件架构、软件低级需求之间的验证记录。同时，还应注意划分性分析在开发阶段完成。衍生需求的安全性评估记录也是检查重点。在这个阶段，条目化的需求或者模型化的需求是否正确的分解了上层需求，并且正确地传递给下层需求是检查的重点。对于局方来说，沿着追踪性关系，以软件高级需求作为切入点，是开发阶段抽样的主要方法。

3）软件验证阶段评审（SOI＃3）

软件验证阶段评审应在研制单位完成全部或大部分（也不应少于50％）软件验证过程的工作后开展。与开发阶段评审一样，在此阶段评审时，审查人员不仅将要求研制单位提交证明材料以检查各相关过程的执行情况，也将对验证阶段的输出数据进行检查。

评审的数据包括如下几项：

（1）软件需求数据。

（2）详细设计数据。

（3）源代码。

(4) 目标代码。

(5) 软件验证用例和程序。

(6) 软件验证结论。

(7) 软件生命周期环境构型清单(包括测试环境)。

(8) 软件构型清单。

(9) 问题报告。

(10) 软件构型管理记录。

(11) 软件质量保证记录。

(12) 软件工具鉴定数据。

软件验证阶段的关注点：首先，以软件需求为切入点，检查软件高级需求的测试用例、测试规程、测试结果；检查软件低级需求的测试用例、测试规程和测试结果。其次，关注软件需求的测试覆盖和结构覆盖。再次，关注软件测试用例、规程和结果的验证结果(验证的验证)。最后，还有软件的特定分析，如性能分析、内存分析、最差时间路径分析、耦合分析等验证活动。

4) 软件最终阶段评审(SOI#4)

软件最终阶段评审将在软件研制全部过程均完成以后开展。此阶段将以软件完成综述(SAS)和软件构型索引(SCI)文件的批准为目标。审查人员将检查正式测试运行的结论和最终验证报告。同时，对SOI#1到SOI#3各阶段评审中的遗留项目进行清理和关闭。除某些特殊情况，如软件驻留在综合模块化航空电子(integrated modular avionics, IMA)中，最终阶段评审将确认当前软件产品及其研制过程完全满足了DO-178C的全部目标。

理论上，软件最终阶段评审完成后，将向相应的系统审查团队反馈软件实现相应系统研制目标的信息，并帮助系统审查人员得出最终审查结论。近些年来，随着系统架构的日益复杂，软硬件间、软件和系统间在许多阶段，特别是在验证阶段相互依赖。例如，某些软件性能测试或验证必须在系统装机以后才能完成。这些情况下，软件和系统审查结论的得出可能同时进行，甚至软件最终阶段评审结论可能需要等待系统审查的某些输入才能完成。

评审的数据包括：

(1) 软件验证结论。

(2) 软件生命周期环境构型索引。

(3) 软件构型索引。

(4) 问题报告。

(5) 软件构型管理记录。

(6) 软件质量保证记录。

(7) 软件完结综述(SAS)等。

软件总结阶段的主要关注点：全面检查软件研制活动的完成情况，在此间对计划与标准的偏离情况，未关闭的开口问题及其理由，工具鉴定的遗留问题等。确认所有的生命周期数据已经完成。

7.8.2 介入程度

对标准中要求的全部生命周期过程及其所有的目标开展全面的审查是一件繁重的工作，并且大部分机载软件项目研制周期较长，纵使仅仅开展上面所提到的四个审查阶段评审也是相当耗时耗力的。在各国审查人员人力有限的情况下，通常符合性检查工作分为两部分进行。一部分是研制单位或申请人根据DO-178C的目标开展全面的内部符合性判断和评价；另一部分将是由审查人员对上述符合性评价结论和依据进行抽查。既然存在抽查，就必然涉及抽查的比例问题。一般来说，对软件生命周期符合性的局方检查将重点针对高级别的软件项目、采用特殊方法和特殊设计的软件，以及经验相对比较欠缺的研制单位进行。一般来说，介入程度并不是一个具体的数字，而是在阶段性审查过程的基础上提供了确定审查人员应何时、何种深度、从哪些方面介入评估软件符合性的准则。以下是FAA确定审查介入程度时考虑的依据，不同国家审查部门确定介入程度的方法较为相似，但也会有不同的重点关注问题。

(1) 申请人/研制单位软件合格审定经验，包括如下内容：

a. 申请人和研制单位开发民机和民机产品的经验。

b. 实施DO-178C的经验。

c. 或者类似软件标准的应用经验。

(2) 申请人/研制单位的软件开发能力，包括如下内容：

a. 是否长期从事DO-178C软件的研制。

b. 合作态度和资源的投入情况。

c. 供应商管理的能力。

d. 是否有类似能力成熟度模型集成(capability maturity model integration, CMMI)的软件能力成熟度管理或其他软件工程经验。

e. 团队成员的培训与能力状况。

(3) 申请人/研制单位软件产品的服务历史记录，包括如下内容：

a. 目前已发现的产品软件缺陷率。

b. 公司管理层对审定工作的支持情况。

c. 历史项目中开展的质量保证和构型管理情况。

d. 公司运营的稳定性。

e. 先前项目合格审定成功经验。

(4) 当前系统和软件的情况,包括如下内容:

a. 系统架构、功能和接口的复杂程度。

b. 软件的复杂程度和安全特性。

c. 新颖独特的设计和技术的使用情况。

d. 软件开发和验证环境的复杂程度。

e. 替代性方法的使用和额外考虑等。

可见,软件审定介入程度不仅考虑当前项目的情况,也会参考研制部门的能力水平以及历史项目中接受审定的综合情况。申请人和研制单位在审定项目中以公开合作的态度配合局方将有助于审查人员对研制状况取得更多的信任度。

7.9 变更影响分析及证后更改

软件的变更可能发生在型号合格证取证前,也可能发生在型号合格证取证后。取证前的变更按照软件构型管理要求中的问题报告机制或者变更控制机制进行执行即可,但是取证后的变更则需要提供专门的变更影响分析报告。这种变更影响分析报告一般从系统级开始,或者需要论述对于系统功能的影响及可接受性。变更影响分析报告主要从变更的分类和变更分析的维度等方面进行影响分析。变更的分类总体可分为软件小改和软件大改,这种分类影响的是审查方的介入程度。软件大改和软件小改的定义可由申请人自行进行划分,或者进行更细致分类的定义。在经过审查方同意后,软件大改和小改的实施批准可由委任人员或者审查代表进行桌面审查或者现场审查。

变更影响分析的维度主要从追踪性、软件/系统需求、设计、代码、测试、存储与时序、耦合分析、接口、划分性、研制环境、人机工效、软件维护等方面着眼。通过这些影响分析确定软件整体角度的功能与性能的变化、对上级系统或设备的影响、对持续适航的影响及变更本身带来的重新验证范围等相对全面的结论。其中最为关键的是对安全性和系统操作的影响。这些影响体现在如下方面:

(1) 造成功能及其失效条件的变化。

(2) 造成软件等级的变化。

(3) 造成系统架构的变化。

(4) 安全性需求及安全裕度的变化。

(5) 飞机的操作或者适航特征的变化。

(6) 机组的操作程序或者负荷发生变化。

(7) 飞机态势感知和告警发生变化。

(8) 安装的需求发生变化。

(9) 设备互换性及维护发生变化。

(10) 新的功能对其他功能发生影响。

(11) 新的功能对软件所驻留的硬件发生影响的情况也必须得到重视。

证后更改的实施一般首先要确保遵循系统级的要求或者获取系统级的认可。其次,软件层面认定的大小并不代表系统层面具有相同的结论,避免类似蝴蝶效应的现象。简言之,系统层面的变更影响大小并不总是与软件层面的变更影响分析结论一致。

证后更改的实施一般需求申请人拟定评估办法及实施步骤,这些方法和步骤一般情况要得到审查方的批准方能应用于证后更改。

7.10 先前开发软件与先前鉴定工具

对于新研制的软件或者新研制的工具,申请人必须展示全面的证据表明对于 DO-178C 和 DO-330 的符合性。但是对于已经具有在其他型号上合格审定的软件或者工具,则应尽量复用先前的型号批准证据,证明软件或工具已经取得相应的置信度。

对于先前开发软件,首先,必须在中国局方的已审定的国内型号或者认可的国外型号上得到批准。其次,对于先前开发软件所有人发生转移的情况,现在的先前开发软件所有者必须拥有全部的先前开发软件生命周期数据。再次,先前开发软件与系统或者设备需求的追踪性关系必须满足 DO-178C 的要求。最后,先前开发软件发生更改的情况必须给出相应的评估报告(可参考证后软件的变更影响分析),说明变更范围,重新验证的情况说明。

先前鉴定工具,必须在工具的预期输入和输出的预期用途没有发生变化的情况下才能认定。按照 DO-330 的观点,工具鉴定一般在工具开发者和工具使用者的共同努力下,方能完整表明对于 DO-330 的符合性。这涉及软件合格审定计划、工具鉴定计划、工具操作需求的定义、工具操作集成、工具操作验证与确认活动等一系列与具体用户相关的数据。对于某些专用工具,工具的用户对工具的预期用途和使用方式差别不大，工具鉴定的工作比较雷同，此时工具用户即软件供应商可申请使用先前鉴定工具的鉴定策略。对于某些商用工具，工具用户必须保证审查方可以接近工具鉴定数据，还必须保证工具开发者的维护和缺陷风险提示可以及时获取。

不管是 PDS 还是先前鉴定工具，其本身的服务历史记录，都是其置信度的一部分。不管是继续改善的目的还是基于取得置信度的目的，这些服务历史记录申请人都应该注意搜集和保存。

7.11 重视软件构型管理工作

软件构型管理是一个重要的话题。软件研制过程是一个不断迭代打磨的过程，这个过程不可避免会发生回滚。软件研制过程也是一个充分利用人力资源和时间资源的过程，如何保证管理层对于软件项目的监控和管理，需要软件项目提供充分的实时的数据。软件产品可能面向的不单是一家客户，不同的软件产品版本意味着不同的维护和支持方案和资源。软件项目日益增多，如何最大化地利用软件项目的积累和沉淀，是提高软件研制效率降低成本的难点问题。以上提到的种种问题，都需要良好的构型管理活动给出答案。

DO－178C 给出的构型管理要求是一种抽象的目标，在构型管理的具体实施过程中需要申请人建立严格规范的构型管理体系，以满足公司级、组织级不管是系统层面还是软硬件层面的综合化解决方案。

现在软件构型管理大多依据于专业的工具，这些工具大致可分为两大类，一类是库管理工具，另一类的流程管理工具。库管理工具以面向不同用户，实施不同变更措施的角度划分为开发库、受控库和产品库。流程管理工具则用于这三类库中的数据状态迁移所必需的开发、验证、签批，以及升版、成熟度升级等流程性活动。

不管是何种工具，必须在构型管理体系的约束下运行。构型管理工具的应用及流程定制严重依赖于人。不管是普通的软件研制人员还是专职的构型管理团队都必须在构型管理体系的管控下操作工具。

不管何种工具或者何种构型管理的流程，构型管理的目标都是一样的，即以管控清晰的数据对象，根据数据对象的重要程度进行不同严苛程度的管控，保证数据的可回溯性，保证数据的检索和备份。换言之，对于构型管理这样应用广泛的支持过程或者管理过程，其用于长时间、大范围、多人员参与的机载软件开发将起到举足轻重的作用。

7.12 重视软件质量保证工作

质量保证工作的实施目的是保证软件过程和产品符合相应的目标、规则、需求和计划。所以软件质量保证人员在软件质量保证活动中应该从这两个方面着手。DO－178C 在软件质量目标的要求非常抽象，给出的指南不足以支撑申请人的具体实施。质量保证的实施比较多的现象是缺乏框架性描述，缺乏指向性的计划性方案，从而在实施过程中挂一漏万，或者空有其表。

质量保证应该从流程和产品对计划和标准的符合性上着眼，并有针对性地采用各种评审、目击、审计、核查等手段对所有计划、开发、综合的过程进行监督和管控。因此，质量保证一般要求具有组织上的独立性，以保证其做到客观和公正。由于质量保证活动与构型管理活动类似，都是紧密融合在软件研制过程中的整体类过程，因此在实际执行过程中质量保证还要定义清楚各种质量保证手段触发或者启动的时机。

质量保证手段，在设置时要能够覆盖对于计划中规划的活动、活动产物质量的检查、阶段任务评审、必要资源、人力素质、环境设备的检查。这样质量保证活动才能充分保证项目按照既定的计划和规则开展。

质量保证并不要求所有的软件研制过程或者活动都要介入，其实施具有抽样性质，但是这种抽样的多少一定要与其质量问题相挂钩。

7.13 工具不是万能的解药

工具确实在机载软件的研制中起到了举足轻重的作用。不管是项目管理工具，或是开发使用的集成开发环境，还是花样繁多的软件测试工具。这些工具支撑着机载软件研制的方方面面。但是工具走向工程，工程走向适航还差得很远。使用工具进行原理性和实验性的开发是可以的，但是如果认为工具的存在或者采购就足以解决机载软件研制所面临的适航要求，那么这种想法难免过于简单。

首先，工具本身只是一个载体，就如同一张白纸或一套办公软件，工具的存在并不能告诉软件研制单位如何构建合理的正确的内容。诸如常见的需求管理工具，需求的条目化管理并不只是逐条地进行需求的编制，而是要综合考虑需求的属性及其用意，综合考虑需求内容的完整性。

其次，对工具要做到知己知彼。例如集成开发环境，集成开发环境毕竟在目前这个时代，已经为开发者提供巨大的便利，各种各样的模块层出不穷。适航所要求的生命周期数据必须全部受控于开发者，集成开发环境恰恰为了开发的便利，隐藏了很多的细节。

再次，工具本身有局限的能力。典型如同代码规则检查工具，这些工具往往声明能够检查现成的工业标准。在现实情况中，这类工具往往会有误报或漏报的情况存在。代码规则实际案例往往非常多，工具本身在研发时并不能完全考虑现实用户所面对的非典型情况。

最后，工具本身并不能和软件研制规程或者方法完全匹配，尚需要大量的人为活动用以衔接和弥补工具所不能解决的环节。

所以软件研制单位对于适航的考虑，需要整体布局和综合评估，并不总能通过采购工具而寻找到解药。

7.14　本章小结

以上几章我们从 DO－178C 的目标出发，对机载软件研制生命周期过程的活动、角色、数据三个要素进行了剖析。DO－178C 的确为我们提供了一套完整的软件研制过程及其框架，但读懂标准只是我们在掌握和运用这些技术过程中的一小步。在现实的机载软件研制项目中，项目人员无法直接按照这些要求进行软件的开发。实际项目中所需的信息则详细的多，比如项目组具体分为哪几个团队、高级需求由哪些文件组成、高级需求文件由哪个项目团队负责完成、哪个团队负责评审高级需求等。这些具体的过程步骤设定通常会在 DO－178C 框架下，根据项目团队人员构成情况，特定技术的使用，成本和进度要求等确定。

8　DO－178C 与相关工业标准关系分析

软件作为整个机载系统的一部分，其开发过程不可能脱离硬件而独立存在。飞机和机载系统的研制工作是系统工程、软硬件研制工程组成的，各个过程相互依存。我们应该看到，DO－178C 作为软件适航的标准，其间有多处章节建议使用者参考相关其他标准。一方面 DO－178C 本身也借鉴了其他标准的思想和方法；另一方面，DO－178C 的提出和使用经验也对其他标准的制定提供了参考。我们认为掌握理解机载软件适航标准的同时很有必要对相关的工业标准进行了解。因此，本章简要介绍与现代机载系统安全性设计与评估关系最为密切的一组指南材料，包括 ARP 4754A、APR 4761、DO－254、DO－248B、DO－278 以及 DO－330，这一组标准的总体性关系如图 8.1 所示。通过简要介绍这些标准的

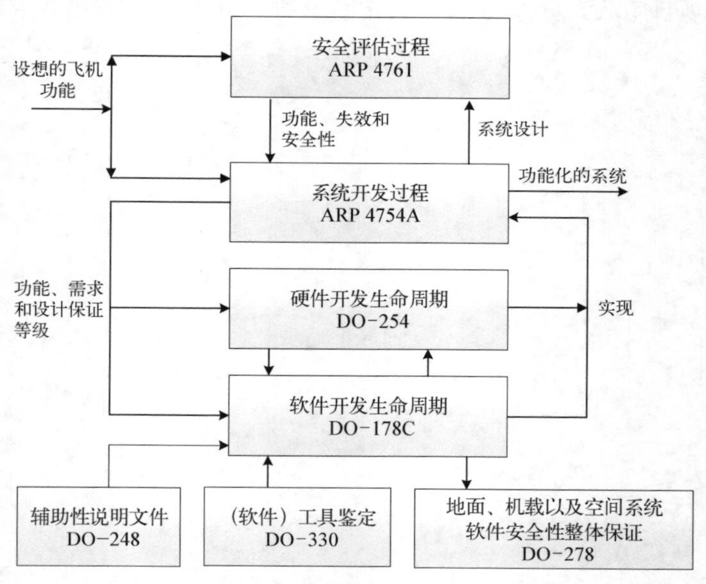

图 8.1　总体性关系示意图

内容,分析其与 DO-178C 的关系并指明标准间需要配合使用的部分,使读者能够对 DO178C 有一个更为清晰、准确和详尽的理解。

8.1 ARP 4754A(民用飞机和系统开发指南)

8.1.1 标准简介

ARP 4754A(Certification Considerations for Highly-Integrated or Complex Aircraft Systems)是1996年9月由 SAE 发布的文件,用于对安装在航空器上的高度综合或复杂系统(特别是那些包含重要软件元素的系统)的审定提供指导。其中,"高度综合"指那种具有或关系到多个飞机级(aircraft-level)功能的航空器系统,而"复杂"则指那些逻辑结构需要借助于分析方法,而不能仅仅靠测试就能保证其安全性的系统。该标准主要关注的是航空器整体运行环境以及功能实现的安全性问题,以确保安全性在航空器设计和运行维护阶段均得到确实的贯彻。

如今世界各国对于航空器的频繁使用极大地增强了系统功能和接口的复杂性(如玻璃驾驶舱综合显示系统、飞行控制、飞行管理、危险回避、通信管理等系统)。对这些复杂系统,仅用试验的方法已不能覆盖所有安全相关的问题。现代复杂系统、子系统及其相关设备的输入量很多,所以不能由试验验证所有的输出结果。为此,在航空工业界的一致推崇下制定了本文件,目的是有组织地实施复杂系统和高度综合系统的研制过程。标准制定的初衷是针对具有复杂和高度集成特性的航空电子设备系统,但一些相关权威机构如 FAA 和 EASA 在标准发布之后相继认识到,ARP 4754 也可应用于引擎系统或其他航空器系统。不仅如此,该标准除了可用于民用飞机的审定,也同样适用于其他种类航空器的审定。目前,该标准的权威性已经得到业界普遍认可。

ARP 4754A 提供给设计者、供应商、主制造商以及审定机构一套国际通用的基本准则,这些准则可以证明高度综合或复杂系统满足适航需求。该标准在制定时参照了 FAA 发布的联邦航空条例(Federal Aviation Regulations, FAR)以及 JAA 发布的欧洲联合航空条例(Joint Aviation Requirements, JAR)的部分内容,面向实现飞机级功能的整个系统生命周期,不包括对某个特定系统的细节性说明,也不包括与整体安全性实现不直接相关的软硬件设计过程。因此,推荐与 SAE ARP 4761 配合使用,并由其他民航标准(例如 RTCA DO-178 和 DO-254)来提供诸如软件设计、硬件设计等细节上的支持。

ARP 4754A 提供的方法可以为高度综合或复杂的航空器系统的子系统、设备、硬件、软件、零部件等分配需求。标准规定，对高度综合或复杂系统的合格审定需要考虑的问题如下：

(1) 制定需求。

(2) 分配需求。

(3) 考虑架构。

(4) 综合。

(5) 安全评估过程(高层级的)。

(6) 确定具体系统的设计保证等级(design assurance level，DAL)。

(7) 确认需求(完整性和正确性)。

(8) 设计、实施和验证等情况考虑。

每个系统研发过程可能由多个分项(item)研发过程组成，而每个分项研发过程中又可能交织着多个软件生命周期和硬件生命周期。有一些特定的过程需要多次重复，以支持研发活动的进行。大多数实际系统研发过程包含很多重复的周期，这些周期的区别主要只在于周期开始的切入点不同：对于一个全新的飞机，研制过程开始于顶级(top-level)需求定义；而如果要改装现有航空器增加功能，那么可能要从一个特定的设备切入。

航空器开发周期的顶级过程主要是航空器功能及其相关需求的确认。其中，航空器功能包括功能性接口及其相应的安全性需求：安全性需求指能够保证功能实施的正确性与持续性的最低要求，应该通过一个与研发过程相配合的功能性风险评估来确定；功能性需求则指需要航空器拥有某些特定功能所必备的要求；除了上述两类需求以外，还有附加审定需求，由相关机构根据适航规章(regulations)来制定和核准。另外，在研发活动的每一阶段，为了将高级需求具体化而在设计过程中产生的需求，称为衍生需求。在相应的研发阶段，衍生需求应当与其他需求同等对待。

高度综合及复杂系统更容易出现(由于需求定义错误或设计错误所引起的)研发错误以及不期望出现的结果。然而，研发一套针对高度综合及复杂系统、能够确实地证明不存在研发错误的测试方法又显然无法实现。由于这些研发错误不是确定性的，因此无法用数学方法来定量描述，只能寻求定性的手段和方法来确保系统能够满足安全性需求。为此，ARP 4754 引入了系统研制保证(development assurance)的概念，作为一种审定方法。

研制保证是一个包含具体计划和系统性活动的过程，用于证明在需求和设计中出现的错误或冗余已经被识别并纠正过来,从而使系统满足审定要求。系统及分项的研制保证等级与其需要实现的飞机级功能相关,依据相应失效条件的类别确定。在 ARP 4754 中,系统研制保证等级被依次分为 A、B、C、D、E 五级,如表 8.1 所示。

表 8.1 系统研制保证等级

失效条件	系统研制保证等级
灾难性的	A
危险的	B
重要的	C
次要的	D
无影响的	E

此外,ARP 4754 为审定计划及其数据的选择以及审定项目间的协调提供了一定的指导性说明。针对高度综合及复杂系统,ARP 4754 中建议制定的合格审定文件如下:

(1) 合格审定计划、研制计划、构架及其设计、需求、确认需求的计划、验证设计符合需求的计划、构型管理计划、过程保证计划。

(2) 构型(配置)索引、功能危险性分析、初步系统安全性评估、系统安全性评估、共因分析、确认需求的资料、验证设计符合要求的计划。

(3) 构型管理证据、过程保证证据、合格审定综述。

其中,与 DO-178C 的要求类似,合格审定计划、构型索引和合格审定综述是必须提交给局方的资料。申请人应该编制上述所有资料,有些资料可能需要供应商编制。对于需要供应商编制的资料,局方可根据具体情况要求其提供与否。

2010 年 12 月,SAE 发布了 ARP 4754 的新版本 ARP 4754A,文件标题更改为民用航空器及其系统发展指南(Guidelines for Development of Civil Aircraft and Systems)。在修订时,充分考虑了 ARP 4754 在业界的使用情况,在原有基础上进行了必要的强调、扩展和补充。和 ARP 4754 相比,ARP 4754A 加强了对 ARP 4754/ED-79 与 ARP 4761、DO-178B/ED-12B,以及 DO-254/ED-80 之间关联的叙述和说明,明确指出这些标准间的不一致之处,并予以适当的处理和解释。另一主要变化是,ARP 4754A 扩展了原有设计保证的概念,对于研制保证这一概念的使用进行了规范化,引入了航空器和系统功能研制保证等级(function development assurance level, FDAL)的概念,将原本“设计保证等级”(DAL)的概念重新命名为“项目研制保证等级”(item development assurance level, IDAL)。

8.1.2 与 DO-178C 的关系

ARP 4754A 与 DO-178C 分别对应于航空系统的系统生命周期和软件生命周期,两者间的联系主要体现于软件开发过程的起始,主要可以概括为以下两个方面:

(1) ARP 4754A 确定软件设计安全等级。

ARP 4754 中提出,定义与安全性相关或防止失效条件发生的需求时,至少应当保证系统研发层面与分配到软硬件研发层面的需求之间的可追溯性,由系统研制保证等级来决定与之相关的软件设计等级。这样才能确保安全性需求在进行软硬件设计层面的活动时是清晰明确的。

(2) ARP 4754A 从系统级角度对软件需求的确定予以指导。

ARP 4754A 对于如何确定飞机及系统级功能性和安全性需求进行了说明,并提供了将飞机及系统级需求转化为软件需求的指导,提出系统级需求中与软件相关的每一个目标都应当通过相应的软件组件一一实现。亦即说,DO-178C 中软件高级需求的确定需要以 ARP 4754A 中所规定的系统需求作为输入信息。

在使用者应用时,由 ARP 4754A 的指导转向 DO-178C 的指导时,需要由 ARP 4754A 提供给 DO-178C,作为其输入信息的信息如下:

(1) 分配给软件的需求。

(2) 对于每个需求相应的研制保证等级,以及与之相关的失效条件的描述。

(3) 软件接口描述。

(4) 设计限制,包括功能独立性(functional isolation)、分离性(separation)以及分块实现的需求(partitioning requirements)。

(5) 需要在软件研发层面上所进行的系统验证活动(如果有的话)。

(6) 需要在软件研发层面上所进行的系统确认活动。

另外,需要由 DO-178C 提交以支持系统研发活动和过程的信息如下:

(1) 对于分配给软件的需求及其衍生需求的实施情况的描述。

(2) 经过初步系统级安全性评估(preliminary system safety assessment, PSSA),认为其与系统需求相悖的软件需求和(系统及软件的)衍生需求。

(3) 对于系统架构实施情况的描述，包括独立性的实现和容错能力的描述。

(4) 达到相应研制保证等级的证据，包括所有通过工具来实现的保证证据。

(5) 已经在软件研发层面进行了的系统级需求验证活动(如果有的话)的证据。

(6) 已经在软件研发层面进行了的系统级需求确认活动的证据。

(7) 经过PSSA，认为其与系统需求相悖、可能会影响到系统级需求的问题或变更报告。

图8.2给出了系统开发过程和软件开发过程的衔接示意，图8.3是系统开发(ARP 4754A)、软件开发(DO-178C)与硬件开发(DO-254)过程间的信息流。

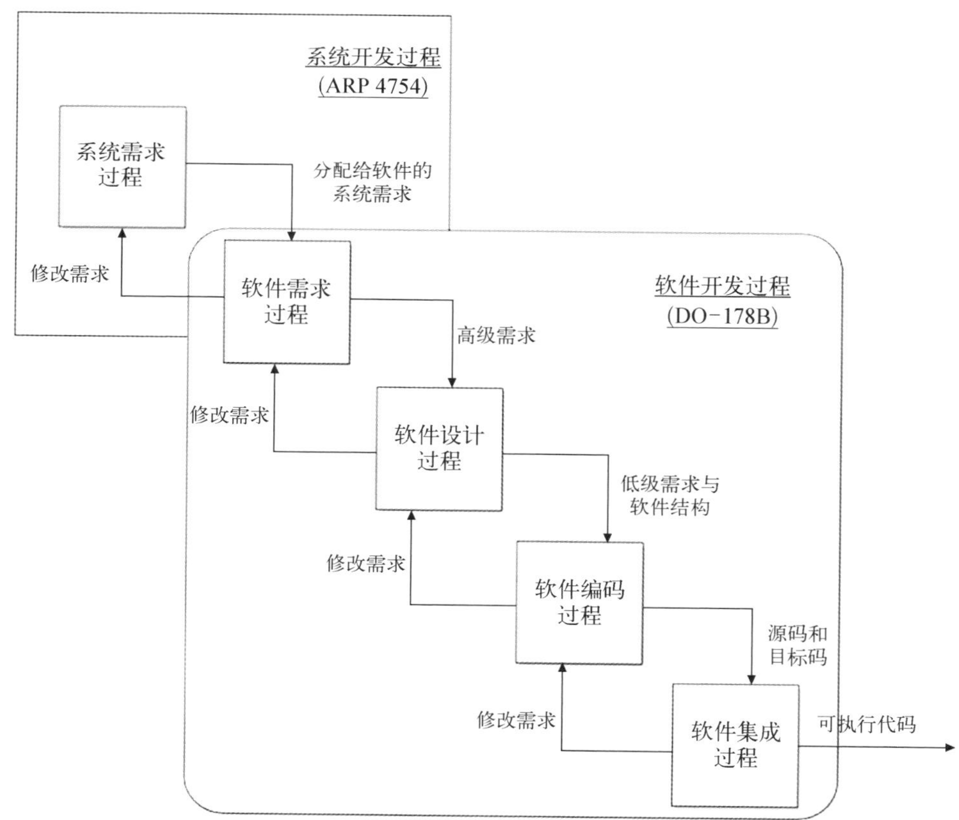

图8.2 系统开发过程和软件开发过程的衔接示意

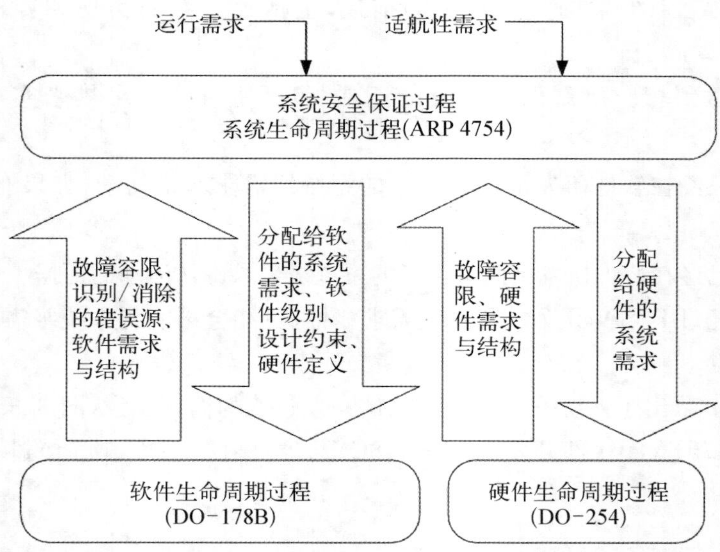

图 8.3 ARP 4754A、DO-178C 与 DO-254 过程间的信息流

8.2 ARP 4761(民用机载系统和设备安全性评估过程的指南和方法)

8.2.1 标准简介

ARP 4761 (Guidelines and Methods for Conducting the Safety Assessment Process on Civil Airborne Systems and Equipment) 是 1996 年 12 月由 SAE 发布的文件,用于提供民用航空器安全性评估的指导和方法。

ARP 4761 中规定了民用航空器及其相关系统和设备的安全性评估的典型活动、方法及需要。该标准提出的评估体系由功能危害评估(functional hazard assessment, FHA)、PSSA 以及系统安全性评估(system safety assessment, SSA)三个部分构成,具体如图 8.4 所示。用于安全性评估的安全分析工具如下:

(1) 故障树分析(FTA)。

(2) 依赖图(dependence diagram, DD)。

(3) 马尔可夫分析法(Markov analysis, MA)。

(4) 失效模式与影响分析(failure modes and effect analysis, FMEA)。

(5) 失效模式与影响总结(failure modes and effects summary, FMES)。

(6) 共因分析(common cause analysis, CCA)。

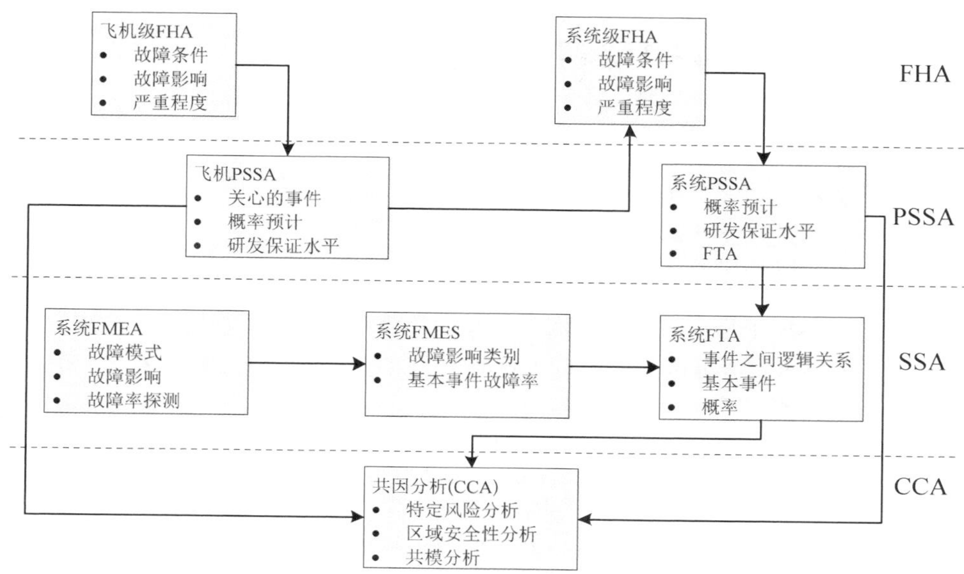

图 8.4　ARP 4761 中的安全性评估过程

ARP 4761 提出飞机级安全评估的概念，并给出(在整机运行环境下的)评估方法。整个安全性评估过程如图 8.4 所示。系统研发实际上是一个反复迭代的过程，而安全性评估过程就是这个过程中的一部分。安全性评估过程从概念设计开始，并由此产生相应的需求。在设计过程中可能发生一些改变和调整，调整后的设计需要再次进行评估，并可能产生新的设计需求，而这些新的需求可能成为后续设计调整的原因。直到当设计通过验证表明满足安全性需求后，安全性评估过程结束。

在航空器/系统研发生命周期的初始，首先应当进行功能危害评估，明确与航空器单个功能或联合性功能相关的失效条件，并对其进行分类。经过设计过程将飞机级功能分配到各个系统，通过 FHA 过程对每个承担多个飞机级功能的系统进行重复检验，评估结果的输出作为启动 PSSA 的信号点。PSSA 是一个系统性的检验的过程，用于明确所提出的系统架构如何能引起由之前功能危害评估所确定的功能危害。SSA 是一个系统性的、复杂的评价过程，用于证明系统能够满足由 FHA 所提出的安全目标以及 PSSA 所产生的安全性需求。

ARP 4761 的突出特点如下：

(1) 更加正式地对共因分析进行解释，提出共因分析包括区域安全分析(zonal safety analysis, ZSA)、特殊风险分析(particular risks analysis, PRA)及共模分析(common mode analysis，CMA)三个部分。

(2) 飞机级功能危害性评估(FHA)。

(3) 初步系统安全性评估(PSSA)。

(4) 提供一个在设计过程的早期阶段更加系统化地评估安全性的方法，以尽量避免研发计划即将结束时出现难以处理的突发状况。

(5) 故障树分析(FTA)。

(6) 基于每飞行小时的故障条件概率的计算；对于特定型号的飞机，用计算概率的结果除以平均飞行时间来确定每飞行小时的概率。

(7) 解决潜在故障的暴露时间和受监控故障的其他情况(对带有监控器故障的考虑)。

需要说明的是，到目前为止，ARP 4761 中所介绍的技术尚没有被制造商全部采用，这需要随时间逐步实现和执行。此外，标准也指出，如果满足了安全性评估的目的，那么在对有关内容进行附加分析后，旧的方法也是可接受的。

8.2.2 与 DO - 178C 的关系

ARP 4761 与 DO - 178C 虽然没有直接的关联关系，但是实际上，ARP 4754A 中提出的与安全性相关的飞机级或系统级需求，需要通过 ARP 4761 的指导来确定，然后再将这些需求相应的分配到软件或硬件分项层面进行实现。因此可以说，ARP 4761 通过 ARP 4754 与 DO - 178C 建立了间接性的联系。特别地，在 ARP 4761 中明确提出与软件开发相关的内容主要有以下三处：

(1) ARP 4761 中提出的 FTA/DD/MA 方法可以用于：

a. 在 PSSA 过程中确定软硬件的研制保证等级。

b. 提供一种形象的辅助手段来定性地描述与顶级事件失效条件分类相关的软件的重要性。

(2) 嵌入式软件应当在某些系统或分系统的 FTA/DD/MA 中进行定性分析，以便能够为复杂系统提供足够的软件安全保证，特别是对于以下系统：

a. (通过硬件或者其他软件)为软件错误提供失效-安全(fail-safe)保护的系统或分系统。

b. 有软件为硬件错误或故障提供失效-安全保护的系统或分系统。

c. 有软件为潜在的硬件故障提供保护的系统或分系统。

(3) 当故障树中包含了软件时，应当清楚地建立顶级危险与特定的软件功能异常间存在的关系，并且明确受影响的功能有哪些以及这些功能是如何受到影响的。应当根据与特定的软件功能异常相关的潜在因素，来采取特定的保护策略，例如软件或硬件或两者共同的架构机制（architectural mechanisms），或者特别的验证活动。但是，读者尤其需要注意，在FTA方法进行定量分析时，所考虑的失效概率是系统和组件的随机失效。与软件错误不同，软件错误的发生源自设计缺陷或设计错误，但是与其错误发生的机理并不是一种概率事件。因此无法在FTA方法中用概率或条件概率对其进行描述。因此，在FTA方法中通过分析对软件研制保证提出要求，而其符合性方法都应该以通过研制保证来避免软件错误的形式来表述。

8.3　DO－254（机载电子硬件的设计保证指南）

8.3.1　标准简介

DO－254由RTCA于2000年制订，它借鉴软件领域的成功实践，定义了航空电子领域复杂硬件的设计规范。该标准用于在航空设备设计中配置计算机硬件时，为开发人员、安装人员和用户建立一套硬件配置指南，提供质量保证准则，以确保复杂机载硬件设备的可靠性。

随着现代科学技术的发展，特别是电子科学方面的技术革新，许多复杂的电子硬件如可编程逻辑器件（PLD）、现场可编程门阵列（FPGA）和专用集成电路（ASIC）等被应用到航空器的关键部位中。这些可编程电子器件中的逻辑与软件逻辑存在相似性，其失效形式以设计错误为主。这为航空器的安全及其审定带来了新的挑战，即航空器功能对由硬件设计错误导致的负面影响越来越敏感，而这些设计错误却因硬件复杂度的提高越来越难以控制。为了尽量降低这些错误及其所引发的飞机安全风险，需要制定一个关于复杂硬件研制过程控制的文件，来统一工业界和适航当局的要求，这就是DO－254出台的背景。

DO－254采用了工业界现有的成熟技术，提出了关于复杂硬件设计保证过程的指南，其目的是确保能够更有效和可靠地排除硬件设计的潜在错误，以防止系统研制风险的增大，其突出特点如下：

（1）定义了硬件保证等级的概念。

（2）为满足研制保证等级需要的设计保证活动提供指导。值得注意的是，为满足DAL所进行的活动比如何进行细节设计更为重要。

（3）对满足研制保证等级需要的过程来说，允许对其进行的选择存在灵活性，以使新的过程技术变得更有效。

(4) 指出标准规定的方法并非唯一的设计保证方法，其他的方法或程序在进行评估并得到适航当局认可后也可以采用，且评估估计应建立在对使用规章的符合性上。

(5) 以电子硬件实施的系统功能为基础自上而下地进行观察，而不是以实施功能所使用的具体硬件为基础自下而上地观察。自上而下的方法在关注由系统和硬件设计决策造成的设计错误方面及有效验证过程方面更加有效。硬件的设计保证过程始于系统设计，其与系统功能的分配和系统级研制保证等级存在一一的对应关系。

DO-254 主要包括以下几方面的内容：

1) 硬件设计生命周期

DO-254 所定义的这一硬件设计生命周期，既适用于新系统或设备的开发，也可用于对现有系统或设备的改进。根据项目特性，如需求的稳定性、硬件设计的保证水平等，来选择和安排该项目的过程，最终形成完整的生命周期。硬件设计生命周期包括了下面几个过程：

(1) 计划过程。为项目定义并协调硬件设计的活动和支持过程。

(2) 硬件设计过程。生成设计数据还有产生的硬件项目(item)，该过程可进一步细分为：

a. 需求获取过程：用来确定和记录硬件项目需要，包括由预期的硬件架构、工艺选择、基本和可选功能、环境和性能需求所带来的衍生需求以及由系统安全评估附加的需求。

b. 概念设计过程：形成一个高层设计概念通过对这一概念的评估，以确定最终设计实现符合需求的可能性，并定义硬件的体系结构。

c. 详细设计过程：使硬件项目需求和概念设计信息作为详细设计的基础，得出详细设计数据。

d. 硬件设计实施过程：利用硬件详细设计数据形成硬件。

e. 产品转换过程：采用来自硬件设计实现和验证过程的输出，将产品转入生产。

(3) 支持过程。产生硬件设计生命周期数据，这些数据保证硬件设计生命周期与其输出的控制和正确性。支持的过程包括如下几个：

a. 确认过程：保证系统安全性分析过程分配到硬件所对应的衍生需求的正确性和完整性。

b. 验证过程：保证硬件实现满足所有的需求(包括衍生需求)。

c. 构型管理过程：提供能够持续更替的构型项，再现必要的数据和产品，在必须更改时控制构型项的更改。

d. 过程保证过程：确保了开发活动按照计划进行，使生命周期目标得到实现，对偏离的时间进行标识。

e. 审定联系过程：确保在整个硬件设计生命周期内，申请人与局方之间能通畅的交流。

2）硬件设计生命周期数据

这些数据产生于整个硬件设计生命周期中，为设计保证和审定需求的完成提供证明。具体包括如下内容：

（1）硬件计划，包括了硬件审定特点的计划、硬件设计计划、硬件确认计划、硬件验证计划、硬件配置管理计划、硬件过程保证计划。

（2）硬件设计标准和指导，包括需求标准、硬件设计标准、确认和验证标准、硬件实现标准。

（3）硬件设计数据，包括硬件需求、硬件设计数据。

（4）确认和验证数据，包括可追溯性数据、检查与分析流程、检查与分析结果、测试流程、测试结果。

（5）硬件可接受(acceptance)测试准则。

（6）问题报告。

（7）硬件配置管理记录。

（8）硬件过程保证记录。

（9）硬件完成总结。

3）附加考虑

附加考虑的内容如下：

(1)先前已开发的硬件的使用。

（2）商用货架成品部件的使用。

（3）产品服务经验。

（4）工具评估与鉴定。

8.3.2　与DO－178C的关系

DO－254可以说是DO－178C在硬件方面的对应标准，两个标准的基本结构大致相同，生命周期过程的组成类似，而具体过程则针对软硬件的特点而不同。

DO－254中规定的硬件保证等级与DO－178C中规定的软件等级均要依

据 ARP 4754A 所规定系统研制保证等级来确定，其对应关系如表 8.2 所示。

表 8.2 失效条件分类、系统研制保证等级、软件等级定义与硬件保证等级的对应关系

失效条件分类	系统研制保证等级	软件等级定义	硬件设计保证等级定义
灾难性的	A 级	A 级：详细定义说明见表 3.1	A 级：经过硬件安全性评估，硬件功能异常将导致系统功能异常并引发灾难性的航空器失效
危险的	B 级	B 级：详细定义说明见表 3.1	B 级：经过硬件安全性评估，硬件功能异常将导致系统功能异常并引发危险的航空器失效
重要的	C 级	C 级：详细定义说明见表 3.1	C 级：经过硬件安全性评估，硬件功能异常将导致系统功能异常并引发重要的航空器失效
次要的	D 级	D 级：详细定义说明见表 3.1	D 级：经过硬件安全性评估，硬件功能异常将导致系统功能异常并引发次要的航空器失效
无影响的	E 级	E 级：详细定义说明见表 3.1	E 级：经过硬件安全性评估，硬件功能异常将不会引发任何系统功能异常或失效

DO－254 与 DO－178C 的文档结构与主要内容对比如图 8.5 所示。从图中可以发现，无论是软件还是硬件开发，都要首先执行计划过程。其次是产品的研制，硬件设计过程、软件开发过程。再次，分别由（硬件）支持过程和（软件）综合过程所支持，以确保所研制产品的能够满足安全性、功能性等要求。在这两组过程中，执行的具体过程也是相类似的。最后，DO－254 和 DO－178C 两个标准在附加考虑中，都对工具鉴定进行了相应的规定。

需要注意的是，虽然两个标准的内容从结构上来看高度一致，但是由于它们所面向对象的差别，因此其具体内容和所使用的方法存在差异。例如，DO－254 规定硬件设计保证级别由硬件设计保证过程以及硬件安全性评估综合确定，但 DO－178C 中则通过系统安全性评估，即依据相应的失效条件来确定软件级别（软件级别确定的说明详见本书 7.2.1 节，软件级别的确定）。在细节方面，由于软硬件的特点不同，两个标准对于类似过程的叙述在详略程度上有一定差异。例如，DO－254 没有明确指出验证活动的完成标准，只在附录 B 中讨论了元素分析的使用。而 DO－178C 则针对不同等级提出了不同的覆盖率要求，如对应于软件的 A、B、C 级要求达到 MC/DC 和语句覆盖（statement coverage，SC）等。

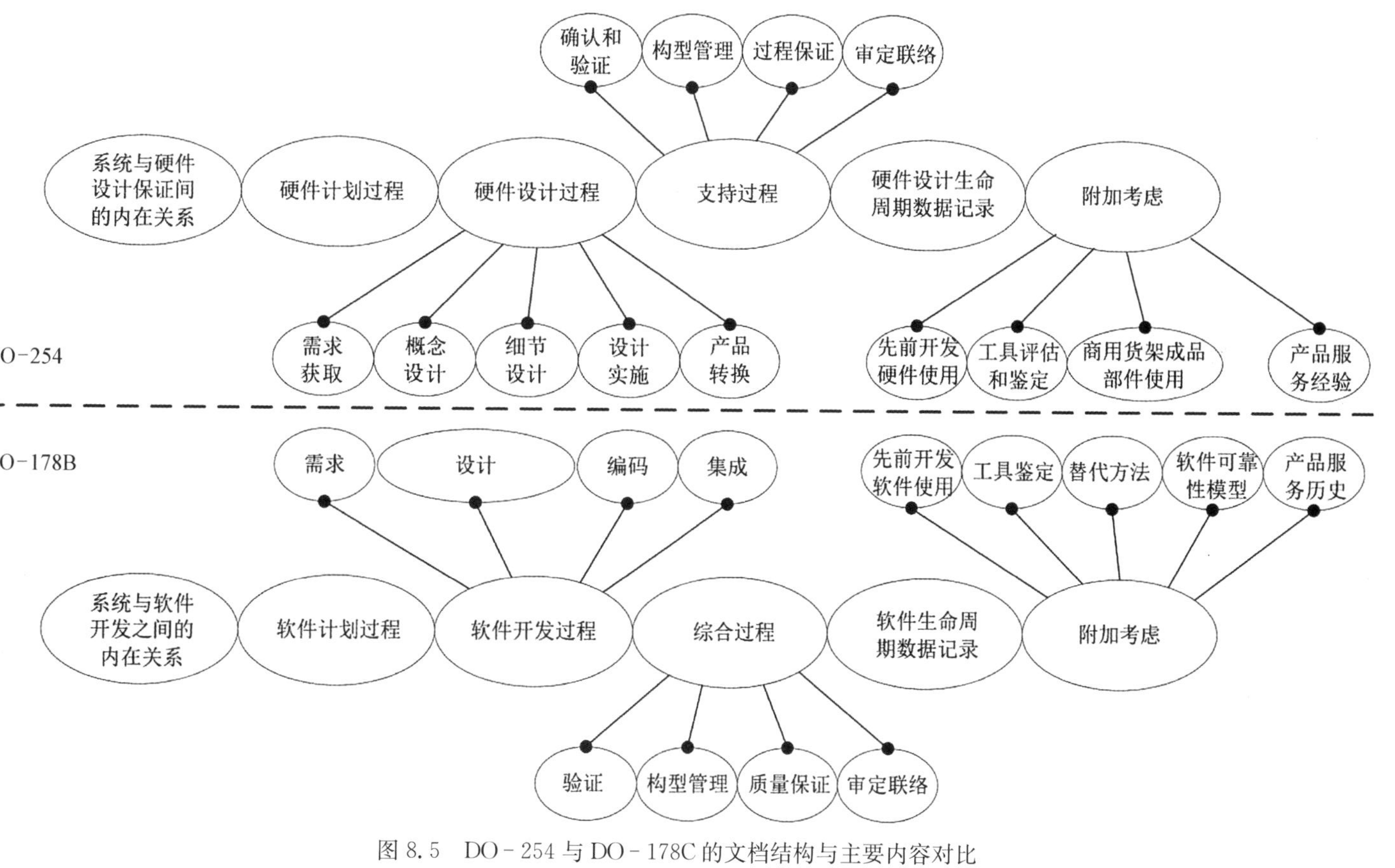

图8.5 DO-254与DO-178C的文档结构与主要内容对比

8.4 DO－248C（DO－178C的常见问题解答）

8.4.1 标准简介

自从DO－178B发布和投入使用之后，航空工业界在使用该标准时不断发现其中存在的问题。为了解决DO－178B应用和审定局方两方面的问题，RTCA特别委员会190(SC－190)和欧洲民用航空设备组织(EUROCAE)52工作组(WG－52)于1996年成立。在收集和累积DO－178B的使用经验、问题以及相关文件的基础上，发布了标准DO－248B。该标准涵盖了自其发布之日以前SC－190/WG－52委员会关于DO－178B的所有解释性工作和相关文件，主要有SC－190/WG－52联合委员会的第三份(即最终)报告、第二份年度报告(DO－248A/ED－94A)以及委员会于2000年9月22日批准的一组文件。

DO－248B的目的是对DO－178B/ED－12B指导材料进行解释。解释主要源于以下目的：

(1) 解决DO－178B中内容性的错误。

(2) 解释DO－178B中的特殊章节或特殊议题(topic)。

(3) 处理DO－178B/ED－12B和其他相关民用航空标准的不一致之处。

DO－248B的主要内容如下：

(1) 第2章为DO－178B的勘误表，提供了更正DO－178B/ED－12B中错误的方法。

(2) 第3章是DO－178B的76个常见问题解答(frequently asked questions, FAQ)，其目的是为航空工业界(在使用时)经常遇到的有关标准DO－178B的问题提供简明扼要的解答。这些问题都是使用者频繁向审定局方或拥有DO－178B解释权的机构提出的疑问。

(3) 第4章包括由SC－190/WG－52批准的第二份年度报告及随后附加的所有关于DO－178B/ED－12B的讨论文件，主要用于为DO－178B的部分章节提供一些较细致的解释说明。

2011年12月，SC－205与WG－71共同发布了最新版本的DO－248C。和DO－248B相比，其首要变化就是DO－248C除了作为DO－178C的说明性文件外，同时还成为标准DO－278A的说明性文件，而DO－248B则仅仅单纯作为DO－178B的说明性文件。在整体结构上，DO－248C在沿袭上一版布局的基础上，增加了一个章节的内容(第5章，DO－178C/DO－278A目标解释)。在内容上，第2章、第3章和第4章都有一定的变动。下面按章节对这些变化进行简要介绍：

1）第2章　勘误（errata）

由于标准DO－178C和DO－278A均为2011年发布的标准，因此原先DO－178B中存在的错误已经在DO－178C版本中得到了纠正。至DO－278C发布之时，尚未发现这两个标准中有任何需要勘误之处，因此DO－278C的第2章内容暂为空白。

2）第3章　常见问题解答（FAQ）

DO－248B包含76个FAQ，而DO－248C则在此基础上将问题数量增至84项。全部FAQ可划分为以下四类：

（1）DO－248B没有提及，属于DO－248C新增加的问题及解答（FAQ＃77～FAQ＃84）。

（2）经过SC－205/WG－71批准，已经移除的问题（FAQ＃1～FAQ＃3，FAQ＃6，FAQ＃10～FAQ＃12，FAQ＃15，FAQ＃19，FAQ＃26～FAQ＃28，FAQ＃30，FAQ＃31，FAQ＃33，FAQ＃34，FAQ＃38，FAQ＃45，FAQ＃49，FAQ＃51，FAQ＃53，FAQ＃61，FAQ＃66，FAQ＃71）。为了与上一个版本相对应，DO－248C还是保留了原来的问题及问题编号，但是不再有对这些问题的回答。其中比较特殊的是，FAQ＃19的相关信息已被整合到第4章的DP＃4中，FAQ＃34的相关信息已被整合到第4章的DP＃19中。

（3）已移除但由其他章节内容替换的问题（FAQ＃41已替换为第4章的DP＃12）。

（4）与DO－248B完全类似，且保留问题编号不变，但讨论对象由DO－178B/ED－12B替换为DO－178C和DO－278A的问题（除上述两类外其他）；在部分问题的说法上也相应有微小调整，在此不再做更加详细的说明。

3）第4章　讨论议题（discussion papers，DP）

DO－248B包含15个DP，而DO－248C在此基础上将DP数量增至21项。全部DP可划分为以下三类：

（1）DO－248B没有提及，属于DO－248C新增加的DP（DP＃16～DP＃21）。

（2）经过SC－205/WG－71批准，已经移除的DP。为了与上一个版本相对应，DO－248C还是保留了原来的DP及其编号，但是不再有对DP的讨论和分析（DP＃1～DP＃3，DP＃7，DP＃11）。

(3) 与 DO－248B 完全类似，且保留问题编号不变，但讨论对象由 DO－178B/ED－12B 替换为 DO－178C 和 DO－278A 的 DP(除上述两类外其他)。

4) 第 5 章 DO－178C/DO－278A 目标解释

这一章节提供了 DO－178C/DO－278A 及其附录的目标解释及背景介绍，重点围绕适航审定相关文件中所特有的、不同于通用性软件工业标准的原则进行了解释和说明。其具体内容与标准 DO－178C/DO－278A 的每个章节(除第 1 章简介外)一一对应，在此不再赘述，可参考原文件中的相关内容。

8.4.2 与 DO－178C 的关系

DO－248C 是 DO－178C 的补充性说明文件，包括名词更正、DO－178C 常见问题解答以及讨论的问题三个部分的内容。其中，DO－178B 共有 76 个 FAQ，针对 DO－178C 的 FAQ 共 8 项。这 84 个问题涵盖了 DO－248C 编制之时编委会收集的典型 DO－178C 问题，这些问题大多来自对软件与系统之间的关系的处理、替代性方法的使用、如何使用 DO－178C 满足审查要求等。

下面对这些问题进行分类：

1) 对文件理解的一般问题

这类问题主要包含对文件自身描述以及文件组织等方面的问题，具体说明如下：

(1) 问题 6：一个 D 等级系统的详细设计和验证活动的目标是什么？为什么在 Annex A 中，目标里存在明显的矛盾？(在 DO－248C 中已标记删除)

(2) 问题 20：DO－178B 中的术语的对应的术语表的来源是什么？并且为什么那些术语看起来与其他标准定义不同？

(3) 问题 21：DO－178B 的附录 B 中的“补丁”定义的第二句话如何与其自身定义关联？

(4) 问题 25：架构上的方法能否用来减少系统中 PDS 的软件等级？

(5) 问题 26：如果执行了“多版本非相似软件的独立性”(DO－178B/ED－12B 中 12.3.3.1 节)，那么是否可以代替 DO－178B/ED－12B 中附录 A 中定义的独立性要求？(在 DO－248C 中已标记删除)

(6) 问题 27：“用户可更改软件”的意思是？(在 DO－248C 中已标记删除)

(7) 问题 29：在 DO－178B 中 2.5b 节提到了系统包含用来防止上载错误的默认模式，这种默认模式具体所指是什么？

(8) 问题 34：DO－178B 中使用的独立性的概念是什么？(在 DO－248C 中

已标记删除）

（9）问题 59：DO－178B 适用什么类型的非飞行软件？

（10）问题 74：DO－178B 中 A 级和 B 级软件中开发和生命周期目标的区别是什么？它如何与安全性有关？

2）系统安全性相关问题

这类问题主要包含对软件与系统特别是系统安全性相关的各类问题，具体说明如下：

（1）问题 1：DO－178B 的第 2 章提供了与软件开发相关的系统考虑的指导，并且对书写 DO－178B 时"系统考虑"部分内容进行了指导。进一步详细地对这些系统生命周期的要求在哪明确？（在 DO－248C 中已标记删除）

（2）问题 2：DO－178B 中提到的系统安全评估过程的指导可在哪找到？（在 DO－248C 中已标记删除）

（3）问题 24：ARP4754A 与 DO－178B 之间的关系是什么？

（4）问题 30：在 DO－178B 中 2.6a(2)节描述系统异常行为的系统安全性需求的意思是什么？（在 DO－248C 中已标记删除）

（5）问题 37：向系统安全评估过程反馈派生软件需求的具体要求是什么？

（6）问题 60：针对系统的修改是否需要一组完全的计划？

（7）问题 64：使用不同连接器或加载器来生成航空电子软件非相似的版本，这是否充分实现了软件的非相似性？

（8）问题 69：什么是软件设计过程向在 DO－178B 中 5.2.2 节的计划过程的反馈，如何使向系统生命周期过程和系统需求过程的反馈更为充分？

3）软件研制过程相关问题

这类问题主要包含对软件研制过程包括计划、需求及开发方法等方面的问题，具体说明如下：

（1）问题 3：在 DO－178B 中 2.3.2 节第三段中的安全监控软件经验转移的意思是什么？（在 DO－248C 中已标记删除）

（2）问题 7：如何表明在 DO－178B 中 5.2.3b 节的符合性？

（3）问题 32：防御性编程准则是什么？

（4）问题 36：在 DO－178B 中派生需求的确切定义或解释是什么？

（5）问题 38：集成过程和集成测试的区别是？（在 DO－248C 中已标记删除）

（6）问题 39：在 DO－178C 中 6.3.3d 节的极大递归算法的定义是什么？

(7) 问题 70：在 DO－178C 中 5.4.3a 节第二句话的目的是什么？

(8) 问题 77：在 DO－178C/DO－278A 中 11.9 节所要求的“失效检测和安全性监控需求”是指什么？(在 DO－248C 中新增)

(9) 问题 80：当使用内联技术时需要考虑些什么？(在 DO－248C 中新增)

(10) 问题 81：如果仅仅采用单一需求级别(如将软件高级需求与软件低级需求合并)，那么需要考虑些什么？(在 DO－248C 中新增)

(11) 问题 82：如果在软件低级需求中部分使用伪代码方式表达，那么需要关注哪些问题？(在 DO－248C 中新增)

(12) 问题 83：是否需要考虑编译器中的错误？(在 DO－248C 中新增)

(13) 问题 84：如果不对低级需求和源代码提出要求，那么如何满足 D 级(AL5)中的所有目标？(在 DO－248C 中新增)

4) 专门针对软件验证过程的相关问题

这类问题主要包含对软件验证过程和方法等方面的问题，具体说明如下：

(1) 问题 5：外场可加载软件上下文中的“终端对终端检验”是什么？

(2) 问题 8：多操作可配置软件能否包含非激活代码？

(3) 问题 9：是否所有的高级别需求都需要硬件/软件集成测试？“验证软件需求和组件之间的内在联系”的含义是什么？

(4) 问题 28：去除死代码或无用变量的好处是什么？(在 DO－248C 中已标记删除)

(5) 问题 31：产品的验证如何与“编译器可接受性”有关？(在 DO－248C 中已标记删除)

(6) 问题 35：软件低等级需求是什么？其如何被测试？

(7) 问题 40：软件的何种表达层级可用来执行评审和源代码的分析？

(8) 问题 41：为什么 A 级别软件需要源代码到目标代码的追溯性？

(9) 问题 42：结构覆盖能否利用分析目标代码而非源代码来论证？此外，编译器能否用来简化分析？

(10) 问题 43：结构覆盖分析的目的是什么？

(11) 问题 44：为什么结构测试不是 DO－178C 的要求？

(12) 问题 45：在死代码定义的最后一句陈述的特例是指什么？(在 DO－248C 中已标记删除)

(13) 问题 56：如何消除在软件验证文件中固有的冗余？

(14) 问题 58：如何实现重新验证？

(15) 问题67：数据耦合和控制耦合是什么？他们是如何被验证的？

(16) 问题73：测试中的时序测量法是否充分？是否必须开展严格的最坏运行时间分析？

(17) 问题75：取样是否能用于一些验证行为(如在源代码中的编码准则)？

(18) 问题78：对于使用逻辑表达式定义的软件需求，需要多少正常范围测试用例用于验证变量的使用和布尔操作符？(在DO－248C中新增)

5) 专门针对软件综合过程相关问题

这类问题主要包含如何理解和实现DO－178B中软件综合过程尤其是构型管理、质量保证等过程的要求(验证过程和审定联络过程详见“专门针对软件验证过程的相关问题”“与软件适航审定相关问题”)，具体说明如下：

(1) 问题10：是否允许改变基线，为何7.2.2c节阐释了基线应该防止被修改，而在7.2.4c节却讨论基线的变化？(在DO－248C中已标记删除)

(2) 问题11：在DO－178B中7.2.7a节的“批准源”是之前的批准产品还是它是开发产品的组织？(在DO－248C中已标记删除)

(3) 问题12：控制类别1和控制类别2(CC1和CC2)的定义是什么？(在DO－248C中已标记删除)

(4) 问题13：表7－1是如何用来理解控制类别1和控制类别2(CC1和CC2)的？

(5) 问题14：当应用在附件A的目标中时，控制类别1和控制类别2(CC1和CC2)的意思是？

(6) 问题33：是否可以通过将所有相对设计标准的偏离情况进行详细说明和解释的方法表明符合性，而可以不再需要遵守安全性目标？(在DO－248C中已标记删除)

(7) 问题46：在DO－178B/ED－12B中7.2.2g节，基线或构型项应被同时追溯到它的输出以及相关的过程是指什么？

(8) 问题71：追溯性的目的是什么？需要多少追溯性？它是如何被证明的？例如，是否一定需要追溯矩阵？或者，也可接受其他方法？(在DO－248C中已标记删除)

(9) 问题72：如果错误预示着开发过程存在缺点，那么应如何对待？

6) 与软件适航审定相关问题

这类问题主要包含DO－178B的要求如何满足适航审定要求，以及DO－178B定义的过程如何与审定活动相关联方面的问题，具体说明如下：

(1) 问题15：软件是否能像产品一样单独取证？(在DO-248C中已标记删除)

(2) 问题22：各种工业界的过程评估方法，如软件工程研究所(Software Engineering Institute, SEI)、能力成熟度模型(capability maturity model, CMM)、软件过程改进能力评估(software process improvement capability evaluation, SPICE)等，能否用作表明审定置信度？

(3) 问题47：术语"审定置信度"的含义是什么？

(4) 问题48：除了DO-178C中第9章和第10章，哪些部分提供了审定联络和审定过程的一个高级别概括？批准进程中对软件更进一步的指导在哪可找到？

(5) 问题49：哪里能够找到当前局方对在DO-178B未包含的问题的态度，或有关或DO-178B存在问题的指导？(在DO-248C中已标记删除)

(6) 问题50：什么样的数据术语可传递给审定局方来支持软件批准和产品审定？

(7) 问题51：在DO-178B中9.4节使用的术语"型号设计"的意思是什么？(在DO-248C中已标记删除)

(8) 问题52：审查局方为什么不批准一个组织的过程，而是批准每一个提交作为审定申请一部分的产品？

(9) 问题53：数据项是否需要准备好并打包成DO-178B中第11章所列入清单的那样？(在DO-248C中已标记删除)

(10) 问题54：DO-178B中第11章需要的文件是多余的吗，尤其对于小项目来说？

(11) 问题55：当决定如何打包DO-178B/ED-12B第11章中要求的数据项时，控制类别如何考虑？

(12) 问题57：是否有必要在PSAC中提及的所有附加考虑？能否仅提及项目中适用附加考虑？

(13) 问题62：对飞行测试分析软件和地面测试软件的要求是什么？

(14) 问题66：审定、批准和鉴定之间的区别是？(在DO-248C中已标记删除)

(15) 问题76：对于软件构型项的问题报告和验证活动能否接受使用先前批准过程产品中的证据，而不再重复上述活动？

(16) 问题79：航空器、发动机或螺旋桨的申请人能否从器件级批准中[如美国的TSO或欧洲技术标准规定(European Technical Standard Order,

ETSO)]活动 DO－178C 的置信度?(在 DO－248C 中新增)

7) 附加考虑和替代性方法

这类问题主要包含 DO－178B 中各类的附加考虑以及替代性方法的使用等方面的问题,包括:

(1) 问题 4:DO－178B 中商用货架产品(COTS)软件的定义是否包括为可选项软件而设计的 COTS 软件?

(2) 问题 16:先前开发的软件(PDS)能采用的最高软件等级(由 DO－178C)是什么?

(3) 问题 17:有关由一个较早基线更改而来的 PDS 版本的问题是什么?

(4) 问题 18:由于目前针对航空器操作环境改变问题并没有确切的指导材料,DO－178C 中的哪一部分对这种类型的改变提出具体要求?

(5) 问题 19:如果使用问题表明软件研制过程存在缺陷,那么是否能够继续对存在缺陷的软件收集使用历史记录?(在 DO－248C 中已标记删除)

(6) 问题 23:DO－178B 是否考虑软件可靠性的概念?

(7) 问题 61:什么是开发工具? 它什么时候需要被鉴定?(在 DO－248C 中已标记删除)

(8) 问题 63:对于穷举测试,申请人应通过分析提供确定输入与软件之间的“隔离”。这种隔离如何被确认?

(9) 问题 65:在 DO－178C 中的 12.3.3.4 节(多版本非相似软件的工具鉴定)和 12.3.3.5 节(多模拟器和验证)中,“相当的软件验证过程活动”的意思是?

(10) 问题 68:DO－178B 中 3.2 节中的第三段的第三句话叙述说:“组件 X 阐明了使用在验证过的航空器和发动机中 PDS 的使用方法。”对于一个已经在先前取证航空器或发动机中使用过的又重新使用的组件来说,上述是否必要?

8.5 DO－278A(地面和空中交通管制软件标准)

8.5.1 标准简介

随着 CNS/ATM 系统的实现,航空器和为空中交通服务的系统之间的相互依赖日益加深。为了让这些系统在达到预期功能的基础上达到可接受的安全水平,需要定义具有一致性的方法来确保其中软件的完好性。自从发行 DO－178B 之后,航空委员会获得了很多使用它的经验,并提出了一系列关于文件内容和应用方面的问题。在评估 DO－178B 在 CNS/ATM 系统中的适应性之后,建立了一个新的包含指导材料的新文件，这就是 DO－278/ED－109。目前，DO－278 的最新版本是 DO－278A。

DO－278A 提供了非机载 CNS/ATM 系统及其相关设备中软件保证的指导。CNS/ATM 系统包括地面、机载和空间系统。标准主要包括以下四个部分的内容：

1）在 CNS/ATM 系统中系统方面与软件开发的关系

标准定义了软件保证等级及其与 DO－178C 中定义的软件等级的关系，规定应当通过安全评估过程为 CNS/ATM 系统及其所涵盖的要素建立合适的软件保证等级，具体分为以下 6 个等级：

（1）AL1：相当于 DO－178C 中的软件等级 A，对应需满足最严苛目标的非机载软件。

（2）AL2：相当于 DO－178C 中的软件等级 B。

（3）AL3：相当于 DO－178C 中的软件等级 C。

（4）AL4：不对应 DO－178C 所规定的任何一个软件等级，介于 AL3 与 AL5 之间。

（5）AL5：相当于 DO－178C 中的软件等级 D。

（6）AL6：相当于 DO－178C 中的软件等级 E，可用于描述异常行为不会导致系统在安全方面的功能失效的非机载软件。

此外，该标准介绍了一些针对 CNS/ATM 系统的附加系统考虑，作为 DO－178C 中相关内容的必要的补充，其中包括如下内容：

（1）架构方面的考虑：普遍的做法是通过系统设计将可能引起系统失效的功能彼此独立，由此可以使需要确定为高保证等级的软件数量尽量少。

（2）系统通信：随着不同软硬件组件间的通信，一个元件中的错误可能会蔓延到其他元件中。安全性分析应考虑系统中的数据通道，确保低保证等级的功能不会导致高保证等级数据及其相关功能的丢失或损毁。CNS/ATM 系统开发应尤其注意错误蔓延和数据通道。

（3）安全性：安全性需求应为 CNS/ATM 系统服务。潜在的安全性需求冲突应在系统级别上得到解决，并定义分配到软件中的相应需求。

（4）适应性：需要处理 CNS/ATM 系统在系统适应性方面的安全性相关考虑。

（5）热备：CNS/ATM 系统可能需要 24 小时持续运行，因此某些组件在系统运行的同时需要被替换为备份组件。标准规定，替换机制要能够保持恰当的

(系统)有效性和综合级别,并定义相关安全性目标,具备还原成替换前系统结构的能力,并保证与其余组件的兼容性。

(6) 以往开发的(post-development)生命周期：CNS/ATM 系统的使用者应当保留已开发生命周期的相关资料数据,以便于可能的软件维护和版本更新等活动。

2) CNS/ATM 系统的软件生命周期过程目标

标准提供了每个保证等级相应的软件生命周期过程目标和输出。这些目标和输出实际上是将 DO－178C 中描述的软件生命周期过程目标和输出进行了修改和调整,以应用于非机载的 CNS/ATM 系统。

3) CNS/ATM 软件的附加考虑

这一部分内容主要包括对 COTS 软件和自适应数据(adaptation data)的指导性说明。

商用货架成品软件所涵盖的软件种类非常广泛,包括购买的软件、非开发项(non-development item, NDI)以及已经研制出来但在开发过程中没有参照标准 DO－278/ED－109 的软件。更为广泛地说,根据本标准所提出的 CNS/ATM 系统的软件生命周期过程目标,凡是不能提供或仅能提供部分数据用于符合性证明的软件(无论其是否通过其他审批过程得到批准与否)均可视作 COTS 软件。标准规定了当 COTS 软件被应用到 CNS/ATM 系统当中时需执行的过程、目标及活动,包括如下方面：

(1) COTS 计划过程：协调具体的 COTS 软件生命周期过程,并定义必要的方法和工具使商用货架成品软件融入 CNS/ATM 系统当中。

(2) COTS 获取过程：该过程由需求定义、评估和挑选三部分构成。依据 CNS/ATM 系统的软件需求定义过程来确定能够由 COTS 软件完成的功能,对候选 COTS 软件进行评估和反复挑选,最终才能选定应用到 CNS/ATM 系统中的 COTS 软件。

(3) COTS 验证过程：COTS 验证是 CNS/ATM 软件验证过程的扩展,对于不能通过有效 COTS 数据来证明符合性的验证目标,需要使用局方认可的替代方法对其进行验证。

(4) COTS 构型管理过程：描述了使用 COTS 的系统的构型管理过程,该过程需要包含对 COTS 的版本控制。

(5) COTS 质量保证：在 CNS/ATM 质量保证过程中应当对上述 COTS 过程及其输出数据进行评估,以确保与 COTS 相关的目标都得到满足。

自适应数据主要指用于将软件配置到特定地理位置的数据和依据操作者的偏好或使用目的来配置工作站的数据。标准介绍了自适应数据过程目标及活动，并指明在开发自适应数据时应具有和该自适应数据要调整的代码相同的保证级别。

4) CNS/ATM 的专有生命周期数据

该标准介绍了 CNS/ATM 系统特有的生命周期数据项，具体包括：软件符合性批准计划、自适应数据以及 COTS 软件生命周期数据。

2011 年 12 月，SC－205 与 WG－71 共同发布了最新版本的 DO－278A。和上一个版本(DO－278)相比，DO－278A 在结构和内容上均有较大变动。DO－278 在制定时，参照了较多 DO－178B 相关的内容，其自身结构和内容均比较简略。当定义研制保证等级时，DO－278A 依赖 DO－178C 所定义的软件等级，提出与之相对应的六个研制保证等级，并在此基础上定义了各等级目标。除此之外，主要介绍了 CNS/ATM 软件的附加考虑以及 CNS/ATM 特有的生命周期数据两部分内容。而 DO－278A 则是相对比较独立的一份文件，采用了与 DO－178C 相一致的文件结构。对应于 DO－178C 中所提出的 5 个软件失效条件类别，DO－278A 给出 6 个研制保证等级的定义，并在此基础上定义各阶段过程、目标、活动、转换准则以及生命周期数据要求。对于 CNS/ATM 软件生命周期中的各个过程，DO－278A 分不同章节对其依次进行了充分且翔实的解释。相较于 DO－278，其内容更为独立和全面。更多详细内容可参见 DO－278A。

8.5.2 与 DO－178C 的关系

DO－278A 实际上是将 DO－178C 应用到非机载 CNS/ATM 系统中的一份说明性文件。因此，除了在必要之处针对 CNS/ATM 软件自身特点予以说明以外，关于软件开发过程的大部分指导都直接引用 DO－178C 的对应内容，这些内容主要可归纳为以下几个方面：

(1) 软件保证等级的制定：DO－278A 直接利用 DO－178C 所规定的软件等级来定义和描述软件保证等级，两者等级上的对比关系如表 8.3 所示。

表 8.3 DO－278A 软件保证等级与 DO－178C 软件等级的对比关系

DO－278A 软件保证等级	DO－178C 软件等级
AL1	A
AL2	B

（续表）

DO－278A软件保证等级	DO－178C软件等级
AL3	C
AL4	无对等等级
AL5	D
AL6	E

（2）软件生命周期活动目标的制定：主体部分基本完全参照DO－178C的对应内容，只是把应用对象从机载软件变为CNS/ATM软件。

（3）术语替换：在机载系统（airborne community）中精确表述的条目需要进行替换，如表8.4所示。

表8.4　DO－278A与DO－178C的术语替换

DO－278A	DO－178C
CNS/ATM系统	机载
批准	验证
供应商	申请人
应用批准要求	适航性要求
批准过程	审定联络过程
软件符合性批准计划	软件合格审定计划

8.6　DO－330（工具鉴定）

8.6.1　标准简介

RTCA DO－330标准是由RTCA特别委员会205和EUROCAE71工作组于2011年12月所发布的、旨在为软件工具鉴定提供保证的一份指导性文件。该标准中所谈论的工具指用于辅助开发、转换、测试、分析、研制或修改其他程序、自身数据或文件的计算机程序或者其中具有功能性的一部分，例如代码自动生成器、编译器以及测试工具等。在该标准中，假设工具用于消除、简化或自动执行一个软件生命周期过程，并且工具的输出没有经过验证。这些过程被定义为一系列目标的形式，而工具的审定可信度则与一个或若干个目标相关，在此基础上详细阐释了工具鉴定的过程、目标及相应应当进行的活动。该标准主要应用于空中及地面软件，也同样可用于其他的领域，如空间、系统、硬件、安全评估过程等。

出于普适性和灵活性的考虑,标准共为使用者提供了五个鉴定等级,但具体应用到某个领域时,应当根据特定情况应用标准中所规定的全部或部分内容进行分级。等级的划分依赖于工具的使用及其对软件生命周期过程的影响大小。从工具鉴定等级一到等级五,其对系统安全性的潜在影响程度由小到大严格递增。具体工具鉴定等级的确定需要依据对工具在软件生命周期过程中使用情况的评估,并参考与该标准相关的指导性文件(如DO-178C的有关章节)。

标准还规定,工具生命周期与软件生命周期应当配合协调执行,并反映在下述软件生命周期数据中:

(1) 一个明确工具及工具鉴定需求的计划。

(2) 一个对于所有活动执行情况的总结及陈述,包括需要进行鉴定工具的状态叙述。

(3) 一个软件环境的结构索引,包括工具及工具鉴定的有关数据。

该标准所叙述的内容主要包括:工具鉴定的目的、工具鉴定的特性以及工具生命周期过程。其中,工具生命周期过程又被详细划分为以下几个部分:

1) 工具鉴定计划过程(tool qualification planning process)

这一过程所涉及的内容包括明确工具、评估在软件生命周期过程中的影响,以及描述工具生命周期中的工具开发、验证以及集成过程等。该标准规定,在工具鉴定计划过程中,每一种在软件生命周期的所使用的工具及其可能的用法应当被明确地描述出来,并定义与工具鉴定相关的需求,确定工具鉴定等级,描述工具操作环境。此外,还要定义工具鉴定相关方及其职责。在此基础上,一个项目将定义一个或多个工具生命周期,并为每个过程选择应当进行的活动,进一步具体地指明活动结果及每个活动的职责。

2) 工具开发过程(tool development process)

该标准规定,工具开发过程应当严格依照软件计划过程以及工具开发计划的内容履行,但对于一个具体工具的开发生命周期可以基于其工具鉴定等级适度简化。在这一部分内容中,DO-330除了介绍工具开发过程,还提出了工具开发生命周期(tool development life cycle)的概念,并用瀑布模型对其进行了描述,如图8.6所示。整个工具开发生命周期主要包含三个过程,即工具操作需求定义过程、工具开发过程以及工具操作集成过程。

工具操作需求从属于软件开发计划的一部分,也就是说,工具操作需求过程

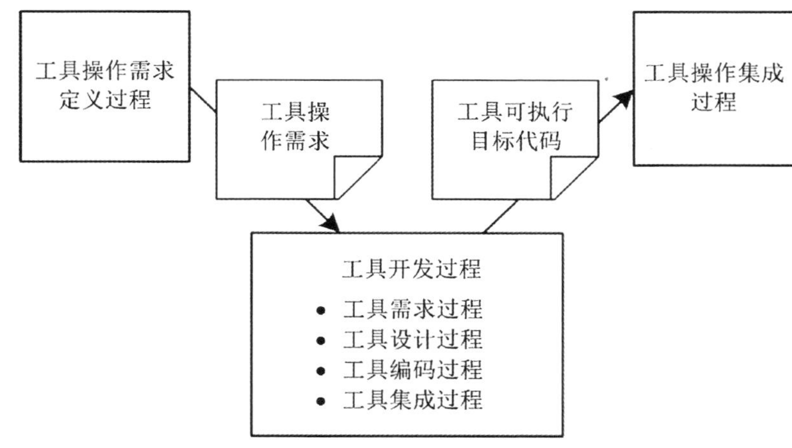

图 8.6 工具开发生命周期

既包含于整个工具生命周期过程中的工具鉴定计划过程，又是工具开发生命周期的一个主要过程。在工具操作需求过程中，应当明确工具在软件生命周期过程中如何使用，但只需提供与软件开发所必要的需求即可。这一过程的输出是工具操作需求。

工具开发过程又被分为工具需求过程、工具设计过程、工具编码过程和工具集成过程四个子过程。首先，在工具需求过程中，基于对工具操作需求的分析产生并输出工具需求；其次，进入工具设计过程，主要包括对工具的架构设计，并可能产生一级或多级的低级需求；再次，经过工具编码和集成；最后，在工具开发环境中输出工具可执行目标代码。

工具操作集成过程以工具可执行目标代码、用户指示以及安装指示作为输入，最终输出已装入工具操作环境中的工具可执行目标代码。

3）综合过程(integral process)

DO-330将综合过程详细划分为下述四个子过程：

(1) 工具验证过程(tool verification process)。

该过程包括工具验证过程和工具操作验证及确认过程两个部分。工具验证的目的是发现并汇报可能存在于工具开发过程当中的错误。标准特别指出，纠正错误属于工具开发过程的一个活动，而工具验证过程所要确认的内容包括：工具操作需求与工具需求相互渗透、彼此协调一致；在工具设计描述中体现并满足工具需求，低级工具需求与工具需求间协调一致，具有可追溯性；工具源代码依据工具架构和低级需求开发并符合工具设计描述；工具可执行目标代码满足工具的需求。

(2) 工具构型管理过程(tool configuration management process)。

该过程应与工具计划过程相一致,并符合工具构型管理计划。工具构型管理过程主要包括的活动有构型标识、更改控制、基线建立以及工具产品和相关工具生命周期数据的存档。当工具产品已经被审定局方所接受之后,工具构型管理过程并不结束,而是将继续贯穿于最终软件系统或设备产品的整个使用周期。这一过程的输出记录在《工具构型管理记录》或其他工具生命周期数据中。

(3) 工具鉴定保证过程(tool quality assurance process)。

该过程的目的主要是保证各过程的目标都已得到满足,问题已经被发现、评估、追踪和解决,并且工具产品及生命周期数据与 DO-330 和必要的附加调整要求相一致。过程应遵照工具计划过程以及工具鉴定保证计划,其输出要记录到工具鉴定保证记录或其他生命周期数据中。

(4) 工具鉴定的审定联络过程(certification liaison process to qualify the tools)。

该过程不独立执行,而是出于工具鉴定方面的相关要求和需求,存在于软件审定联络过程中。

a. 软件鉴定数据(tool qualification data)。

b. 软件鉴定附加考虑(additional considerations for tool qualification)。

8.6.2 与 DO-178C 的关系

在 DO-178C 中,工具鉴定作为附加考虑(additional consideration)的内容之一被安排在 12.2 节。而 DO-178C 将这一部分内容进行了大幅扩充,当工具满足 DO-178C 需要进行鉴定时,则依据 12.2 节的原则确定工具适用的鉴定等级(详见本书 6.2 节"使用自动化工具进行软件的开发或验证")。工具的符合性工作则依据 DO-330 执行。特别需要指出的是:DO-330 与 DO-178C 系列标准中其他的补充文档不同。DO-330 是一份可以单独执行的"补充标准"。它可以用于对硬件(按照 DO-254 的工具鉴定要求)或对系统的研制及验证工具开展鉴定。DO-330 对工具鉴定制定了五个鉴定等级,然而并没有指出这些等级的适用原则,这就需要相关领域的标准对工具提出具体要求。在与 DO-178C 一同使用时,由 DO-178C 结合工具分类和软件等级制定适用的工具鉴定等级。再由 DO-330 指出相应的工具鉴定等级应该满足哪些目标。下面将结合 DO－178C 的有关内容，对 DO－330 与 DO－178C 的关系进行简要介绍。

在 DO－178B 中，软件工具被分为两类：

(1) 软件开发工具：使用这些工具所得到的产物是机载软件的一部分。因此，工具如果出错，则将直接导致机载软件出错。

(2) 软件验证工具：使用这些工具本身不会给机载软件造成错误，最坏的结果就是不能发现机载软件中的错误。

对于软件开发工具，其鉴定准则如下：

(1) 开发工具的软件研制过程应与相应机载软件的研制过程满足相同的目标。

(2) 在通常情况下，开发工具的软件等级应与相应机载软件的等级相同；在某些特殊情况下，获得局方的批准后，可以降低软件等级。

(3) 能证明开发工具符合其工具操作需求。

(4) 应当验证其可用于校验工具操作需求的正确性、一致性和完整性，并针对这些要求对工具进行验证。

对于软件验证工具，其鉴定准则如下：

- 能证明工具在正常工作条件下符合其工具操作需求。

在 DO－178C 中，已不再使用“开发工具”和“验证工具”的分类，而改用工具鉴定等级(TQL)的概念。下面是依据 DO－178C 提出的三个准则以及结合相应的软件等级所确定的具体工具鉴定等级，如表 8.5 所示。

表 8.5 工具鉴定等级与软件等级及准则的对应关系

软件等级	准则		
	1	2	3
A	TQL－1	TQL－4	TQL－5
B	TQL－2	TQL－4	TQL－5
C	TQL－3	TQL－5	TQL－5
D	TQL－4	TQL－5	TQL－5

(1) 准则 1：工具的输出是机载软件的一部分，从而可能直接导致机载软件出错。

(2) 准则 2：工具自动化了某个验证过程，导致可能没有检测出软件的错误；且其输出结果被用来证明省略或减少了如下过程的合理性：

a. 被本工具自动化的验证过程之外的验证过程。

b. 开发过程(可能对机载产生影响)。

(3) 准则 3：工具在它预定的使用方式下可能无法检测机载软件的错误。

其中，准则 1 中所指的“工具”等同于 DO－178B 中的开发工具，准则 3 中所指的“工具”等同于 DO－178B 中的验证工具。由于 DO－178B 中对验证工具鉴定的要求较低(只相当于工具用户自己所做的黑盒测试)，不同验证工具的失效影响是不一样的，因此在 DO－178C 中使用了 TQL 来弥补这个缺陷。它把原来的验证工具分成二类(准则 2 和准则 3)，并对失效影响严重的验证工具提高了鉴定的要求。表 8.6 给出了工具类别、工具鉴定等级与软件等级间的对应关系。

表 8.6 工具类别、工具鉴定等级与软件级别间的对应关系

工具类别	软件等级	工具鉴定等级
开发工具	A	TQL－1
开发工具	B	TQL－2
开发工具	C	TQL－3
开发工具	D	TQL－4
验证工具	All	TQL－4 或 TQL－5

DO－178C 中只保留如何确定工具鉴定等级方面的内容，而每个工具鉴定等级所相应的目标、活动及生命周期数据等内容则被独立写成一份系统、完整、翔实的标准，即 DO－330。而在 DO－178B 中，仅简要介绍了工具鉴定数据、工具鉴定计划、工具操作要求以及工具鉴定协议四个方面的内容，并无相关支持文件。

8.7 本章小结

本章综合介绍了部分与机载系统安全性密切相关的标准，在此基础上深入分析了 DO－178C 与这些标准的联系。概括而言，DO－178C 作为机载软件适航性审定标准，直接受到机载系统方面 ARP 4754A 标准的指导和约束。与 DO－178C 并行的硬件方面的另一标准是 DO－254，同样由 ARP 4754A 直接指导。除此之外，ARP 4754A 中安全性评估的相关方法由 ARP 4761 提供。在 DO－178C 的补充性说明文件方面，DO－248C 是其中的重要部分；另一个文件 DO－330 是 DO－178C 在工具鉴定方面的配套标准，但实际上也是在 DO－178B 原有相关章节内容的基础上扩充而成。DO－278A 就 DO－178C 在机载软件系统方面的使用进行了扩展，用于为 CNS/ATM 系统相关软件的指导。

需要说明的是，这些标准往往需要配套使用，每个标准的侧重有所不同，共同构成保证机载系统及其相关系统、软硬件等方面安全性和功能性的一套较为全面和完善的指导材料。

9 DO－178C 与相关软件标准比较分析

为进一步加深读者对 DO178B 的认识和理解，本书挑选出目前各个领域所广泛使用的一些软件安全性工程标准，与 DO－178C 进行横向比较，其中，国内标准选择了最具代表意义性的 GJB 5000A－2008，国外标准则包括 ESA PSS－05－0（航天领域）、IEC 61508－3（电子电气领域）、EN 50128（铁路领域）、IEEE－EIA 12207（通用软件）和 FDA（医药卫生）。通过比较和分析，使读者可以更清晰地认识到，DO－178C 作为一款针对机载软件安全性研发所提出的标准，其对于整个软件研制生命周期的各阶段，特别是安全性方面的要求有哪些特点与独到之处。

9.1 与 GJB 5000A－2008 对比分析

9.1.1 标准简介

GJB 5000A－2008《军用软件研制能力成熟度模型》（*Capability Maturity Model for Military Software Development*）是由总装电子信息基础部提出，多部门、院校合作起草，并于 2008 年 6 月 1 日起正式实施。本标准规定了军用软件研制能力成熟度模型（CMM），并规定了软件研制和维护活动中的主要软件管理过程和工程过程的实践，适用于对组织的软件研制能力进行评价，也适用于组织本身对软件过程进行评估和改进。

GJB 5000A－2008 代替之前的 GJB 5000－2003 成为现行规范我国军用软件研制过程相关活动的主要标准。其与 GJB 5000－2003 相比主要变化有：增加、修改并删除了多个术语和定义；由原标准 18 个关键过程域，修改至 22 个过程域，并且更加强化了工程过程方面的内容；改进了共用目标、共用实践等的说明；删除了原标准中的共同特征的概念，实践不再按其共同特征进行分类等。

GJB 5000A-2008 主要包括以下几方面内容：

(1) 描述一种军用软件研制 CMM 框架。

本标准描述的军用软件研制 CMM 采用分级表示法，按预先确定的过程域集来定义组织的改进路径并用成熟度等级进行表示。本标准将组织的软件研制能力成熟度分为五个等级：1 级(或 ML1)称为初始级，2 级(或 ML2)称为已管理级，3 级(或 ML3)称为已定义级，4 级(或 ML4)称为已定量管理级，5 级(或 ML5)称为优化级。

(2) 成熟度等级的描述与提升，以及各等级间的关键区别。

本标准用等级来描述为组织建议的进化路径。在评估过程中，等级还可以是判定活动的结果。评估既可适用于整个(通常是小)组织，也可适用于组织内较小的组(如项目组或组织中的某个部门)。本标准允许组织通过增量地处理相继的过程域集合来改进一组相关的过程，这种改进用“成熟度等级”表示。成熟度等级是一个已定义的、组织过程改进的进化台阶。每个成熟度等级表示组织过程的一个重要部分已经成熟，并为它进入下一个成熟度等级做好准备。根据是否达到与每组已预先定义过程域相关的专用目标和共用目标来判定是否满足相应的成熟度等级。

军用软件研制能力成熟度模型共有五个成熟度等级，每一等级构成了前进中过程改进基础的一个层次，是实现下一个成熟度等级的基础。各等级主要特征如下：

a. 成熟度等级 1(初始级)：过程通常都是随意、无序的。组织通常不提供支持过程的稳定环境。在这些组织中，成功依赖于其中人员的能力和勤奋，而不依赖使用已经证实的过程。其主要特征是过分承诺，遇到困难时会放弃过程，并且不能重复他们以往的成功。

b. 成熟度等级 2(已管理级)：组织的项目已确保其过程按照方针进行策划并得到执行。该等级反映的过程纪律有助于确保在有压力的情况下保持现有的实践，在这些实践都到位的情况下，项目都能按照其文档化的计划实施和管理。

c. 成熟度等级 3(已定义级)：过程已经得到了很好的定义和理解，并用标准、规程、工具和方法进行了描述。组织的标准过程集已经建立，并随着时间推移而不断改进。

d. 成熟度等级 4(已定量管理级)：组织和项目为质量和过程绩效建立了定量目标，并将其用作管理过程的准则。质量和过程绩效都按统计术语进行理解并在该过程生存周期间受到管理。

e. 成熟度等级 5(优化级)：关注通过增量式和创新式的过程和技术改进来持续地改进过程绩效，建立组织的定量过程改进目标，持续地修订过程改进目标并以此为管理过程改进的准则。无论是项目的已定义过程还是组织的标准过程集，都是可测量的改进活动的对象。

各等级间的关键区别：成熟度等级 3 与成熟度等级 2 相比，在标准、过程说明和规程的适用范围上，等级 3 的一致性更强，并且其过程一般描述比等级 2 更加严格；成熟度等级 4 与成熟度等级 3 相比，过程不再只是定性地可预测的，等级 4 中过程绩效使用统计技术和其他定量技术加以控制，并且是可定量地预测；成熟度等级 5 与成熟度等级 4 相比，其更关注过程变异的共因，通过多种手段改变过程以改进过程绩效，并实现已确定的定量过程改进目标。

成熟度等级的提升首先通过实现项目级的控制，然后利用定量和定性两种数据进行决策继续发展到最高等级，以实现整个组织范围的持续过程改进，进而实现组织成熟度的逐步改进。

(3) 过程域的描述与分类，以及过程域之间的关系。

过程域是一个领域内的一组相关的实践，当这些实践全部实现，就能满足对于改进该领域十分重要的一组目标。本标准鼓励关注在所属成熟度等级语境中的过程域，与 GJB 5000 - 2003 相比，过程域扩展为 22 个，分属于 4 个成熟度等级。具体如下：

a. 成熟度等级 2：构型管理(configuration management, CM)，测量与分析(measurement and analysis)，项目监控(project monitoring and control)，项目策划(project plan, PP)，过程和产品质量保证(process and product quality assurance, PPQA)，需求管理(requirement management, ReqM)，供方协议管理(supplier agreement management, SAM)。

b. 成熟度等级 3：决策分析和决定(decision analysis and resolve, DAR)，集成项目管理(integration project management, IPM)，组织过程定义(organizational process definition, OPD)，组织过程焦点(organizational process focus, OPF)，组织培训(organizational training, OT)，产品集成(product integration, PI)，需求开发(requirement development, RD)，风险管理(risk management, RskM)，技术解决方案(technical solution, TS)，确认(validation)，验证(verification)。

c. 成熟度等级 4：组织过程绩效(organizational process performance,

OPP)，定量项目管理(quantitative project management，QPM)。

d. 成熟度等级 5：原因分析和决定(cause analysis and resolve，CAR)，组织创新和部署(organizational innovation and deployment，OID)。

过程域基本分为四类：过程管理类、项目管理类、工程类和支持类。过程域还分为基本过程域和高级过程域；基本过程域应在高级过程域之前实施，以确保满足高级过程域成功实施所需的先决条件。

过程域之间的关系包括两个方面：一方面是单个过程域间的关系，描述过程域之间的信息和产品的流向；另一方面是各组过程域间的关系。

9.1.2 与 DO－178C 的比较

GJB 5000A－2008 同 DO－178C 一样，都是软件保证标准，且覆盖整个软件生命周期，因而能够直接用于指导软件的研制，以及软件产品的评估与重审。两个标准均采用一种基于分级模式的递增式划分。DO－178B 以适航性要求为出发点，强调软件的安全性，以目标的递增为特点，直接对软件等级进行划分；在满足某一等级所有目标的前提下，才能考虑采用更高等级的目标对软件进行评估。GJB 5000A－2008 则采用 CMMI 阶段表示方法，将组织的软件研发能力划分为五个成熟度等级，每一级都是基于前一等级的改进，等级间的递增显示出软件开发组织逐步发展、完善的过程。

但是，两个标准的基本着眼点是有所差异的。DO－178C 作为广泛适用各种类型与安全性相关的机载软件产品研制指南，着重规定不同等级软件需要实现的“目标”，而并不约束实现目标的方式。这与民机适航审定实践中，局方通常规定型号或产品的“审定基础”而不限制满足这些“审定基础”的“符合性方法”非常类似。而 GJB 5000A－2008 除了关注软件开发过程，还在软件组织、管理和精化方面做出了相应的规定。从普适性的角度来看，GJB 5000A－2008 相较于 DO－178C 其适用范围要广泛得多，可用于各类型系统的软件开发、评估和改进，还可用于评估开发者自身的软件研发能力。

然而，正是由于 GJB 5000A－2008 的这种普适性，这一标准对于细节性的说明和要求远不如 DO－178C 那样具体和明确，主要表现为如下方面：

(1) DO－178C 要求安全性相关的需求作为系统需求的一部分，输入软件生命周期过程。

(2) DO－178C 在规定各过程目标和活动时，要求结合目标计算机的情况，而 GJB 5000A－2008 并无类似说法。

(3) GJB 5000A－2008 没有明确提及软件生命周期中各过程间的转换准则。

(4) 在软件设计阶段，DO－178C 对于需求和标准的定义更为明确和具体。

(5) 在软件需求阶段，DO－178C 规定，对于软件中有关系统功能和接口要求存在含糊不清、矛盾或未定义的情况，必须予以分析；而 GJB 5000A－2008 中仅要求标记出需求、计划、产品三者间的含糊不清、矛盾或未定义的地方，并未要求做任何处理。

(6) 在测试阶段，DO－178C 对于具体的软件需求，给出了相应的常规和鲁棒性测试说明，并且对于不同等级的软件，规定了不同的测试覆盖率，如语句覆盖、判定覆盖等；GJB 5000A－2008 对应部分的说明较为概括和笼统，没有涉及具体的方法名称。

(7) 在构型管理过程中，DO－178C 提出数据控制类型的概念，并将软件生命周期数据划分为两种控制类型，在 GJB 5000A－2008 中没有类似内容。

(8) 在构型管理过程中，DO－178C 提到了对于归档数据的更新和非授权变更的保护问题，GJB 5000A－2008 没有类似内容。

(9) GJB 5000A－2008 没有涉及审定联络过程的内容。

两个标准的全过程概要比较与分析如表 9.1 所示。

表 9.1　DO－178C 与 GJB 5000A－2008 的全过程概要比较与分析

DO－178C		GJB 5000A－2008	
过　程	分　　析	过　程	分　　析
软件设计阶段	产生不同的标准和计划指导其他过程	项目计划	着眼于项目风险和进度
软件需求阶段	研究需求是从系统级到高级、再到低级需求	需求产生	研究需求是从客户、产品和产品结构方面入手
	在软件计划过程描述过程控制	需求管理	特别提到了需求变更控制
软件设计阶段 软件编码阶段	强调代码的可控性	技术解决方案	着眼于设计方法的评估
集成阶段	力求将嵌入的软件与硬件结合成一体	产品集成	管理产品的内外部接口，同时规定集成次序

（续表）

DO-178C		GJB 5000A-2008	
过　程	分　　析	过　程	分　　析
软件验证阶段	中断并报告错误	确认	保证构建正确的产品
		验证	保证生成的产品符合预定的需求
软件配置管理阶段	强调数据间的追溯性，变更的可控以及基线的制定和管理等	配置管理	详细规定了基线的制定和管理
软件质量保证阶段	着眼于缺陷的检验、评估、跟踪和解决	过程和产品的质量保证	着眼于客观地评估

9.2 与IEC 61508-3对比分析

9.2.1 标准简介

IEC 61508-3是电气/电子/可编程电子安全相关系统的功能安全文件——第3部分：软件要求(Functional Safety of Electrical/Electronic/Programmable Electronic Safety-Related Systems—Part 3：Software requirements)的简称，隶属于IEC 61508系列国际标准。IEC 61508系列国际标准是由国际电工委员会(International Electrotechnical Commission，IEC)于2000年发布的，其范围涉及电气/电子/可编程电子安全相关系统。该标准是功能安全技术和管理的基础标准，在此基础上衍生了其他行业的功能安全标准，如过程工业的IEC 61511、机械工业的IEC 62061、核工业的IEC 61513等。

IEC 61508由七个部分组成：一般要求、电气/电子/可编程电子安全相关系统的要求、软件要求、定义和缩略语、确定安全完整性等级的方法示例、第2和第3部分的应用指南、技术和措施概述。其中，第1、2、3、4部分为标准的正式内容，是规范性要求；第5、6、7部分为标准的参考内容，属于资料性内容。该系列标准对电气(electrical)/电子(electron)/可编程电子(programmable electron，PE)系统给出了明确定义，即以E/E/PE技术为基础，包括了电气设备、电子设备、可编程电子设备。其中，电气设备指电机设备；电子设备指固态非可编程电子设备；可编程电子设备指以计算机技术为基础的电子设备。标准对电气/电子/可编程电子系统的定义为：以一个或多个可编程电子设备为基础，用于控制、防护和监督的系统，它包括了系统的全部元件，如电源、传感器以及其他输入设备、数据通道、通信通路和其他执行器、输出设备。

IEC 61508 主要着眼于三方面工作：风险评估、安全完整性等级和安全生命周期。其中，风险评估是实施功能安全管理的前提，安全完整性等级是功能安全技术的体现，安全生命周期是功能安全管理的方法。该标准明确提出了安全相关系统的功能安全，并给出了一个全面的电气/电子/可编程电子系统功能安全管理的框架，它是一个技术理念、科学的评估体系和优化的管理手段的集合。

1）IEC 61508 的主要内容

IEC 61508 的主要包括以下几方面内容：

(1) 对用于执行安全功能的 E/E/PE 系统，该标准全面地考虑与这类系统和软件安全生命周期相关的各个方面。例如，从原始定义，过程设计，供给工具，系统运转与维护，直至报废淘汰。

(2) 确实考虑到技术层面的快速发展，所提出的框架十分健全，并且能够迎合未来的发展趋势。

(3) 推动与 E/E/PE 安全相关系统有关的产品和应用的发展。

(4) 为达到 E/E/PE 安全相关系统指定的功能安全性要求，IEC 61508 提供一种开发满足安全性要求的必要规范的方法。

(5) 采用一种基于风险评估的方法来定义安全完整性。

(6) 引入安全完整性等级详细定义与说明安全完整性的目标等级。

(7) 为与安全完整性相联系的 E/E/PE 安全相关系统的安全性能设置目标失败测度。

(8) 为单独的 E/E/PE 安全相关系统的安全性能设置更低的目标失败测度限制。当 E/E/PE 安全相关系统运行在低要求模式时，失败风险的平均概率限制在 10^{-5} 以下；当运行在高要求模式时，失败风险的平均概率限制 10^{-9} 以下。

(9) 基于行业实践经验和判断，为避免、控制系统缺陷设定相应的要求。即使系统缺陷的发生概率不能用标准进行量化表示，但还是可以在满足标准中相关要求的前提下，针对特定安全功能提出一些要求。

(10) 提出将应用于单一元件的系统性能评价与系统安全完整性是否满足特定安全完整性等级相关要求联系起来。

(11) 采用广泛的原理、技术和度量指标来实现和保证 E/E/PE 安全相关系统的功能安全性，但不明确使用安全性缺失的概念。然而，安全性缺失和固有安全性原则这两个概念可以被使用，倘若满足了标准中的相关条款，这两个概念是可以被接受的。

IEC 61508-3 作为 IEC 61508 系列中唯一一个专门针对软件部分提出要求的标准，其适用范围主要有以下几个方面：

(1) 预期只有在充分理解 IEC 61508-1 和 IEC 61508-2 两个标准的前提下，才适宜使用此标准。

(2) 此标准适用于安全相关系统各个部分所涉及的软件，或者用于指导开发 IEC 61508-1 和 IEC 61508-2 适用范围内的安全相关系统，这样的软件被称为安全相关软件(包括操作系统、系统软件、通信网络软件、人-机接口功能以及固件和应用软件)。

(3) 为用于开发和配置适用 IEC 61508-1 和 IEC 61508-2 标准的安全相关系统的支持工具提出详细准确的要求。

(4) 要求软件安全功能和软件系统性能达到指定要求。

(5) 为安全生命周期阶段和涉及安全相关系统软件的设计、开发阶段的活动制定相应要求，这些要求包括为了避免软件缺陷和失效，而依据满足必需的系统性能而划分等级的度量标准和技术的应用。

(6) 为将涉及系统安全性确认阶段的软件情况的信息传递给实现 E/E/PE 系统集成的组织提供必备的条件(或要求)。

(7) 为与用户运行与维护 E/E/PE 安全相关软件所必需的软件相关的信息和程序的准备提供必备的条件(或要求)。

(8) 为适应实现安全相关软件的更改功能的组织提供必备的条件(或要求)。

(9) 为与 IEC 61508-1 和 IEC 61508-2 相关联的支持工具，如开发和设计工具、语言翻译器、测试和调试工具、配置管理工具。

(10) 不适用于依据 IEC 60601 系列标准的医疗器械设备。

2) IEC 61508-3 标准增加的主要要求

与 IEC 61508-1 标准相比，IEC 61508-3 标准着重在软件方面增加了以下几方面要求：

(1) 功能安全性计划应该根据 E/E/PE 安全相关系统中安全功能的安全完整性等级所规定的范围制定相应的策略，如软件的采购过程、开发过程、集成过程、验证过程、确认过程以及软件的可修正裕度。

(2) 在软件配置管理方面主要增加了以下要求：

a. 要将管理和技术控制贯穿于软件整个安全生命周期，这样既便于管理软件,同时也可以保证在软件发生变更的情况下,安全相关软件依然能够满足指定的要求。

b. 要保证所有必需的操作都可以被实现,以证明达到了软件系统性能的要求。

c. 准确地维护并且唯一识别(或标定)所有配置项对于满足 E/E/PE 安全相关系统的安全完整性要求是必要的。配置项至少包括以下内容:安全性分析和要求;软件规格说明书和设计文档;软件源代码模块;测试计划和结果;验证过程文档;先前被合并到 E/E/PE 安全相关系统中软件模块和软件包;所有用于创建、测试和实现相关功能的工具和开发环境。

d. 应用变更控制程序:防止未经批准的变更,记录变更请求;分析提出的变更可能导致的影响,批准或拒绝变更;记录所有获得批准的变更的详细信息及理由;软件开发过程中在适当的节点处设置配置基线,并记录(局部)集成测试基线;确定所有软件基线的组成和建立,包括早期基线的重建。

e. 确定合适的方法用于向实时系统中加载正确的软件部分和准确的数据。

f. 考虑到后期的功能安全性审查,应记录以下信息:配置情况、版本情况、所有变更的批准理由(考虑影响分析)及变更的详细资料。

g. 正式地记录安全相关软件的版本。所有相关联的文件、使用的数据的版本以及软件的原版拷贝,在软件发布版本的整个生命周期内,都应该允许维护和变更。

3) IEC 61508-3 标准重点讨论的内容

IEC 61508-3 重点讨论了以下两方面内容:

(1) 软件安全生命周期的要求。这部分内容主要分为九个部分:总体要求、软件安全要求说明书、软件层面的系统安全性的确认计划、软件设计和开发、可编程电子设备的集成(软硬件)、软件操作和变更程序、在软件层面实施的系统安全性确认、软件变更、软件验证。各部分主要从两个方面进行描述:目标和要求。图 9.1 表示软件系统性能和开发周期(V 模型)。

(2) 功能安全性评估。应用 IEC 61508-1 标准中条款 8 的目标和要求进行评估。

9.2.2 与 DO-178C 的比较

无论是在 DO-178C 还是 IEC 61508-3 中,安全性都是被强调最多的概念,并且两个标准都明确体现出将安全性贯穿于整个软件生命周期过程的思想。但是,两者对安全性的定义和侧重点有所不同。

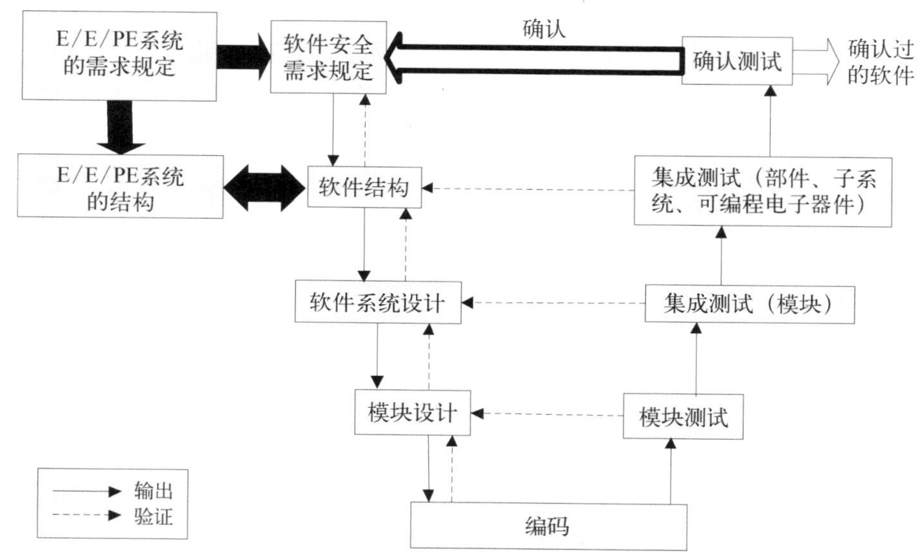

图 9.1　软件系统性能和开发周期(V 模型)

在 DO－178C 中,对安全性的要求主要体现在以下几个方面:

(1) 软件等级根据所引起的失效状态类别来定义,通过对软件等级的评定,给出软件产品在整体层面上的安全性评估。

(2) 对软件生命周期中的所有过程都进行严格、细致地分析,并且基于安全性的考虑,对各个过程都设置了很多活动与目标。这些活动与目标既可以对开发者的相关行为起到指引作用,同时也可作为软件安全性评估过程中的参考指标。

(3) DO－178C 在传统软件生命周期模型的基础上,增加了很多过程以保证和提高最终软件产品的安全性,诸如计划过程、整体过程中的软件配置管理过程和审定联络过程等。

(4) DO－178C 特别强调软件生命周期中的过程管理,对生命周期中各个阶段强制要求输出作为安全性达标的相关文档。

IEC 61508－3 是针对安全相关软件的设计开发而制定的标准,故其着重强调软件产品的功能安全性,包括软件自身安全性以及软件对系统安全性的影响。因而 IEC 61508－3 中的安全性,其含义更多的偏向于功能安全。在 IEC 61508－3 中,提出安全完整性及安全完整性等级两个概念,用于解释和评定系统的功能安全。根据 IEC61508 的定义,安全完整性是在规定的条件下和规定的时间内,安全相关系统成功实现所要求的安全功能的概率。为了具体量化安全完整性,IEC 61508 定义了安全完整性等级(safety integrity level, SIL)的概念,用于规定分配给 E/E/PE 安全相关系统的安全功能的安全完整性要求,最高为 4,最低为 1。SIL1 大概对应 DO-178C 中所定义软件等级的 D 级,SIL2 对应 C 级,SIL3 对应 B 级,SIL4 对应 A 级。为了定义的完整性,在使用该标准时可以想象认为 SIL0 对应 DO-178C 中的 E 级。SIL 等级越高,安全相关系统能实现所要求的安全功能的概率就越高。但是,达到某个 SIL 等级并不意味着系统就是绝对安全或可靠。满足某个 SIL 等级的要求,仅仅是提供了一种安全的可信度,具体而言,就是一个系统或功能失效的概率低于该 SIL 等级规定的失效概率。因此,SIL 不是降低风险的措施,而是风险降低的目标。

DO-178C 与 IEC 61508-3 中所规定的软件生命周期大体一致,两者对软件生命周期的划分都包括软件需求定义、软件设计与编码、软件测试与确认、软件验证过程等等。但是,DO-178B 对软件生命周期过程的叙述相较而言更为细致,并特别强调了过程的可管理性,具体通过整体过程中的软件配置管理过程和计划过程来体现。其中,软件计划过程给出了软件开发过程和软件整体过程的计划和活动,指导软件如何开发来符合系统需求和适航要求(即在理论上给出了如何设计才能得到一个置信度很高的软件的步骤和方法)。而这两个过程是 IEC 61508-3 所没有的。

此外,DO-178C 对软件生命周期过程中的每个阶段都进行了深入的分析和详尽的描述,包括输入、输出、转换准则、目标以及活动这五个方面。该标准力求从细节上多角度地规范生产活动,以保证最终产品的质量;同时,详细的过程演绎也为以后的评估审核提供便利和证明。而 IEC 61508-3 只是针对与 E/E/PE 安全相关系统有关软件的研发与评估,着重于满足软件整体性能,尤其是功能安全的要求。因此,其对于软件生命周期过程各个阶段的描述同 DO-178C 相比较为粗略,仅描述了每个阶段的目标及要求。

归纳起来,IEC 61508-3 与 DO-178C 大体上是一致的,相比之下,后者在某种程度上更加清晰和明确(更像一些特殊部门所期望的标准)。值得注意的是,在 IEC 61508-3 中所引用的软件工程技术和软件方法都可在 IEC 61508 标准的第 7 章中找到(制成了一览表)。

9.3 与 EN 50128 对比分析

9.3.1 标准简介

EN 50128《铁路应用——通信、信号和处理系统——铁路控制和防护系统软件》是由欧洲电工标准化委员会提出的，在欧盟范围内，为铁路当局和铁路相关工业提供的一个确保铁路系统及其相关产品的可靠性、可用性、可维护性以及安全性管理的系列标准之一。该标准针对软件安全性的保证进行了规定。

铁路信号系统是典型的安全相关系统。铁路信号系统经历了机械、电气、电子以及计算机应用等发展阶段，系统也从相对简单分散独立的系统发展成集信号指示、列车运行控制、调度集中、数据通信等多项功能为一体，软件与硬件紧密结合的大型的复杂系统。对这类复杂安全系统的功能安全保障理论与实践问题一直是世界各国专家学者不断研究的课题。

该欧洲标准将技术和方法按照软件安全完善性划分为5个等级：0级表示与安全性无关的软件。在这一版本中，1、2级的技术要求相同，3、4级的技术要求相同。对于一个给定的风险应当采用哪个安全完善性等级最为合适，在本标准中并未有相关指导，要根据实际情况确定。

EN 50128中所规定的开发高完善性的软件所应遵循的原则包括(但不仅仅局限于)如下内容：

(1) 自顶向下的设计方法。

(2) 模块化设计。

(3) 对开发生命周期中每个阶段的验证。

(4) 验证过的模块及模块库。

(5) 清晰的文件说明。

(6) 可审阅清查的文件。

(7) 确认测试。

本标准具体规定了每个软件安全完善性的确保标准，以证明其达到上述准则的需求。

在系统安全性需求具体提出之后，即明确了所有软件相关的安全性功能并确定了系统安全完善性等级，本标准的应用步骤如下：

(1) 定义系统具体需求，同时考虑软件架构。软件架构中将为软件以及软件安全完善性等级制定基本安全策略(条款5、8、9)。

(2) 根据软件质量保证计划进行软件的设计、开发以及测试，软件安全完善性等级和软件生命周期(条款10)。

(3) 软硬件集成(条款12)。

(4) 确认软件(条款13)。

（5）如果软件维护需要贯穿于操作周期，那么在必要时参阅本标准（条款 16）。

（6）软件开发过程中交叉进行的各种活动，包括验证（条款 11）、评估（条款 14）以及质量保证（条款 15）。

（7）使用应用程序数据（application data）对系统进行配置的对应要求（条款 17）。

（8）对软件开发人员的要求（条款 6）。

（9）本标准没有硬性规定采用某个特定的软件开发生命周期，但是给出了一种推荐使用的生命周期及其文件集（条款 7）。

9.3.2 与 DO－178C 的比较

同样作为保证软件安全性的相关标准，EN 50128 将技术和方法按照软件安全完善性划分为 5 个等级，其中 0 级表示与安全性无关的软件，4 级表示安全性要求最高的软件，具体如表 9.2 所示。排除 0 级软件不算，EN 50128 所划分的软件等级的数量与 DO－178B 相当。但是，在当前出台的最新版本的 EN 50128 中，软件安全等级 1、2 级所规定的相应技术要求是相同的，3、4 级的技术要求也相同，而 DO－178B 所规定的 4 个安全性等级，每个都有明确的目标，不同等级之间有严格的技术要求差异。因此，实际上在安全性等级的划分和实施方面，DO－178C 比 EN 50128 要细致得多。

表 9.2　EN 50128 中规定的软件安全完善性等级

软件安全完善性等级	软件安全完善性描述
4	非常高（very high）
3	高（high）
2	中（medium）
1	低（low）
0	与安全性不相关

EN 50128 没有硬性规定采用某个特定的软件开发生命周期，但是有两个推荐使用的生命周期：

（1）生命周期一（见图 9.2），包括 10 个阶段：系统开发阶段、软件需求阶段、软件设计阶段、软件模块化设计阶段、编码阶段、软件测试阶段、软硬件集成阶段、软件确认阶段、系统集成阶段、系统确认阶段。

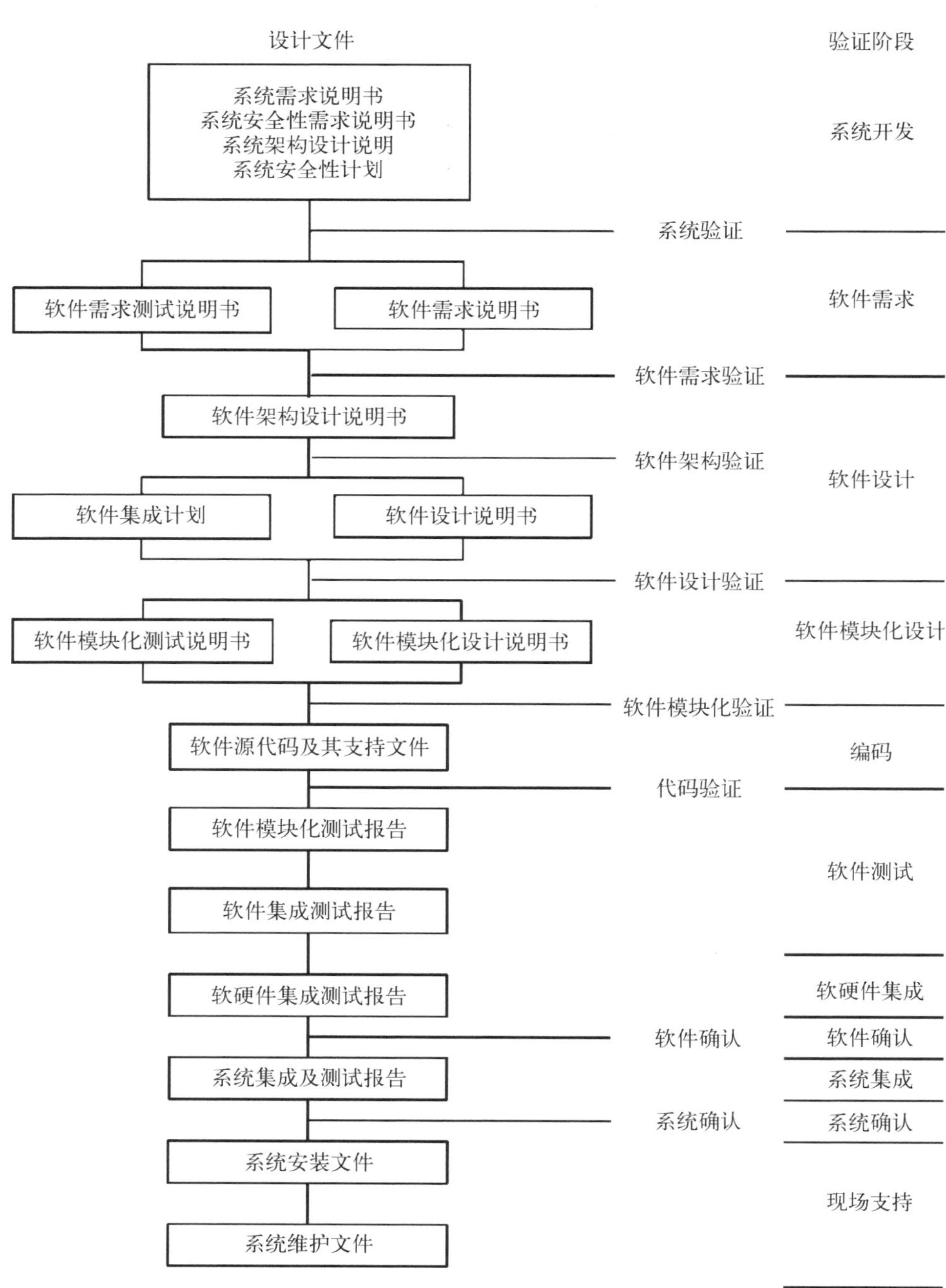

图 9.2 EN 50128 推荐使用的软件开发生命周期一

(2) 生命周期二(V 模型,见图 9.3),包括 12 个阶段:软件计划阶段、软件开发阶段、软件需求说明阶段、软件架构与设计阶段、软件模块化设计阶段、编码阶段、软件模块化测试阶段、软件集成阶段、软硬件集成阶段、软件确认阶段、软件评估阶段、软件维护阶段。

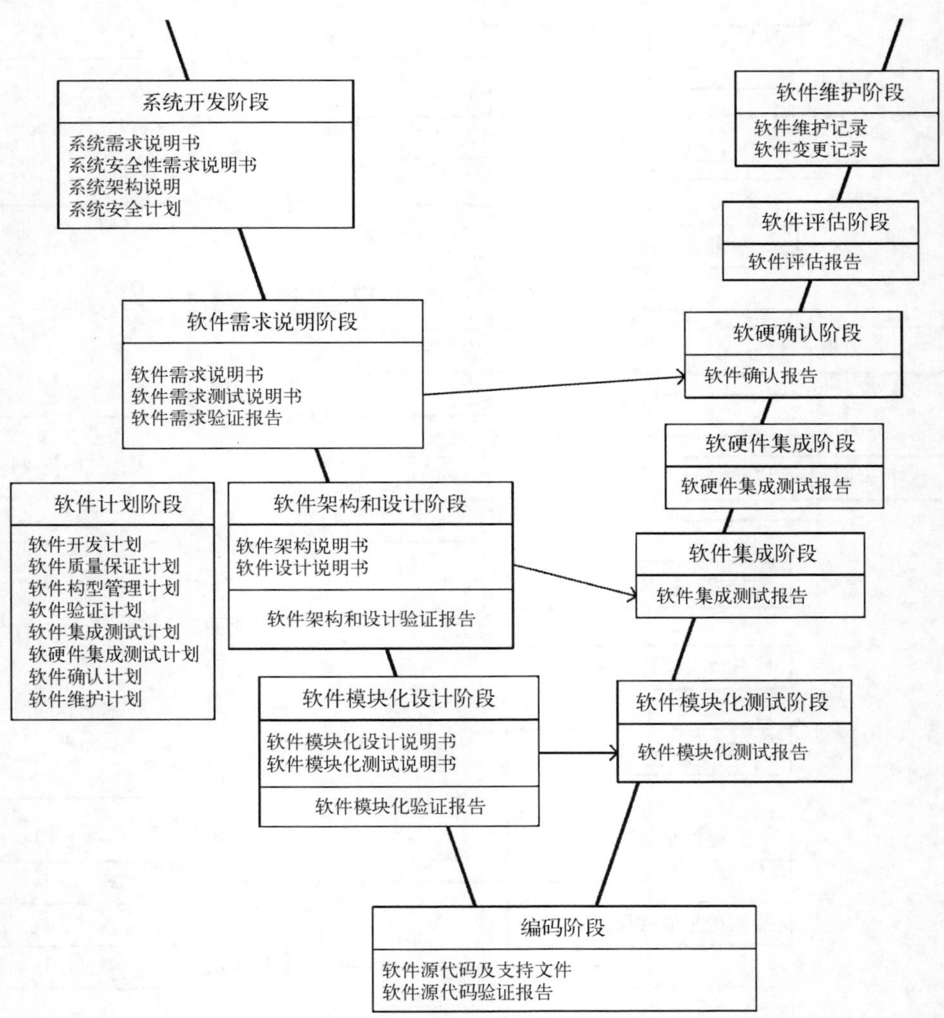

图 9.3　EN 50128 推荐使用的软件开发生命周期二

与 DO-178C 相比,EN 50128 所推荐的上述两种模型同样对软件生命周期过程进行了较为细致地划分。除了 DO-178C 中所特有的审定联络过程外,对于计划、需求、设计、编码、集成、验证、构型管理和质量保证过程均可找到对应的类似过程的描述。但是，EN 50128对于各个阶段具体内容的说明要相对粗略得多。该标准仅简要描述了每个阶段的目标、需求、输入和输出，没有像DO－178C一样写明各阶段之间的转换准则，也没有明确规定各阶段需要进行的活动。但是，考虑到该标准并不像DO－178C那样明确制定了一个统一的软件开发生命周期，因而也就无法针对某个具体的软件开发生命周期写出阶段间的转换准则。

9.4　与IEEE－EIA 12207.0对比分析

9.4.1　标准简介

IEEE/EIA 12207.0（Standard for Information Technology — Software Life Cycle Processes）是由电气和电子工程师协会（Institute of Electrical and Electronics Engineers，IEEE）和电子工业协会（Electronic Industries Alliance，EIA）两大标准化组织联合制定，并于1998年3月正式发布，旨在为国际软件行业内的相关实践活动提供便于使用的基准。IEEE/EIA 12207.0的制定是在包含ISO/IEC 12207（Information technology — Software life cycle processes）的基础上，通过增加一些附录性质的解释说明而完成的。

ISO/IEC 12207是由国际标准化组织（International Organization for Standardization，ISO）和IEC两大标准化组织于1995年8月正式公布，旨在为整个软件生命周期过程提供一套通用的框架结构，同时也为软件生命周期过程的定义、控制和改善提供方法。ISO/IEC 12207中所定义的很多术语如今已被软件行业广泛参考和引用，其主要包括以下几方面内容：

1）标准适用范围和术语定义

ISO/IEC 12207国际标准主要适用于以下几方面：

（1）系统（或软件）产品或服务的选择。

（2）软件产品的需求定义、开发、运行及维护阶段。

（3）具备软硬件相结合的产品中，有关于软件产品部分的开发过程。

（4）可作为同一组织内不同工作部门间共同约定遵守的准则，但不适用于现货软件。

ISO/IEC 12207国际标准定义了37个术语，其分布范围广泛，涉及产品供求关系描述以及软件产品生命周期各个过程的严格定义。这些术语包括产品采购方（acquirer）、采购（acquisition）、协议（agreement）、审核（audit）、基线

（baseline）、配置项（configuration item）、合同（contract）、开发方（developer）、评价体系（evaluation）、固件（firmware）、生命周期模型（life cycle model）、维护者（maintainer）、追踪过程（monitoring）、非交付项（non-deliverable item）、现货产品（off-the-shelf product）、操作者/运营商（operator）、过程（process）、合格证明（qualification）、合格要求（qualification requirement）、合格测试（qualification testing）、质量保证（quality assurance）、发布版本（release）、投标要求（request for proposal）、更新（retirement）、安全性（security）、软件产品（software product）、软件服务（software service）、软件单元（software unit）、合同要求（statement of work）、供应商（supplier）、系统（system）、测试覆盖（test coverage）、易测性（testability）、用户（user）、确认（validation）、验证（verification）、版本（version）。

2）主要生命周期过程

（1）采购过程：主要包括开始、合同要求准备、合同准备与修订、供应/需求追踪、接受与完成几个活动。

（2）需求定义过程：主要包括开始、回复准备、合同签订、计划编制、执行与管理、回归与评估、交付与完成几个活动。

（3）开发过程：主要包括流程实施、系统需求分析、系统构型设计、软件需求分析、软件构型设计、软件详细设计、软件编码与测试、软件集成、软件合格/确认测试、系统集成、系统合格/确认测试、软件安装、软件承诺维护几个活动。

（4）运行过程：主要包括流程实施、运行测试、系统运行、用户验证几个活动。

（5）维护过程：主要包括流程实施、问题与变更分析、变更执行、检查/验收维护、软件移植、软件升级几个活动。

（6）文档编制过程：主要包括流程实施、设计与开发、文档完成、文档维护几个活动。

（7）配置管理过程：主要包括流程实施、配置核对、配置控制、配置状况列表、配置评估、发布管理与交付几个活动。

（8）质量保证过程：主要包括流程实施、产品保证、过程保证、高质量系统保证几个活动。

（9）验证过程：主要包括流程实施和验证两个活动。

（10）确认过程：主要包括流程实施和确认两个活动。

（11）回归过程（joint review process）：主要包括流程实施、项目管理回顾、技术回顾三个过程。

(12) 审查过程：主要包括流程实施和审查两个活动。

(13) 问题解决过程：主要包括流程实施和问题解决两个活动。

3) 组织结构的生命周期过程

(1) 管理过程：主要包括开始及范围定义、计划、执行与控制、回顾与评估、关闭几个活动。

(2) 基本设施建立与维护过程：主要包括流程实施、基本设施的制定、基本设施的维护三个活动。

(3) 改进过程：主要包括过程制定、过程评估、过程改进三个过程。

(4) 培训过程：主要包括流程实施、培训具体的开发、训练(training)计划的执行三个活动。

IEEE/EIA 12207.0 在包含 ISO/IEC 12207 的基础上，主要增加了六个部分的附属说明，包括基本概念、符合性、生命周期过程目标、生命周期数据目标、关联性、勘误表。各部分主要内容如下：

(1) 增加了一些基本概念的描述。例如，在软件生命周期体系方面，着重强调了模块化和可靠性两个概念，强调整体质量管理的重要性；在软件开发过程中，强调配置管理的重要性，以及输出文档的规范性、无二义性等；在软件外在特性方面，对软件和系统间的交互性能提出一定的要求，并着重强调了适应性这一概念。

(2) 探讨了符合性这一概念。IEEE/EIA 12207.0 在这一部分详细给出了符合性在不同情况下的定义、等级以及评价标准。

(3) 更加细致、完善地描述了在 ISO/IEC 12207 所定义的各个生命周期过程中所应该达到的基本目标。IEEE/EIA 12207.0 在这一部分针对软件生命周期中的 17 个主要过程，逐一列出每一个过程所要达到的具体目标，叙述详尽，表述准确。

(4) 着重描述了执行 ISO/IEC 12207 所定义的各个生命周期过程之前，数据准备阶段所需要遵循的一些基本原则。IEEE/EIA 12207.0 在这一部分针对 ISO/IEC 12207 中未提及的数据目标问题进行了较为详尽的描述，包括主要过程中数据的定义、类型以及特点等。

(5) 简要描述了相关标准间的关联性。这一部分明确描述了 IEEE Std 1074、IEEE Std 1498、ISO 9001 以及 ISO/IEC 12207 这几个国际标准之间的联系。

(6) 对 ISO/IEC 12207 中某些条款所存在的不确定性进行解释或更正，以防读者理解错误。

9.4.2 与 DO－178C 的比较

针对航空业机载软件开发过程而专门制定的 DO－178C，鉴于应用领域与对象的特点，因而尤其强调软件系统的安全性，所以特别采取了很多手段以确保具备所要求的安全性。IEEE/EIA 12207.0 是在包含 ISO/IEC 12207 的基础上，通过增加一些附录性质的解释说明而完成的。ISO/IEC 12207 的制定是为整个软件生命周期过程提供一套通用的框架结构，同时也为软件生命周期过程的定义、控制和改善提供方法。无论是 ISO/IEC 12207 还是 IEEE/EIA 12207.0，其适用对象都是所有软件类产品，即这两个标准都是面向软件产品开发的一般过程而言，并未着重或偏向于某一个行业，所以标准中并没有特别强调软件的安全性。

DO－178C 和 IEEE/EIA 12207.0 对于软件生命周期的描述都很全面，都包含软件从需求定位，到设计编码，直至验证交付的整个过程。IEEE/EIA 12207.0 将软件生命周期大致划分为三个过程：主要生命周期过程、支持过程和组织结构的生命周期过程。这三个过程的划分并不是按照时间顺序上的先后，而是从三个不同的角度描述软件生命周期，每一个过程对应软件生命周期中的一些关键点。

(1) 主要生命周期过程对应于狭义上的软件开发过程，如软件的需求定义、设计与编码、集成与测试、验证与维护等阶段。

(2) 支持过程对应于广义软件开发过程中除去包含于主要生命周期中的阶段以外的其他过程，如文档编制、配置管理、质量管理、回归与审核等过程。

(3) 组织结构的生命周期过程贯穿于软件整个生命周期过程，主要是强调软件的可管理性、可改进性等方面。

IEEE/EIA 12207.0 是作为整个软件行业的基础性标准，具有相当的普适性；由于并不针对某一行业，故其表述相对较为粗略，多采取概括性语言。在 IEEE/EIA 12207.0 中，对每个阶段的描述主要采取提出一些活动的形式。IEEE/EIA 12207.0 在对软件生命周期划分为三个大过程的基础上，对大过程范围内的每个小过程都提出了一系列相关活动，用于指导小过程的进行。但是 IEEE/EIA 12207.0 对每个活动的描述都很简略，只是概述开发者应从哪些方面着手考虑活动的执行，或是应该注意哪些问题，却并未给出指定技术或度量指标。相比之下，DO－178C 对于软件生命周期过程中各个阶段的描述就详尽得多，规定了每个过程的输入、输出、转换准则、目标以及活动，具体可见本书第 3～5 章对 DO－178C 内容的介绍，在此不再赘述。

9.5　与 ESA PSS－05－0 对比分析

9.5.1　标准简介

ESA PSS－05－0（Software Engineering Standards）是由欧洲航天局（European Space Agency，ESA）下属的软件标准与管理委员会（Board for Software Standardization and Control，BSSD）制定，并于 1987 年 1 月首次正式发布的软件工程标准。此后，经过 BSSD 的修订，ESA PSS－05－0 标准的最新修订版本于 1994 年 10 月正式发布。此标准适用于规范所有交由 ESA 使用的可交付/正式版本的软件，同时也可作为相关行业标准使用。

ESA PSS－05－0 标准中所定义的软件是由程序、过程、规范以及涉及计算机系统运行的所有相关文档共同组成的。其适用对象既包括系统内各种软件，例如与系统硬件部分的接口软件，或是系统各部分间的接口软件，又可以是独立软件或是作为复杂系统的组成部分的软件。ESA PSS－05－0 标准按照内容划分，主要分为三部分：强制性实践内容、推荐性实践内容和指导性实践内容。ESA PSS－05－0 中提到了可能影响标准应用过程的诸多因素，其中包括开发和运行过程中的项目成本，如各个过程中的人员配备、潜在用户的数量及需求变更、软件开发过程的复杂性与风险性等；此外，还包括软件的安全性、易维护性等方面的影响。与大多数行业标准类似，ESA PSS－05－0 并没有强制使用哪种软件工程方法或软件工具，标准中提及的一些软件工程方法或软件工具只是为了对标准中的术语或特定内容进行解释和说明。

ESA PSS－05－0 标准按照组成划分，又可以分为以下三个部分：

(1) Part 1 产品标准：规定执行定义、实现、操作和维护产品（软件）的标准、建议和指南。

(2) Part 2 过程标准：用于软件项目管理的规程。

(3) Part 3 附录：术语表、软件项目文档、文档模版、对强制措施的总结、表格模板。

从本质上说，该标准是基于将工程项目分割成许多事先已定义好的阶段，为所考虑的软件项目的执行提供了一个清晰且可接受的软件工程经典方法，特别是采用由IEEE出版的软件工程标准。

1）产品标准

对于产品标准这部分，ESA PSS－05－0主要是基于传统意义上的软件开发过程而进行阐述的，其主要内容如下：

(1) 软件生命周期。

标准在这一部分中对软件生命周期进行全面、概述性质地描述，并提出一些范例。其中，标准定义了软件生命周期从软件产品的构思开始，直至软件产品不可用或不再被使用为止，还建议通过定义一些阶段及阶段内目标的方式划分软件的生命周期。此外，还对标准后面各部分中所用到的一些术语进行了定义与简要描述。标准对软件生命周期的具体划分情况如图9.4所示。

(2) 用户需求定义阶段。

这一阶段也被称为问题定义阶段。设定这一阶段的目的是将对任务的描述进行精炼，从用户的角度描述"我到底想要什么"这一关键问题。阶段结束时要求输出一份《用户需求说明书》，用于指导整个软件的研发过程，因为它明确定义了什么样的软件产品才会被用户所接受。

(3) 软件需求定义阶段。

这一阶段也被称为问题分析阶段。设定这一阶段的目的是通过对《用户需求说明书》中所列出的用户需求进行分析，提出一系列较为完整、合适以及正确的软件要求。阶段结束时要求输出一份《软件需求说明书》，用于描述"最终软件产品必须能做什么"这一关键问题，同时也用于验证软件的设计及最终产品。

(4) 软件架构设计阶段。

这一阶段也被称为生命周期方案的确定阶段。设定这一阶段的目的是通过定义软件各个组成部分及之间接口的集合，为软件的开发阶段构建一种框架。阶段结束时要求输出一份《软件架构设计说明书》，用于说明软件的各个组成部分以及各部分之间的关系。

(5) 软件详细设计和生产阶段。

这一阶段也被称为生命周期方案的执行阶段。设定这一阶段的目的是在《软件架构设计说明书》的基础上，对软件各个部分进行详细设计，其中包括代码生成、文档编写以及测试过程等。阶段结束时要求输出《软件详细设计说明书》和《软件用户手册》。

(6) 软件转换阶段。

这一阶段也被称为生命周期方案的移交阶段。设定这一阶段的目的是将软

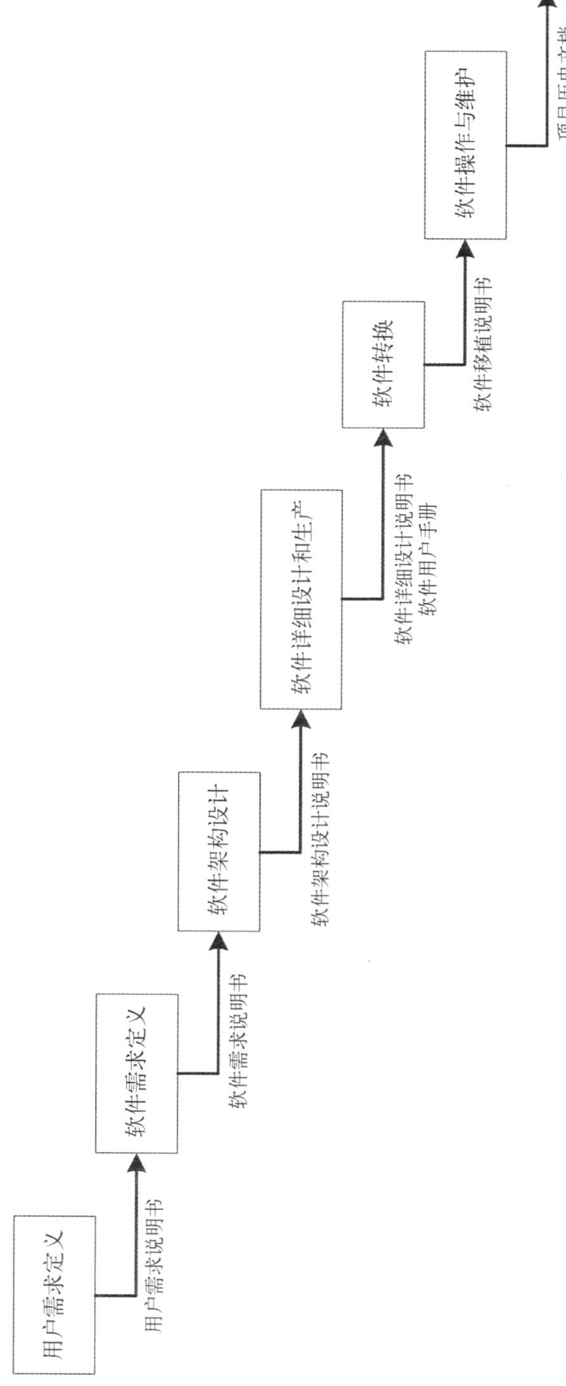

图 9.4　软件生命周期划分

件产品配置安装到操作运行环境中，开发人员通过在操作环境中运行软件，向用户展示软件产品确实满足了《用户需求说明书》中的所有要求。阶段结束时要求输出一份《软件移植说明书》，用于验收测试过程。

(7) 软件操作与维护阶段。

由于软件的操作运行过程不在本标准适用范围内，因此在此只讨论软件的维护阶段。软件维护阶段的目的是确保软件产品能够持续满足最终用户的真实需求。维护阶段可利用的资源从某种程度上反映出产品的重要性。阶段结束时要求输出一份《项目历史文档》，用于概述产品的开发、运行和维护阶段。

2) 过程标准

对于过程标准这部分，ESA PSS-05-0 主要是从过程管理的角度进行阐述的，其主要内容如下：

(1) 软件生命周期管理。

这一部分概述软件开发各个阶段所应执行的最基本的活动。设定这些阶段的目的是确保在确定时间、确定预算内，生产出满足质量要求的产品。

(2) 软件项目管理。

这一部分定义了项目管理过程是计划、组织、配置、追踪、控制和引导软件研发相关活动的总称。其中，《软件项目管理计划》是管理软件项目的控制文档，它是精确并不断进化的，贯穿于整个软件生命周期中，主要用于管理软件设计和需求的变更。

(3) 软件配置管理。

根据 ANSI/IEEE 729-1983 中的定义，软件配置管理过程包括识别和定义系统中的相关配置条款；在整个软件生命周期中控制这些条款的发布和变更；记录并报告配置条款和变更请求的状况；验证配置条款的完备性和正确性。软件配置管理过程集管理和技术于一体，是实现软件质量控制的基础，其相关活动均在《软件配置管理计划》中明确定义。

(4) 软件确认与验证过程。

ANSI/IEEE 729-1983 中对软件验证过程给出三种定义：

a. 一系列用于确定并证明相关条款、过程、服务或文档满足指定要求的行为，包括回顾、检查、校验、测试及其他方式。(ANSI/ASQC A3-1987)

b. 决定软件开发生命周期中一个给定阶段的产品是否满足其之前阶段相关要求的过程。

c. 程序正确性的证明。

d. ANSI/IEEE 中对软件确认过程的定义是软件开发过程末尾时的软件评估相关活动，目的是确保满足用户要求。因此，软件确认过程也被认为是最终功能验证。

图 9.5 给出了软件生命周期验证方法。

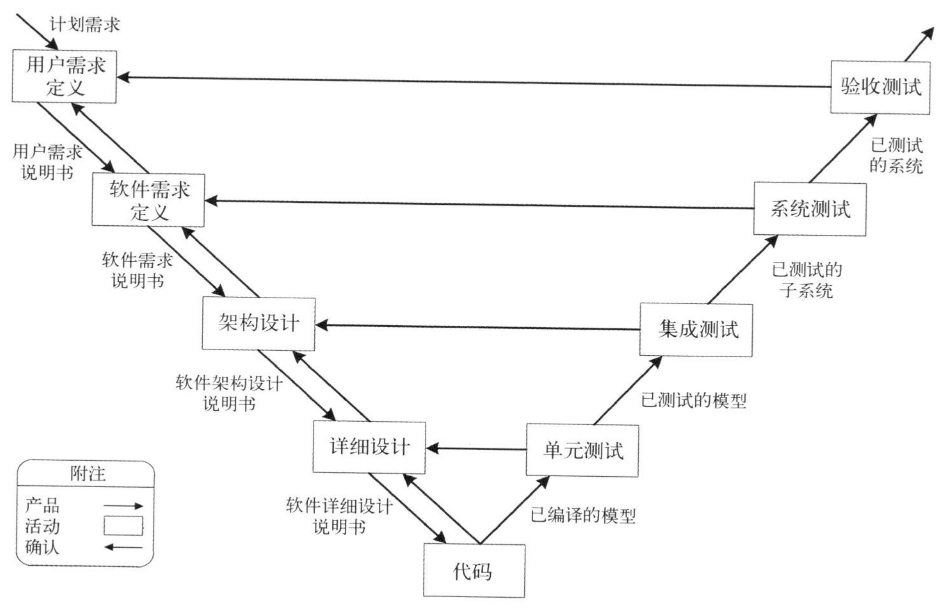

图 9.5 软件生命周期验证方法

(5) 软件质量保证过程。

根据 ANSI/IEEE 730-1989 中的定义，软件质量保证是一种计划好的、系统化的模型，即所有活动都必须提供足够的证据证明相关项目和产品满足已制定的技术标准。质量保证相关活动的执行就是本标准中所述的验证过程。其中，《软件质量保证计划》定义如何坚持执行相关标准，它通过罗列必须被执行的活动来确保软件产品的质量。

为了便于相关企业或个人更好的使用 ESA PSS-05-0 系列标准，BSSD 于 1995 年 3 月起陆续发布一系列针对标准最新修订版的指导性说明文档，并命名为《软件工程标准指导》(ESA PSS-05-01～11)，读者若有需要，可参照这些文档。

9.5.2 与 DO-178C 的比较

从开始到现在，标准 PSS-05-0 一直都应用于为欧洲航天局开发所有可交付使用的软件，而无论软件是应用于室内还是工业上。因此，该标准适用的工业环境和 DO-178C 的使用环境十分类似。例如，软件需求者/软件开发商之间都存在着多重且复杂的关系，以及都广泛使用先前开发的软件/商用成品软件等。

在对所使用特殊文档的模板和形式进行描述的层级上，ESA 标准更加直接且详细。另外，在每个开发阶段，如软件需求分析或软件结构设计，针对每一个问题，ESA 标准提供了更多的开发指南以供参考，还有专门的技术要求保证。后续的补充文档中还详细提供了进一步的技术支持。与 DO-178C 和其他与安全性相关的标准不同的是，ESA 标准中没有对软件等级进行分级，而只是强调要根据每个项目的要求来选择和组织软件的开发过程。标准将安全性要求列为《软件需求说明书》中必不可少的一部分内容，并进行了简要概述：每一项安全性要求都是为降低软件失效所带来的损害的可能性而制定，并且可以通过一些判定功能评估哪些失效会对人身或财产安全产生危害。其他有关安全性方面的具体要求可见 1990 年 5 月公布的配套系列标准 ESA PSS-01-0。

ESA PSS-05-0 中将软件生命周期过程划分为两个部分：技术过程和管理过程。其中，技术过程主要是指传统的软件生命周期，包括用户需求定义、软件需求定义、软件架构设计、软件详细设计与开发、软件移植以及软件运行与维护等过程；管理过程包括软件项目管理、配置管理、验证与确认以及质量保证等过程，并要求这些过程贯穿于整个技术过程中。

ESA PSS-05-0 中技术过程各阶段输入、活动、输出如下：

(1) 用户需求阶段。

输入：采取多种方式、多种渠道与用户沟通所获得的有关用户需求的一切信息。

活动：确定用户需求，确定运行环境，用户需求具体化(包括用户需求等级分类和用户需求归类)，审查。

输出：用户需求文档，软件需求阶段的项目管理计划，软件需求阶段的系统管理计划。

(2) 软件需求阶段。

输入：用户需求文档，软件需求阶段项目管理计划，软件需求阶段配置管理计划，软件需求阶段验证与确认计划，软件需求阶段质量保证计划。

活动：逻辑模型建立，软件需求具体化，审查(可更详细)。

输出：软件需求文档，软件架构设计计划(进度报告，配置状况明细，审查报告)。

(3) 软件架构设计阶段。

输入:软件需求文档,软件架构设计阶段项目管理计划,软件架构设计阶段验证与确认计划,软件架构设计阶段质量保证计划。

活动:物理模型建立,架构设计具体化,选择编程语言,审查(可更详细)。

输出:软件架构设计文档,软件详细设计计划(进度报告,配置状况明细,审查报告)。

(4) 软件详细设计与开发阶段。

输入:软件架构设计文档,集成测试计划,系统测试计划,软件详细设计阶段项目管理计划,软件详细设计阶段配置管理计划,软件详细设计阶段验证与确认计划,软件详细设计阶段质量保证计划。

活动:细节设计,研发,审查(可更详细)。

输出:代码,软件详细设计文档,软件用户手册,软件移植阶段项目管理计划,转移阶段配置管理计划,转移阶段验证和确认计划,转移阶段质量保证计划。

(5) 软件移植阶段。

输入:代码,软件详细设计文档,软件用户手册,软件验收测试说明书,软件移植阶段项目管理计划,转移阶段配置管理计划,转移阶段质量保证计划。

活动:安装,验收测试,阶段性验收。

输出:阶段性验收报告,阶段性可接受的软件系统,软件移植过程文档。

(6) 软件运行和维护阶段。

输入:阶段性验收报告,阶段性可接受的软件系统,软件移植过程文档。

活动:最终验收过程,维护过程。

输出:最终验收报告,项目历史文档,最终验收合格的软件系统。

ESA PSS-05-0中的一些约束,例如各个开发阶段彼此之间要求的追溯性程度,对需求的测试覆盖,对评审和检查的重点强调,特别是强调要根据相应项目的基线对一系列重大项目进行评审,更改控制的严格程度,都表明了经过ESA标准开发的软件至少能达到DO-178C中C类软件的要求。尽管没有在ESA PSS-05-0中明确指出,但是随着软件危害程度的增加,对软件的开发也要相应地提出更加严格的要求。例如在测试覆盖和验证的独立性上,ESA PSS-05-0中使用了验证(verification)和确认(validation),而在DO-178C中则统一使用验证一词来代替。

9.6 与FDA指南对比分析

9.6.1 标准简介

软件验证通用准则以及对工业和美国食品药品监督管理局(Food and Drug Administration, FDA)员工的指南(General Principles of Software Validation; Final Guidance for Industry and FDA Staff)是FDA制定的有关软件和医疗设备的文件之一。FDA软件认证指南概括了一般的软件确认准则,FDA认为这些准则对于医疗设备软件(设计、开发及制造)的确认也是适用的,适用于任何和规范医疗设备相关的软件。

FDA指南建议将软件生命周期管理和风险管理进行整合,尽管其中没有提供任何明确的软件生命周期模型和整合技术及方法,但指明了软件确认及其验证活动需要在整个软件生命周期内进行操作管理。

当软件是由其他人而不是设备制造者来开发时(如off-the-shelf软件),软件开发者或许没有直接的义务来遵守FDA规则。在这种情况下,应该考虑off-the-shelf软件开发者的活动和通过额外方法来确定软件对于设备制造者的初衷是否一致。

FDA指南是基于一般公认的软件确认准则,所以可以在某种程度上视作通用性的软件方面的指南。其典型适用对象如下:

(1) 医疗设备的组件、部分或配件的软件。

(2) 医疗设备自身的软件。

(3) 设备生产的软件。

(4) 设备制造者质量系统实现的软件。

该指南的主要使用者如下:

(1) 制定医疗设备质量系统规章的人。

(2) 负责设计、开发或者生产医疗设备软件的人。

(3) 负责设计、开发、生产或者采购自动工具的人;其中,自动工具用于设计、开发或者制造医疗设备及其软件工具以自行执行其质量系统。

(4) FDA审查员。

(5) FDA符合性(审查)官员。

(6) FDA科学性评审员。

FDA指南规定,在所有医疗设备规范领域中,都应该考虑最小负担方法

(the least burdensome approach),并应用该方法来达到科学需求和法律需求。

软件确认是《质量系统规章》(quality system regulation)的一个需求,《质量系统规章》于1996年10月7日出版在《联邦注册》(federal register)上,并于1997年6月1日正式生效。FDA指南解释《质量系统规章》问题时引入了软件确认的实现,它提供了软件确认过程管理和控制的指导,并强调不能将软件确认过程管理和控制与其他软件确认的需求混为一谈。

《质量系统规章》把验证和确认作为区别的术语来对待。但是,许多软件工程的文章和教科书交替使用验证和确认,有时候将VV&T(verification, validation and testing)也作为它们的替换。而在FDA指南中,软件验证是指在整个软件发展生命周期内,任一特定阶段的设计输出都能满足该阶段的明确需求,并能提供客观证据。软件验证需要软件的一致、完全、正确及相关的支持文档,并最终得到后续的结论即软件是确认的。软件测试,是软件验证众多活动的一个部分,目的是确认软件的发展输出是否符合其输入需求。软件确认是完成设备设计确认的一部分,FDA对于软件确认的定义是,通过测试和提供客观证据,软件的规格与用户的需求和设计初衷一致,并且特定的需求可通过软件完全一致地实现。通过软件确认,可以提高设备的有用性和可靠性、减少错误发生率、减少召回次数和改正活动、减少给病人和用户带来的风险、减少设备制造者的责任、减少长期成本。

FDA指南主要包括以下几个部分的内容:

1) 软件确认的准则

(1) 时间和努力:为保证软件确认需要时间和努力,应早做准备,并做到有计划性。

(2) 软件生命周期:包括软件工程任务和必要的能支持软件确认努力的文件。

(3) 计划(plans):定义通过软件确认的努力可以实现什么。

(4) 程序(procedures):怎样指导软件确认的努力活动,确定明确的行动。

(5) 变动后的软件确认:设计控制和合适的回归测试,使在软件发生更改时其能够提供软件确认的信心。

(6) 确认覆盖:确认覆盖应该基于软件的复杂度和安全风险。

(7) 评审独立性:自我确认是非常困难的,如果可能的话,则独立评价会更好,尤其是高风险应用。

(8) 弹性和责任:设备制造者在选择怎样应用这些软件确认准则上是有弹

性的，但是要承担保证软件确认的最终责任。

2）软件确认的活动

软件确认通过一系列活动（activities）和任务（tasks）来完成的，这些活动和任务在软件开发生命周期的不同阶段被计划和执行。典型的软件生命周期模型包括的活动如下：

（1）质量计划。

（2）系统需求定义。

（3）详细的软件需求规格。

（4）软件设计规格。

（5）建筑或编码（construction or coding）。

（6）测试。

（7）安装。

（8）操作和支持。

（9）维护。

（10）作废。

3）软件确认的典型任务

支持软件确认的典型任务（tasks）如下：

（1）质量计划编制（quality planning）：设计和开发计划编制应该在这样一个计划中达到顶点，即确认必要的任务、异常报告和解决方案的规程、必要的资源，以及管理评审（review）需求（包含正式的设计评审）。质量计划编制的典型任务（tasks）包括风险管理计划、构型管理计划、软件质量保证计划、问题报告和解决方案规程、其他支持活动。

（2）需求（requirements）：需求开发包括鉴定、分析、设备和它的目标用途（intended use）的信息文档。特别重要的领域包括软硬件系统功能的分配、操作条件、用户特征、潜在风险、预期任务，除此之外，需求中应明确陈述软件的目标用途。需求的典型任务包括最初风险分析、跟踪分析、用户特征的描述、特征罗列和主要及次要内存（memory）的限制、软件需求评估、软件用户接口需求分析、系统测试计划产生（generation）、接受（acceptance）测试计划产生、模糊评审或分析。

（3）设计（design）：在设计过程，软件需求规格（specification）被转换成软件的逻辑和物理展示，软件的设计规格是对软件应该做什么和怎样去做的描述。设计的典型任务包括更新的软件风险分析、设计规格和软件需求彼此的跟踪分析、软件设计评估、设计交流联系分析、模型测试计划产生、集成测试计划产生、测试设计产生（模型、集成、系统、接受）。

（4）构架或编码（construction or coding）：软件的构架可以通过编码（如编程）或在新的应用中组装之前的代码[如代码库（library）、off-the-shelf 软件]。编码是详细的设计规格通过源代码实现的软件活动，是软件开发过程最低级的提取（abstraction）。构架或编码的典型任务包括跟踪分析（源代码和设计规格相互之间，测试用例对源代码和设计规格）、源代码和源代码文件评估、源代码接口分析、测试规程和测试用例产生（模型、集成、系统、接受）。

（5）软件开发者测试：软件测试需要在已知的条件下运行软件产品，即通过设定的输入和证明的输出和之前定义的期望进行对比。这是一个耗时、困难而且不完全（imperfect）的活动。典型任务包括测试计划编制、结构测试用例鉴定（identification）、功能测试用例鉴定、跟踪分析、单元（模型）测试执行、集成测试执行、功能测试执行、系统测试执行、接受测试执行、测试结构评估、错误评估/解决、最终测试报告。

（6）用户场所（site）测试：在用户场所的测试是软件确认的一个基本部分，《质量系统规章》需求安装、检查规程以及表明正确安装的检查和测试文件。典型任务包括接受测试执行、测试结果评估、错误评估/解决、最终测试报告。

（7）维护和软件更改：软件的维护和硬件的维护不同，原因是它们的失效/错误机制不同。典型任务包括软件确认计划修订、异常（anomaly）评估、问题鉴定和方案跟踪、提议更改评估（proposed change assessment）、任务反复、文档更新。

9.6.2　与 DO－178C 的比较

FDA 中的指南讨论了关于提交先前市场上医疗设备中软件用于调整评审过程的一些关键因素。其中，“调整评审”可以近似地等同于 DO－178C 中提到的“审定评审”一词。

表 9.3（FDA 中的表 1）按照要提交给调整评审员审阅的软件文档形式比较了主要、中等、次要这三类关注等级。从表中可以看出，对次要关注等级软件的要求较低，如要比 DO－178C 中 D 类软件在追溯性和配置控制上的要求降低很多。但是和 D 类等级一样，它主要关注的是需求规范和对相应需求的验证（在本标准中，借助“功能测试”）。对于中等和主要关注等级的要求更高，在不强调验证活动独立性的前提下中等关注等级和主要关注等级则分别近似等价于 DO－178C 中的 D 级和 C 级。

表 9.3 提交先前市场上软件做调整评审的文档形式

软件文档	次要关注	中等关注	主要关注
关注等级(确定)	适用于所有关注等级		
软件描述	适用于所有关注等级		
设备危险分析	适用于所有关注等级		
软件需求规范	来自软件需求规范中的软件功能需求	软件需求规范	
结构设计图	提供一个能揭示将软件系统分割成各功能子系统的图	提供一个能揭示将软件系统分割成各功能子系统的图,并列出各功能模块和对该功能模块如何实现其需求的描述	
设计规范	在提交时不需要任何文档	软件设计规范文档	
追溯性分析	在提交时不需要任何文档	需求规范、设计规范、标识出的危害、验证和确认测试这些要保证可追溯	
开发	在提交时不需要任何文档	总结软件生命周期开发计划,包括对构型管理和维护活动的总结	总结软件生命周期开发计划,注释说明开发过程中产生的控制文档,其中包括构型管理和维护计划文档
确认、验证和测试	软件功能测试计划,通过/不通过的准则以及所产生的结果	描述执行在单元级、集成级、系统级上的确认、验证和分析活动,系统级测试的协议包括通过/不通过的准则以及所产生的结果	描述执行在单元级、集成级、系统级上的确认、验证和分析活动,单元测试、集成测试和系统测试的协议包括通过/不通过的准则、测试报告、测试总结和测试产生的结果
修改等级历史	在提交时不需要任何文档	修改历史记录	
未解决的异常(缺陷)	在提交时不需要任何文档	对还存在于设备中的错误和缺陷进行列表,并要解释为什么能确定它们不会影响到设备的安全性或有效性,其中要考虑到操作者的使用和人力因素	
发布版本编号	对所有关注等级都要求版本号和版本日期		

9.7 本章小结

本章通过对几种软件工程相关标准进行介绍,向读者展示了每种软件工程标准的应用背景、其所具有的特征，还为软件开发商提供了一些有用的且相关联的材料和其他资源。DO-178C 与其他软件工程标准相比，总体而言，其对软件等级和生命周期过程的划分和解释说明均较为细致和详尽，体现了机载软件在审定时对于安全性的高度重视。一般通用性软件标准中所规定的内容，大概只相当于到达 DO-178C 中的 C 类或 D 类软件等级。对于可能引起高度危害性的软件，则相当于 DO-178C 中的 B 类和 A 类软件等级的相关要求。诚然，在某些细节之处，有些标准比 DO-178C 的要求更为细致，或者考虑到了 DO-178C 所没有讨论的问题，这些都可作为日后完善 DO-178C 的参照和借鉴。

10 总结和展望

机载软件系统是机载计算机的大脑，它的适航审定是一个复杂的问题，是综合性的、难度较大的工程乃至研究课题。DO－178C 是为机载软件的符合性证明和审查活动提供指导的一套标准，其目的是指导航空机载软件研制，并确保航空机载软件不仅满足飞机和机载系统对其功能和性能的要求，还要具备其航空器预期的运行环境和条件下所要求的安全水平。本书正是从基本思想、过程分析、目标分析、附加考虑等几个方面对该标准进行了深入的介绍和分析，以期读者通过阅读本书能够对该标准有一个初步的了解，并对适航相关人员研究和执行该标准提供参考。

美国和欧洲审查局方自 20 世纪 90 年代起均纷纷采用 DO－178B 作为推荐的民机机载软件适航符合性方法。DO－178B 在于相关审定政策如 FAA AC 20－148《可复用软件模块的批准指南》、FAA AC 20－115B *RTCA，Inc.*、*Document RTCA DO－178B*、FAA AC20－171 *Alternatives to RTCA DO－178B for Software in Airborne Systems and Equipment* 等紧密结合后，在过去的 20 余年里确保全世界民航领域大型运输类航空器未发生因软件故障而造成的灾难性事故。从实际效果来看 DO－178B 很好地满足了民用飞机对机载软件的安全性和适航性要求。

随着软件技术的进步，DO－178B 不能很好地适应新技术的需要。为此新修订 DO－178C 在 2011 年底正式颁布，涵盖了对目前民机机载软件中的主要新技术的使用和适航要求。本书编写之时美国和欧洲适航局方配合最新 DO－178C 系列标准的适航指导材料已经正式发布。DO－178C 系列标准必将在今后一段时间内在民机机载软件领域广泛使用。

我国民机适航研究和实践起步较晚，却也很早就意识到 DO－178B 在机载软件适航领域的重要作用。自 2000 年中国民航颁布针对机载软件审定的适航咨询通告（AC 21－02）《机载系统和设备合格审定中的软件审定方法》以来，国内已经在各类型号和系统的审定工作中全面使用DO-178B作为最常用的适航符合性方法。但由于国内民机机载软件项目数量还比较少，国内对于该标准的研究以及工程实践都还处在起步阶段，取得适航批准的项目数量较发达国家更有较大差距。在我国民机产业发展的道路上，机载软件的适航问题仍然有许多问题需要深入研究和不断探索。

同时，我们也应该看到，虽然国内外已经在许多机型上对DO-178B/C进行了使用，但整个机载软件适航体系的理论和应用仍然处于不断发展和完善之中。理论上，机载软件的适航符合性通常通过两类方法来实现。

一类是通过对软件研制过程进行严密的研制保证过程控制的方法实现。研制保证过程控制是基于以下经验假设：遵循相似的机载软件研制过程并对过程中的偏离进行相应等级的约束，则新研制软件具备与目前民机中正在大量使用的机载软件相当的功能、性能和安全性水平。DO-178C就属于该类方法的代表，其他类似的过程控制标准包括系统以及硬件领域内的DO-254、DO-278A以及SAE ARP-4754A等也在各自的领域发挥相似的作用。然而随着软件技术的发展、机载软件规模的迅速膨胀以及冷战结束后民机产业内的新一轮变革，在不远的将来，上述方法存在的缺陷很可能成为制约民机技术发展的新障碍。

(1) 研制保证过程控制的方法与通常民机适航领域所追求的确定性的符合性方法不同，没有经过严密的论证，其精确性和有效性随着近年来机载软件规模和复杂度不断大幅提升受到影响。

(2) 对于没有相应研制保证过程实施经验，刚刚开展民机机载软件研制的部门往往无法短期内很快掌握，其使用上述方法的效果也参差不齐。然而随着新一轮民机产业技术的发展，特别是众多新兴国家纷纷开始承担民机航空电子系统以及其他重要系统的研制工作，民用系统乃至飞机的适航性受到严重威胁。

(3) 研制保证过程方法对机载软件研制环节进行了大量近乎苛刻的规定，需要耗费大量的人力/物力成本。特别是软件规模和复杂性近年来随着硬件和数据总线性能的大幅度增加的情况下，需要投入成倍数增长的研制时间。对于现今越来越庞大的机载软件，研制保证过程方法已经成为制约软件研制效率乃至整机研制进度的重要因素。

(4) 对于软件行业近年来不断涌现的新技术和新方法，由于缺少相应的研制保证过程实践也很难准确分析其影响，通常难以在民机机载软件中使用。

机载软件的适航符合性的另一类实现方法是通过一些工具、技术和辅助过程等减少在机载软件研制过程中可能引入的错误。该类方法的主要目标是在部分研制阶段替代研制保证过程方法或提高研制保证过程方法的效率。这些方法主要如下：

（1）采用自动化开发工具实现从需求向最终产品转化过程中的自动化转换，可减少人工劳动并降低在人工转化过程中可能引入的错误。例如自动化代码生成工具从需求自动生成代码大幅度降低软件的研制周期和成本，或使用自动化验证工具排查软件中间数据和最终产品中存在的设计缺陷。但目前这类工具都处于研究阶段，仅有小规模应用于实践。并且上述工具自身的可靠性和效率也需要进行适航符合性评价，也面临机载软件适航符合性证明过程中的种种困难。尤其严重的是，如果大规模使用的关键工具中含有致命的缺陷，那么可能影响的将不仅仅是某架飞机而是全球的航空业。这也就不难解释各国政府及工业部门都对这些工具保持谨慎的欢迎态度。

（2）通过需求或设计建模的方法将软件需求、架构和详细设计数据通过模型方法表达，并有望通过模型的转换和仿真的手段实现自顶向下的逐步设计过程，这一方法在其他工业领域已有较为成熟的运用。但应用于机载软件领域后由于机载软件存在较多的状态转换和人机交互，效率并没有如在其他工业领域的情况般理想。民机机载软件领域模型方法运用较多的主要在飞行控制等外部状态较为确定的领域，相较在其他工业领域内的成功运用，民机机载软件模型方法的使用范围和效果大打折扣。

（3）通过形式化表达和证明的方法，将软件的需求使用形式化规约表达，减少了将非形式化的人类语言转换为形式化的逻辑语言过程中可能引入的错误，并且期望通过能被严密数学逻辑证明的形式化方法实现各层级描述间的转换和“精化”。形式化方法有望成为一种确定性的适航符合性方法。但现阶段来看，理解和操作形式化表达式需要对研制人员进行长时间的培训，并且其使用和证明都极其复杂，其人力物力成本并不一定比传统方法更低。也很难寻找能应对各种需求的分析和验证工具。20 多年来国内外都很少有成功的民机机载软件使用案例，还需进行长期的研究和探索。

（4）通过其他研制保证过程的辅助手段提高机载软件研制效率。如对于已经通过适航符合性证明的软件模块在最大范围内复用，在传统研制保证过程方法基础上定义辅助过程，以及将软件研制过程和研制纪律通过计算机和网络手段实现流程整合等。

综上所述，民机机载软件由于其自身的特性，长期依赖通过研制保证过程控制的方法开发并表明适航符合性，虽取得了较好的效果，但研制保证过程方法也存在一些不足。国外学术界和工业界最近 20 年来不断开展各类型替代或辅助方法的研究，然而这些方法还不够成熟。由于 DO - 178C 是对国外工业部门依据其自身经验总结出的研制保证方法，不论是这些已有方法还是正在研究的各类辅助手段都很难完全适应我国工业部门的具体情况。因此，下一阶段迫切需要立足我国国情进行深入细致和针对性的研究，一方面依靠 DO - 178C，另一方面依靠机载软件可靠性和安全性技术，提出机载软件适航性审定的切实可行方法，尽快结合工业实际验证这些方法的适用性，以期尽快解决我国工业部门和审定部门的瓶颈问题，进而提升工业部门的技术水平并在国际适航标准领域抢占话语权。

附录A　DO-178C及其补充文件的目标矩阵表

附录A.1　DO-178C目标矩阵表

以下表格内容参考了DO-178C中定义的具体目标、相关活动和输出。

下面的图例说明适用于解释下面所有表格中“适用的软件等级”和“软件等级控制类别”两项。

图例：	● 要满足该目标的独立性要求 ○ 要满足该目标 （空格）由申请人决定是否满足该目标 ① 数据要满足控制类型别1(CC1) ② 数据要满足控制类型别2(CC2)

表A-1～表A-10可以提供如下指导：

（1）不同等级软件应满足的过程目标。对于E等级软件，参见DO-178C 2.3.3节。

（2）不同等级软件生命周期过程活动是否需要满足独立性要求。

（3）不同等级软件生命周期过程活动生成的软件生命周期数据应满足的控制类别。参见DO-178C 7.3节。

不能将这些表格当作清单使用。为了更好地理解上述指导意见，应参照DO-178C全文。

表A-1　软件计划过程

	目标		活动	适用的软件等级				输出		软件等级控制类别			
	说明	参考	参考	A	B	C	D	数据项	参考	A	B	C	D
1	定义软件生命周期过程活动	4.1.a	4.2.a 4.2.c 4.2.d 4.2.e 4.2.g 4.2.i 4.3.c	○	○	○	○	PSAC SDP SVP SCM计划 SQA计划	11.1 11.2 11.3 11.4 11.5	① ① ① ① ①	① ① ① ① ①	① ② ② ② ②	① ② ② ② ②
2	定义软件生命周期过程，包括过程之间的相互关系、顺序、反馈机制、和转换准则	4.1.b	4.2.i 4.3.b	○	○	○		PSAC SDP SVP SCM计划 SQA计划	11.1 11.2 11.3 11.4 11.5	① ① ① ① ①	① ① ① ① ①	① ② ② ② ②	
3	定义并选择软件生命周期环境	4.1.c	4.4.1 4.4.2.a 4.4.2.b 4.4.2.c 4.4.3	○	○	○		PSAC SDP SVP SCM计划 SQA计划	11.1 11.2 11.3 11.4 11.5	① ① ① ① ①	① ① ① ① ①	① ② ② ② ②	
4	强调其他考虑因素	4.1.d	4.2.f 4.2.h 4.2.i 4.2.j 4.2.k	○	○	○	○	PSAC SDP SVP SCM计划 SQA计划	11.1 11.2 11.3 11.4 11.5	① ① ① ① ①	① ① ① ① ①	① ② ② ② ②	① ② ② ② ②
5	定义软件开发标准	4.1.e	4.2.b 4.2.g 4.5	○	○	○		软件需求标准 软件设计标准 软件编码标准	11.6 11.7 11.8	① ① ①	① ① ①	② ② ②	
6	软件计划满足本文件要求	4.1.f	4.3.a 4.6	○	○	○		软件验证结果	11.14	②	②		
7	协调软件计划的开发与修正	4.1.g	4.2.g 4.6.d	○	○	○		软件验证结果	11.14	②	②	②	

表 A-2 软件开发过程

	目标		活动	适用的软件等级				输出		软件等级控制类别			
	说明	参考	参考	A	B	C	D	数据项	参考	A	B	C	D
1	开发软件高级需求	5.1.1.a	5.1.2.a 5.1.2.b 5.1.2.c 5.1.2.d 5.1.2.e 5.1.2.f 5.1.2.g 5.1.2.j 5.5.a	○	○	○	○	软件需求数据 追溯性数据	11.9 11.21	① ①	① ①	① ①	① ①
2	定义衍生的高级需求，并提供给系统过程，包括系统安全性评估过程	5.1.1.b	5.1.2.h 5.1.2.i	○	○	○	○	软件需求数据	11.9	①	①	①	①
3	开发软件架构	5.2.1.a	5.2.2.a 5.2.2.d	○	○	○		设计描述	11.10	①	①	①	②
4	开发低级需求	5.2.1.a	5.2.2.a 5.2.2.e 5.2.2.f 5.2.2.g 5.2.3.a 5.2.3.b 5.2.4.a 5.2.4.b 5.2.4.c 5.5.b	○	○	○		设计描述 追溯性数据	11.10 11.21	① ①	① ①	① ①	① ①
5	定义衍生的低级需求，并提供给系统过程，包括系统安全性评估过程	5.2.1.b	5.2.2.b 5.2.2.c	○	○	○		设计描述	11.10	①	①	①	
6	编写源代码	5.3.1.a	5.3.2.a 5.3.2.b 5.3.2.c 5.3.2.d 5.5.c	○	○	○		源代码 追溯性数据	11.11 11.21	① ①	① ①	① ①	

（续表）

	目　标		活动	适用的软件等级				输　出		软件等级控制类别			
	说　明	参考	参考	A	B	C	D	数据项	参考	A	B	C	D
7	任何生成的可执行目标代码和参数化数据项文件，都要在目标计算机上集成	5.4.1.a	5.4.2.a 5.4.2.b 5.4.2.c 5.4.2.d 5.4.2.e 5.4.2.f	○	○	○	○	可执行目标代码 参数数据项文件	11.12 11.22	① ①	① ①	① ①	① ①

表 A－3　软件需求过程输出结果的验证

	目　标		活动	适用的软件等级				输　出		软件等级控制类别			
	说　明	参考	参考	A	B	C	D	数据项	参考	A	B	C	D
1	高级需求符合系统需求	6.3.1.a	6.3.1	●	●	○	○	软件验证结果	11.14	②	②	②	②
2	高级需求准确并且一致	6.3.1.b	6.3.1	●	●	○	○	软件验证结果	11.14	②	②	②	②
3	高级需求与目标计算机相兼容	6.3.1.c	6.3.1	○	○			软件验证结果	11.14	②	②		
4	高级需求可验证	6.3.1.d	6.3.1	○	○	○		软件验证结果	11.14	②	②	②	
5	高级需求符合标准	6.3.1.e	6.3.1	○	○	○		软件验证结果	11.14	②	②	②	
6	高级需求可追溯到系统需求	6.3.1.f	6.3.1	○	○	○	○	软件验证结果	11.14	②	②	②	②
7	算法准确	6.3.1.g	6.3.1	●	●	○		软件验证结果	11.14	②	②	②	

表 A－4　软件设计过程输出结果的验证

	目　标		活动	适用的软件等级				输　出		软件等级控制类别			
	说　明	参考	参考	A	B	C	D	数据项	参考	A	B	C	D
1	低级需求符合高级需求	6.3.2.a	6.3.2	●	●	○		软件验证结果	11.14	②	②	②	

（续表）

	目标		活动	适用的软件等级				输出		软件等级控制类别			
	说明	参考	参考	A	B	C	D	数据项	参考	A	B	C	D
2	低级需求准确且一致	6.3.2.b	6.3.2	●	●	○		软件验证结果	11.14	②	②	②	
3	低级需求与目标计算机相兼容	6.3.2.c	6.3.2	○	○			软件验证结果	11.14	②	②		
4	低级需求可验证	6.3.2.d	6.3.2	○	○			软件验证结果	11.14	②	②		
5	低级需求符合标准	6.3.2.e	6.3.2	○	○	○		软件验证结果	11.14	②	②	②	
6	低级需求可追溯到高级需求	6.3.2.f	6.3.2	○	○	○		软件验证结果	11.14	②	②	②	
7	算法准确	6.3.2.g	6.3.2	●	●	○		软件验证结果	11.14	②	②	②	
8	软件架构与高级需求相兼容	6.3.3.a	6.3.3	●	○	○		软件验证结果	11.14	②	②	②	
9	软件架构的一致性	6.3.3.b	6.3.3	●	○	○		软件验证结果	11.14	②	②	②	
10	软件架构与目标计算机相兼容	6.3.3.c	6.3.3	○	○			软件验证结果	11.14	②	②		
11	软件架构可验证	6.3.3.d	6.3.3	○	○			软件验证结果	11.14	②	②		
12	软件架构符合标准	6.3.3.e	6.3.3	○	○	○		软件验证结果	11.14	②	②	②	
13	确定软件分区的完整性	6.3.3.f	6.3.3	●	○	○	○	软件验证结果	11.14	②	②	②	②

表 A-5　软件编码和集成过程输出结果的验证

	目标		活动	适用的软件等级				输出		软件等级控制类别			
	说明	参考	参考	A	B	C	D	数据项	参考	A	B	C	D
1	源代码符合低级需求	6.3.4.a	6.3.4	●	●	○		软件验证结果	11.14	②	②	②	

（续表）

	目标		活动	适用的软件等级				输出		软件等级控制类别			
	说明	参考	参考	A	B	C	D	数据项	参考	A	B	C	D
2	源代码符合软件架构	6.3.4.b	6.3.4	●	○	○		软件验证结果	11.14	②	②	②	
3	源代码可验证	6.3.4.c	6.3.4	○	○			软件验证结果	11.14	②	②		
4	源代码符合标准	6.3.4.d	6.3.4	○	○	○		软件验证结果	11.14	②	②	②	
5	源代码可追溯到低级需求	6.3.4.e	6.3.4	○	○	○		软件验证结果	11.14	②	②	②	
6	源代码准确且一致	6.3.4.f	6.3.4	●	○	○		软件验证结果	11.14	②	②	②	
7	软件集成过程输出结果完整且正确	6.3.5.a	6.3.5	○	○	○		软件验证结果	11.14	②	②	②	
8	参数化数据项文件完整且正确	6.6.a	6.6	●	●	○	○	软件验证用例和规程 软件验证结果	11.13 11.14	① ②	① ②	② ②	② ②
9	完成对参数化数据项文件的验证	6.6.b	6.6	●	●	○		软件验证结果	11.14	②	②	②	

表A-6 集成过程输出结果的测试

	目标		活动	适用的软件等级				输出		软件等级控制类别			
	说明	参考	参考	A	B	C	D	数据项	参考	A	B	C	D
1	可执行目标代码符合高级需求	6.4.a	6.4.2 6.4.2.1 6.4.3 6.5	○	○	○	○	软件验证用例和规程 软件验证结果 追溯性数据	11.13 11.14 11.21	① ② ①	① ② ①	② ② ②	② ② ②
2	可执行目标代码对高级需求具有鲁棒性	6.4.b	6.4.2 6.4.2.2 6.4.3 6.5	○	○	○	○	软件验证用例和规程 软件验证结果 追溯性数据	11.13 11.14 11.21	① ② ①	① ② ①	② ② ②	② ② ②

（续表）

	目　　标		活动	适用的软件等级				输　　出		软件等级控制类别			
	说　明	参考	参考	A	B	C	D	数据项	参考	A	B	C	D
3	可执行目标代码符合低级需求	6.4.c	6.4.2 6.4.2.1 6.4.3 6.5	●	●	○		软件验证用例和规程 软件验证结果 追溯性数据	11.13 11.14 11.21	① ② ①	① ② ①	② ② ②	
4	可执行目标代码对低级需求具有鲁棒性	6.4.d	6.4.2 6.4.2.2 6.4.3 6.5	●	○	○		软件验证用例和规程 软件验证结果 追溯性数据	11.13 11.14 11.21	① ② ①	① ② ①	② ② ②	
5	可执行目标代码与目标计算机相兼容	6.4.e	6.4.3.c	○	○	○	○	软件验证用例和规程 软件验证结果	11.13 11.14	① ②	① ②	② ②	② ②

表 A-7　软件验证过程输出结果的验证

	目　　标		活动	适用的软件等级				输　　出		软件等级控制类别			
	说　明	参考	参考	A	B	C	D	数据项	参考	A	B	C	D
1	测试程序正确	6.4.5.b	6.4.5	●	○	○		软件验证结果	11.14	②	②	②	
2	测试结果正确，并且解释差异性	6.4.5.c	6.4.5	●	○	○		软件验证结果	11.14	②	②	②	
3	完成对高级需求的测试覆盖	6.4.4.a	6.4.4.1	●	○	○	○	软件验证结果	11.14	②	②	②	②
4	完成对低级需求的测试覆盖	6.4.4.b	6.4.4.1	●	○	○		软件验证结果	11.14	②	②	②	
5	完成对软件架构（修正条件/判定覆盖）的测试覆盖	6.4.4.c	6.4.4.2.a 6.4.4.2.b 6.4.4.2.d 6.4.4.3	●				软件验证结果	11.14	②			
6	完成对软件架构（判定覆盖）的测试覆盖	6.4.4.c	6.4.4.2.a 6.4.4.2.b 6.4.4.2.d 6.4.4.3	●	●			软件验证结果	11.14	②	②		

（续表）

	目标		活动	适用的软件等级				输出		软件等级控制类别			
	说明	参考	参考	A	B	C	D	数据项	参考	A	B	C	D
7	完成对软件架构（语句覆盖）的测试覆盖	6.4.4.c	6.4.4.2.a 6.4.4.2.b 6.4.4.2.d 6.4.4.3	●	●	○		软件验证结果	11.14	②	②	②	
8	完成对软件架构（数据耦合和控制耦合）的测试覆盖	6.4.4.d	6.4.4.2.c 6.4.4.2.d 6.4.4.3	●	●	○		软件验证结果	11.14	②	②	②	
9	验证无法追溯到源代码的附加代码	6.4.4.c	6.4.4.2.b	●				软件验证结果	11.14	②			

表 A－8　软件构型管理过程

	目标		活动	适用的软件等级				输出		软件等级控制类别			
	说明	参考	参考	A	B	C	D	数据项	参考	A	B	C	D
1	标识构型项	7.1.a	7.2.1	○	○	○	○	SCM 记录	11.18	②	②	②	②
2	建立基线和可追溯性	7.1.b	7.2.2	○	○	○	○	软件构型索引 SCM 记录	11.16 11.18	① ②	① ②	① ②	① ②
3	建立问题报告，变更控制，变更评审和构型状态纪实机制	7.1.c 7.1.d 7.1.e 7.1.f	7.2.3 7.2.4 7.2.5 7.2.6	○	○	○	○	问题报告 SCM 记录	11.17 11.18	② ②	② ②	② ②	② ②
4	建立归档、检索和发布机制	7.1.g	7.2.7	○	○	○	○	SCM 记录	11.18	②	②	②	②
5	建立软件加载控制	7.1.h	7.4	○	○	○	○	SCM 记录	11.18	②	②	②	②
6	建立软件生命周期环境控制	7.1.i	7.5	○	○	○	○	软件生命周期环境构型索引 SCM 记录	11.15 11.18	① ②	① ②	① ②	② ②

表 A－9 软件质量保证过程

	目标		活动	适用的软件等级				输出		软件等级控制类别			
	说明	参考	参考	A	B	C	D	数据项	参考	A	B	C	D
1	确保软件计划和标准的开发与评审符合本文件的要求以及一致性要求	8.1.a	8.2.b 8.2.h 8.2.i	●	●	●		SQA 记录	11.19	②	②	②	
2	确保软件生命周期过程符合已批准的软件计划	8.1.b	8.2.a 8.2.c 8.2.d 8.2.f 8.2.h 8.2.i	●	●	●	●	SQA 记录	11.19	②	②	②	②
3	确保软件生命周期过程符合已批准的软件标准	8.1.b	8.2.a 8.2.c 8.2.d 8.2.f 8.2.h 8.2.i	●	●	●		SQA 记录	11.19	②	②	②	
4	确保满足软件生命周期过程的转换准则	8.1.c	8.2.e 8.2.h 8.2.i	●	●	●		SQA 记录	11.19	②	②	②	
5	确保对软件进行符合性评审	8.1.d	8.2.g 8.2.h 8.3	●	●	●	●	SQA 记录	11.19	②	②	②	②

表 A－10 审定联络过程

	目标		活动	适用的软件等级				输出		软件等级控制类别			
	说明	参考	参考	A	B	C	D	数据项	参考	A	B	C	D
1	在申请人和审查局方之间建立起沟通和理解	9.a	9.1.b 9.1.c	○	○	○	○	PSAC	11.1	①	①	①	①

(续表)

	目标		活动	适用的软件等级				输出		软件等级控制类别			
	说明	参考	参考	A	B	C	D	数据项	参考	A	B	C	D
2	提出符合性方法，并满足软件审定计划	9. b	9.1.a 9.1.b 9.1.c	○	○	○	○	PSAC	11.1	①	①	①	①
3	提供符合性证明	9. c	9.2.a 9.2.b 9.2.c	○	○	○	○	软件完成综述 软件构型索引	11.20 11.16	① ①	① ①	① ①	① ①

附录 A.2　DO－331 目标矩阵表

DO－331 附录中列举了在开发机载软件时，使用基于模型开发技术和验证技术所涉及的 DO－178C 附录 A 中的目标、相关活动以及输出。在这里，我们没有列出与 DO－178C 中相同的目标，因为差别仅在于多了一些参考内容。在涉及这些目标时读者可参照 DO－331 原文。此处只给出与 DO－178C 相比新增的目标，以 MB 标示出来。

表 MB. A－2　软件开发过程

	目标		活动	适用的软件等级				输出		软件等级控制类别			
	说明	参考	参考	A	B	C	D	数据项	参考	A	B	C	D
MB 8	标识任何对高级需求实现或执行无用的特定模型元件	MB.5.1.1.c	MB.5.1.2.k	○	○	○	○	软件需求数据	MB.11.9	①	①	①	①
MB 9	标识任何对软件架构实现或执行无用的设计模型元件	MB.5.2.1.c	MB.5.2.2.h	○	○	○	○	设计描述	MB.11.10	①	①	①	②

（续表）

	目标		活动	适用的软件等级				输出		软件等级控制类别			
	说明	参考	参考	A	B	C	D	数据项	参考	A	B	C	D
MB 10	标识任何对低级需求实现或执行无用的设计模型元件	MB. 5. 2. 1. c	MB. 5. 2. 2. h	○	○	○		设计描述	MB. 11. 10	①	①	①	

表 MB. A－3　软件需求过程输出结果的验证

	目标		活动	适用的软件等级				输出		软件等级控制类别			
	说明	参考	参考	A	B	C	D	数据项	参考	A	B	C	D
MB 8	仿真用例正确（见项目 2）	MB. 6. 8. 1 MB. 6. 8. 3. 2	MB. 5. 1. 2. k	●	○	○	○	软件验证结果	MB. 11. 14	②	②	②	②
MB 9	仿真规程正确（见项目 2）	MB. 6. 8. 1 MB. 6. 8. 3. 2	MB. 5. 2. 2. h	●	○	○	○	软件验证结果	MB. 11. 14	②	②	②	②
MB 10	仿真结果正确，并且解释差异性（见项目 2）	MB. 6. 8. 1 MB. 6. 8. 3. 2	MB. 5. 2. 2. h	●	○	○		软件验证结果	MB. 11. 14	②	②	②	②

项目 1：如果开发设计模型的需求来自系统过程的输出，则对于这些需求，目标 1 和目标 6 必须满足。

项目 2：补充文件第 6. 8. 1 节规定，表格中目标 1、2、4 或 7 的实现可以使用仿真作为符合性方法。如果使用仿真作为符合性方法，则还需要满足目标 MB. 8、MB. 9 和 MB. 10。

表 MB. A－4　软件设计过程输出结果的验证

	目标		活动	适用的软件等级				输出		软件等级控制类别			
	说明	参考	参考	A	B	C	D	数据项	参考	A	B	C	D
MB 14	仿真用例正确（见项目 1）	MB. 6. 8. 3. 2. a	MB. 6. 8. 1 MB. 6. 8. 3. 2	●	○	○		软件验证结果	MB. 11. 14	②	②	②	
MB 15	仿真规程正确（见项目 1）	MB. 6. 8. 3. 2. b	MB. 6. 8. 1 MB. 6. 8. 3. 2	●	○	○		软件验证结果	MB. 11. 14	②	②	②	
MB 16	仿真结果正确，并且解释差异性	MB. 6. 8. 3. 2. c	MB. 6. 8. 1 MB. 6. 8. 3. 2	●	○	○		软件验证结果	MB. 11. 14	②	②	②	

项目 1：补充文件 6. 8. 1 节规定，表格中目标 1、2、4、7、8、9 或 11 的实现可以使用仿真作为符合性方法。如果使用仿真作为符合性方法，则还需要满足目标 MB. 14、MB. 15 和 MB. 16。

表 MB. A－7　软件验证过程输出结果的验证

	目标		活动	适用的软件等级				输出		软件等级控制类别			
	说明	参考	参考	A	B	C	D	数据项	参考	A	B	C	D
MB 10	仿真用例正确（见项目 2）	MB. 6. 8. 3. 2. a	MB. 6. 8. 3. 2	●	○	○		软件验证结果	MB. 11. 14	②	②	②	
MB 11	仿真规程正确（见项目 2）	MB. 6. 8. 3. 2. b	MB. 6. 8. 3. 2	●	○	○		软件验证结果	MB. 11. 14	②	②	②	
MB 12	仿真结果正确，并且解释差异性（见项目 2）	MB. 6. 8. 3. 2. c	MB. 6. 8. 3. 2	●	○	○		软件验证结果	MB. 11. 14	②	②	②	

项目 1：补充文件 6.8.2 节规定，如果使用仿真作为满足表格中目标 5、6、7 或 8 的符合性方法，则只需要进行第 6.8.2b 中的活动。

项目 2：补充文件 6.8.2 节规定，如果使用仿真作为满足表格 MB.A－6 中目标 1 或 2 的符合性方法，则需要满足这三个目标。

附录 A.3 DO－332 目标矩阵表

DO－332 附录中列举了在开发通信、导航、监测和空中交通管制软件时，使用面向对象技术所涉及的 DO－278A 附录 A 中的目标、相关活动以及输出。在这里，我们没有列出与 DO－278A 中相同的目标，因为差别仅在于多了一些参考内容。在涉及这些目标时读者可参照 DO－332 原文。此处只给出与 DO－178C 相比新增的目标，以 OO 标示出来。

表 OO.A－7 软件验证过程结果的验证

	目标		活动	适用的软件等级				输出		软件等级控制类别			
	说明	参考	参考	A	B	C	D	数据项	参考	A	B	C	D
OO 10	验证局部类型的一致性	OO.6.7.1	OO.6.7.2	●	●	○		软件验证结果	OO.11.14	②	②	②	
OO 11	验证动态内存管理的鲁棒性	MB.6.8.1	OO.6.8.2.a OO.6.8.2.b OO.6.8.2.c OO.6.8.2.d OO.6.8.2.e OO.6.8.2.f OO.6.8.2.g	●	●	○		软件验证结果	OO.11.14	②	②	②	

附录 A.4 DO－333 目标矩阵表

DO－333 附录中列举了在开发机载软件时，使用形式化方法所涉及的 DO－

178C附录A中的目标、相关活动以及输出。在这里，我们没有列出与DO-178C中相同的目标，因为差别仅在于多了一些参考内容。在涉及这些目标时读者可参照DO-333原文。此处只给出与DO-178C相比新增的目标，以FM标示出来。

表 FM. A-3　软件需求过程输出结果的验证

	目标		活动	适用的软件等级				输出		软件等级控制类别			
	说明	参考	参考	A	B	C	D	数据项	参考	A	B	C	D
FM 8	形式化分析用例和规程正确	FM. 6. 3. 6. a FM. 6. 3. 6. b	FM. 6. 3. 6	●	○	○		软件验证结果	11. 14	②	②	②	
FM 9	形式化分析结果正确，并且解释差异性	FM. 6. 3. 6. c	FM. 6. 3. 6	●	○	○		软件验证结果	11. 14	②	②	②	
FM 10	需求形式化正确	FM. 6. 3. i	FM. 6. 3. i	●	●	○		软件验证结果	11. 14	②	②	②	
FM 11	形式化方法被正确定义和证明，并且适合应用	FM. 6. 2. 1	FM. 6. 2. 1. a FM. 6. 2. 1. b FM. 6. 2. 1. c	●	○	○	○	软件验证结果	11. 14	②	②	②	②

表 FM. A-4　软件设计过程输出结果的验证

	目标		活动	适用的软件等级				输出		软件等级控制类别			
	说明	参考	参考	A	B	C	D	数据项	参考	A	B	C	D
FM 14	形式化分析用例和规程正确	FM. 6. 3. 6. a FM. 6. 3. 6. b	FM. 6. 3. 6	●	○	○		软件验证结果	11. 14	②	②	②	

（续表）

	目标		活动	适用的软件等级				输出		软件等级控制类别			
	说明	参考	参考	A	B	C	D	数据项	参考	A	B	C	D
FM 15	形式化分析结果正确，并且解释差异性	FM. 6. 3. 6. c	FM. 6. 3. 6	●	○	○		软件验证结果	11. 14	②	②	②	
FM 16	需求形式化正确	FM. 6. 3. i	FM. 6. 3. i	●	●	○		软件验证结果	11. 14	②	②	②	
FM 17	形式化方法被正确定义和证明，并且适合应用	FM. 6. 2. 1	FM. 6. 2. 1. a FM. 6. 2. 1. b FM. 6. 2. 1. c	●	○	○	○	软件验证结果	11. 14	②	②	②	②

表 FM. A－5　软件编码和集成过程输出结果的验证

	目标		活动	适用的软件等级				输出		软件等级控制类别			
	说明	参考	参考	A	B	C	D	数据项	参考	A	B	C	D
FM 10	形式化分析用例和规程正确	FM. 6. 3. 6. a FM. 6. 3. 6. b	FM. 6. 3. 6	●	○	○		软件验证结果	11. 14	②	②	②	
FM 11	形式化分析结果正确，并且解释差异性	FM. 6. 3. 6. c	FM. 6. 3. 6	●	○	○		软件验证结果	11. 14	②	②	②	
FM 12	需求形式化正确	FM. 6. 3. i	FM. 6. 3. i	●	●	○		软件验证结果	11. 14	②	②	②	
FM 13	形式化方法被正确定义和证明，并且适合应用	FM. 6. 2. 1	FM. 6. 2. 1. a FM. 6. 2. 1. b FM. 6. 2. 1. c	●	○	○	○	软件验证结果	11. 14	②	②	②	②

表 FM. A-7 软件验证过程输出结果的验证

	目标		活动	适用的软件等级				输出		软件等级控制类别			
	说明	参考	参考	A	B	C	D	数据项	参考	A	B	C	D
FM 1	形式化分析用例和规程正确	FM. 6. 7. 2. a FM. 6. 7. 2. b	FM. 6. 7. 2	●	○	○		软件验证结果	11. 14	②	②	②	
FM 2	形式化分析结果正确，并且解释差异性	FM. 6. 7. 2. c	FM. 6. 3. 6	●	○	○		软件验证结果	11. 14	②	②	②	
FM 3	满足对高级需求的覆盖	FM. 6. 7. 1. a	FM. 6. 7. 1. 1	●	○	○	○	软件验证结果	11. 14	②	②	②	②
FM 4	满足对低级需求的覆盖	FM. 6. 7. 1. b	FM. 6. 7. 1. 1	●	○	○		软件验证结果	11. 14	②	②	②	
FM 5—8（见注释）	满足对软件架构的验证覆盖	FM. 6. 7. 1. c	FM. 6. 7. 1. 2 FM. 6. 7. 1. 3 FM. 6. 7. 1. 4 FM. 6. 7. 1. 5	●	●	○		软件验证结果	11. 14	②	②	②	
FM 9	验证源代码和目标代码的性能差异	FM. 6. 7. f	FM. 6. 7	●	●	○	○	软件验证结果	11. 14	②	②	②	②
FM 10	形式化方法被正确定义和证明，并且适合应用	FM. 6. 2. 1	FM. 6. 2. 1. a FM. 6. 2. 1. b FM. 6. 2. 1. c	●	○	○	○	软件验证结果	11. 14	②	②	②	②

注：FM5—8 是一个单一目标，替代 DO-178C 附录表 A-7 中目标 5—8。

附录B　软件合格审定计划案例

软件合格审定计划(PSAC)是概括软件符合性活动以及实现申请方和审查方有效沟通的重要文件。虽然DO－178C 11.1节已经提供了软件审定计划的编写参考，但是在工程实践中研制单位往往会受到以下问题的困扰：

(1) 软件审定计划具体应该包括哪些内容？

(2) 软件计划阶段的所有内容在软件审定计划中应该如何体现？

(3) 作为软件审定计划，如何描述系统研制和审定的相关内容？

为此，本附录以一个按照DO－178B编写的代码库为案例，向读者展示合格的软件审定计划需要包含哪些申请向审查方说明或陈述的问题。该代码库在以下简称为Flib库。

Flib库软件审定计划

本文件是以DO－178C为指导的软件符合性验证计划标准文件，主要描述了系统及其软件的一般性特征、审定考虑、生命周期和生命周期数据以及附加考虑等内容。下面对其主要内容进行简要介绍：

1) 系统概览

Flib库是一个经过DO－178C审定合格的代码库，在开发机载软件时，可以将其当作“事先写好的软件”。换言之，Flib不是一个完整的系统，但可以在不需进一步开发和审定的情况下直接用作机载系统的一个软件组件。该代码库可用于任何由GNU gcc C/C++编译器支持的中央处理器(central processing unit, CPU)，实际上即意味着目前常见的任何32位CPU都支持Flib库。Flib库基本上不依赖硬件也几乎不包含任何硬件信息。由于Flib库是一个可重复使用的代码库，而不是一个完整的系统，因此它不提供任何(保证)安全性相关的内容，仅通过不采用那些很容易误用而降低系统可靠性的功能(如动态内存分配等)等方式来作为(安全性的)基本保证。该代码库实现的系统功能主要包括如下方面：

(1) 定点数据类型(为扩展操作)。

Flib 库要提供一套定点整型数据类型(即其组成数字位数固定的数据类型)。当处理软件与文件或硬件之间的接口时，必须使用定点数据类型以保证其可移植性的最大化。支持定点数的数据类型应该包括 8 位有符号/无符号整型、16 位有符号/无符号整型、32 位有符号/无符号整型，以及 64 位有符号/无符号整型。

(2) 字节存储顺序转换。

Flib 库要提供下述功能：本机 16 位或 32 位整型 CPU 与 16 位或 32 位整型 big-endian 存储格式的转换；本机 16 位或 32 位整型 CPU 与 16 位或 32 位整型 little-endian 存储格式的转换。

(3) 时间保持功能。

Flib 库至少要具备计算(自系统启动开始到目前为止)时间的能力，计量的单位时间建议为 10 ms 或更小。

(4) 字符串及内存操作。

应提供字符串及内存的比较、复制、转换等功能。

(5) 文本显示功能。

应当为数据输出或文本导出提供相关的函数集。建议提供的功能包括(但不限于)定位指向某个特定文本单元的指针以及显示(如以字符串的形式)某个给定文本单元的特征；软件应当能够支持 24 位彩色图像，但不要求硬件配置也同样达到。

(6) 图表显示输出功能。

应当为图表输出和屏幕显示提供相关的函数集。建议提供的功能包括(但不限于)在屏幕上任意位置输出各种字体和不同字号的文本，绘制任意线条或填充区域，支持.bmp 格式的任意图表文件，不管实际硬件的显示能力，软件等级要能够支持 24 位彩色图像。

(7) 键盘输入功能。

键盘数据通过 FIFO 缓存及其相关功能(如从缓存中增加/移除数据等)提供给应用软件。

(8) 文件操作。

应当具备创建或读入文件的能力。具体而言，能够支持如下 Microsoft Windows 或 UNIX 操作系统中的文件系统特征(或与之类似的特征)：子目录结构、长文件名、最多为2 G大小的文件、连续读写文件、随机读文件。但是，不应支持下述特征(或与之类似的特征)：随机写入、时间标记、所有权、许可、共享。

(9) 文件系统无用信息收集。

由于文件系统在概念上是基于闪存的存储中介，无法及时回收使用过后又被再次分配出去的空间。因此，Flib库应当支持无用信息收集功能，将数据块暂时存入随机存取存储器(random access memory, RAM)同时擦除与其相关的闪存，接下来将缓存数据写回闪存，从而实现使用后文件系统空间的回收。

(10) 自动重放。

在文件系统中，以WAV格式文件存储在文件系统中的音频片段要能够通过多媒体数字信号编解码器实现重放。

(11) 串行输入输出。

Flib库应当提供支持简单串行输入输出的功能。“简单”串行输入输出指无奇偶校验位、无同步交换、在自由时间约束或无时间约束下的8位数据传输；可通过将串行数据移入或移出FIFO缓存来实现。

2) 软件概览

Flib库预设的使用环境是用于单CPU的单任务系统或者多CPU无内存共享的单任务系统。该代码库不使用全局可存取内存，而是使用专门分配给Flib的内存空间(这一部分内存其余软件不可使用)；不共享任何信息交换通道，只通过Flib库函数实现兼容性外围设备的信息存取；不提供能够始终保持对CPU控制的功能。因而，与资源共享相关的唯一问题就是RAM和CPU时间的使用比例以及一个Flib函数所需的最大执行时间。Flib库中规定，RAM的使用应当根据特性系统功能需求而尽量减少。但对于CPU的使用没有要求，因此其不适用于对CPU使用限制非常严苛的情况。

由于Flib是一个可重复使用的代码库，而不是一个完整的系统，因此没有关于冗余方面的内容。此外，该代码库不使用多版本互斥软件，不支持容错、缺陷定位以及安全监控。

Flib假设系统中的Flib库函数及所有其他代码单线程执行。应用程序代码无法控制Flib库函数的执行，只有当其终止时才能继续控制其他代码。

3) 审定考虑

该软件适用于DO-178C中C级别软件的审定。由于Flib是一个可重复使用的代码库，而不是一个完整的系统，不需要软件等级的合理性解释，并且没有特定的与审定局方联络、交接的时间安排。由于具体应用环境未知(可能用于软件等级为 A－E 的任何软件开发），无法明确知道 Flib 库如何导致失效条件。

4）软件组件生命周期

对于此项目而言，只有一个软件组件即 Flib 库，因此只包含一个生命周期。Flib 库开发生命周期由计划过程开始。当计划过程结束后，将分为三个独立的过程，分别为软件构型管理过程、软件质量保证过程以及由需求（requirements）过程、设计（design）过程、编码（coding）过程、集成（integration）过程和软件验证（software verification）过程所构成的第三个过程，称为“RDCIV 链”。各过程间的关系及转换如附图 B.1 所示。

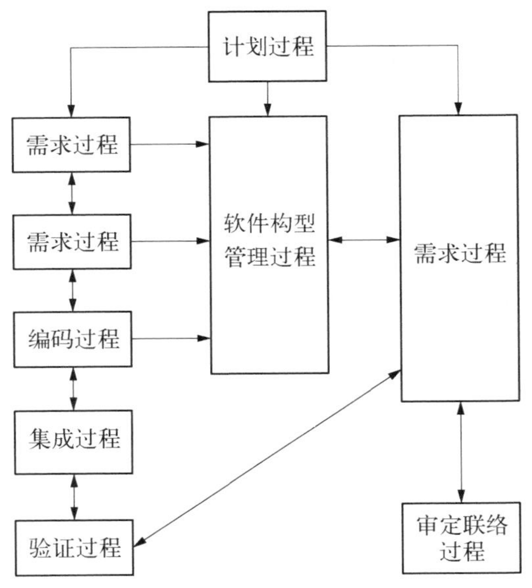

附图 B.1　Flib 库开发生命周期过程

Flib 库的整个开发过程基本依据 DO－178C 中的相应内容执行，具体对应关系如附表 B.1 所示。对于附图 B.1 中的审定联络过程，由于 Flib 开发得到的产品是一个可重复使用的代码库而不是真正的机载设备，所以实际上没有真正的审定联络过程。

附表 B.1　Flib 库的各过程需遵循的 DO－178C 章节对照表

Flib 库	DO－178C
计划过程	第 4 章
需求过程	5.1、6.3.1 节

（续表）

Flib 库	DO-178C
设计过程	5.2、6.3.2、6.3.3 节
编码过程	5.3 节
集成过程	出于可移植性的考虑，无特定要求
验证过程	第 6 章
软件构型管理过程	第 7 章
软件质量保证过程	第 8 章

由于 Flib 库是一个可重复使用的代码库而不是一个完整的机载产品，因此在 Birds 项目中没有特定的提交生命周期数据的环节。所有生命周期数据及 Flib 源代码均可提供给希望使用 Flib 库的软件开发者。

5）工具鉴定

文件规定了两类必须进行鉴定的工具：

(1) 覆盖性测试工具(gcov)，鉴定方法为：创建一个 C 语言程序包含执行或不执行的不同位数的代码，然后用 gcov 测试此代码。

(2) 并发版本控制系统(cvs)，鉴定方法为：创建一套必须归档的数据，重新恢复这些数据，并将之与原始数据进行比较。

除上述内容之外，本文件的第 8、9 章给出了与本文件使用许可权相关的内容，在此不予赘述。

参 考 文 献

[1] LEVESON N. G. Software safety: why, what and how [J]. ACM Computing Surveys, 1986, 18(2): 125 - 163.

[2] VILLEMEUR A. Reliability, availability, maintainability and safety assessment — volume I, methods and techniques [M]. John Wiley and Sons Ltd., 1991.

[3] TERRY G. J. Engineering system safety [M]. London: Mechanical Engineering Publications Ltd., 1991.

[4] LEVESON N. G. Software safety in embedded computer systems [J]. Communications of the ACM, 1991, 34(2): 34 - 46.

[5] 王纬. 航天软件安全性[J]. 质量与可靠性,1992,3: 13 - 14.

[6] KNIGHT J., LITTLEWOOD B. Critical task of writing dependable software [J]. IEEE on Software, 1994, 11(1): 16 - 20.

[7] 郦萌. 安全性苛求系统中关于软件安全性评价的研究[J]. 计算机工程与科学,2002,24(2): 59 - 61.

[8] 宋晓秋. 软件安全性分析的 Petri 网方法[J]. 质量与可靠性,1998,1: 33 - 36.

[9] 杨仕平,桑楠,熊光泽. 安全关键软件的防危性测评技术研究[J]. 计算机学报,2004,4: 442 - 450.

[10] 徐中伟,吴芳美. 形式化故障树分析建模和软件安全性测试[J]. 同济大学学报,2001,29(11): 1299 - 1302.

[11] 周新蕾,刘正高. 航天软件可靠性安全性技术应用发展趋势[J]. 质量与可靠性,1996,3: 41 - 43.

[12] GB/T 11457 - 2006: 软件工程术语[S]. 2006 年 9 月.

[13] 航空无线电技术委员会第 167 特殊委员会. DO - 178B: software considerations in airborne systems and equipment certification [S]. December 1, 1992.

[14] 航空无线电技术委员会第 190 特殊委员会. DO - 248B: final report for clarification of DO - 178B, software considerations in airborne systems and equipment certification [S]. October 12, 2001.

[15] 航空无线电技术委员会第 180 特殊委员会. DO - 254: design assurance guidance for airborne electronic hardware [S]. April 19, 2000.

[16] 航空无线电技术委员会第 205 特殊委员会. DO - 178C: software considerations in airborne systems and equipment certification [S]. December 13, 2011.

[17] 航空无线电技术委员会第 205 特殊委员会 DO－278A：software integrity assurance consideration for communication，navigation，surveillance and air traffic management (CNS/ATM) systems [S]. December 13，2011.

[18] 航空无线电技术委员会第 205 特殊委员会. DO－330：software tool qualification consideration [S]. December 13，2011.

[19] 航空无线电技术委员会第 205 特殊委员会. DO－331：mode-based development and verification supplement to DO－178C and DO－278A [S]. December 13，2011.

[20] 航空无线电技术委员会第 205 特殊委员会. DO－332：object-oriented technology and related techniques supplement to DO－178C and DO－278A [S]. December 13，2011.

[21] 航空无线电技术委员会第 205 特殊委员会. DO－333：formal methods supplement to DO－178C and DO－278A [S]. December 13，2011.

[22] 中国民用航空总局航空器适航司. AC－21－02：机载系统和设备合格审定中的软件审查方法[S]. 2001 年月 20 日.

[23] IEEE－SA Standards Board. IEEE Std 1074－1997：IEEE standard for developing software life cycle processes [S]. December 9，1997.

[24] HILDERMAN V.，BAGHAI T. Avionics certification：a complete guide to DO－178 (Software)，DO－254(Hardware) [M]. Avionics Communications Inc.，2008.

[25] European Aviation Safety Agency (EASA). EASA proposed CM－SWCEH－002 Issue：01 [S]. February 10，2011.

[26] ESA Board for Software Standardisation and Control (BSSC). Ada coding standard [S]. October，1998.

[27] Lockheed Martin Corporation. C++ coding standards for the system development and demonstration program [S]. December，2005.

[28] IEEE－SA Standards Board. IEEE Std 830－1998：IEEE recommended practice for software requirements specifications [S]. June 25，1998.

[29] ACUÑA S. T.，FERRÉ X. Software process modeling [R/OL]. http://is. ls. fi. upm. es/miembros/xavier/papers/processmodelling. pdf.

[30] ROBERT B. Cracking the code：breaking down the software development roles [R/OL]. http://www. developer. com/mgmt/article. php/3490871/Cracking-the-Code-Breaking-Down-the-Software-Development-Roles. htm.

[31] ZHUH. B.，ZHOU M. C.，SEGUIN P. Supporting software development with role [J]. IEEE Transactions on Systems，Man，and Cybernetics-Part A：Systems and Humans，2006，36(6)：11.

[32] 刘林源，朱海滨，姜传贤. 一种基于角色的协同软件开发框架[J]. 科学技术与工程，2005，17：1300－1304.

[33] Certification Authority Software Team. Position paper CAST－26：verification independence [S]. January 2006.

[34] 王勇，于宏坤. 机载计算机系统[M]. 北京：国防工业出版社，2008.

[35] 李培. 机载系统和设备合格审定中的软件要求(上)[J]. 航空电子技术，1990，2：13－21.

[36] 秦显忠. 机载系统和设备软件适航认证最新指导文件——RTCA DO－178B[J]. 航空电子技术，1995，1：23－25.

[37] 张超. 民用航空器适航性技术体系研究[J]. 航空标准化与质量,2010,2: 22 - 26.

[38] 董大为,张学龙. 适航、标准化与民机质量管理体系关系浅析[J]. 航空标准化与质量,2010,3: 18 - 20.

[39] 曹继军,张越梅,赵平安. 民用飞机适航符合性验证方法探讨[J]. 民用飞机设计与研究,2008,4: 37 - 41.

[40] 王云明,宁振波,李翎. 嵌入式开发的标准,进程,方法及工具[EB/OL]. http://www.esterel.com.cn.

[41] 万明,樊晓光,南建国. 航电软件开发标准与过程研究[J]. 计算机工程与应用,2010,19: 71 - 73.

[42] WHALEN M. W., INNIS J. D., MILLER S. P., et al. ADGS - 2100 adaptive display & guidance system window manager analysis. NASA Contractor Report [R]. NASA. USA. 2005.

[43] CORTELLESSA V., CUKIC B., MILI A., et al. Certifying adaptive flight control software [A]. In: Proceedings of the ISACC2000: the software risk management conference, Reston, VA, USA, 24 - 26 September 2000.

[44] VILKOMIR S. A., BOWEN J. P., GHOSE A. K. Formalization and assessment of regulatory requirements for safety-critical software [J]. Innovations in Systems and Software Engineering, 2006, 2: 165 - 178.

[45] DENNEY E., FISCHER B., SCHUMANN J. Using automated theorem provers to certify auto-generated aerospace software [J]. Automated Reasoning, 2004.

[46] LYGEROS J., LYNCH N. On the formal verification of the TCAS conflict resolution algorithms [C]. Proceedings 36th IEEE Conference on Decision and Control. pp. 1829 - 1834. San Diego, CA; UNITED STATES; 10 - 12 Dec. 1997.

[47] TRIBBLE A., MILLER S. Safety analysis of a fight guidance system [C]. In 21st Digital Avionics Systems Conference (DASC'02), volume 2, pages 13C1 - 1 13C1 - 10, Irvine, CA, October 2002.

[48] 靳江红,吴宗之,胡玢. 对功能安全基础标准 IEC61508 的研究[J]. 中国安全生产科学技术,2009,15(2): 71 - 75.

[49] 李佳玉,员春欣. IEC 61508 功能安全国际标准及安全性分析[J]. 中国铁路,2001, 1: 44 - 45.

缩 略 语

AC	advisory circular	咨询通告
API	application programming interface	应用编程接口
ARINC	Aeronautical Radio，Incorporated	美国航空无线电公司
ASIC	application specific integrated circuit	专用集成电路
BSSD	Board for Software Standardization and Control	软件标准与管理委员会
CAAC	Civil Aviation Administration of China	中国民用航空局
CAR	cause analysis and resolve	原因分析和决定
CCA	common cause analysis	共因分析
CM	configuration management	构型管理
CMA	common mode analysis	共模分析
CMM	capability maturity model	能力成熟度模型
CMMI	capability maturity model integration	能力成熟度模型集成
CMOS	Complementary Metal Oxide Semiconductor	互补金属氧化物半导体
CNS/ATM	communication navigation surveillance/air traffic management	通信导航监视/空中交通管理
COTS	commercial off the shelf	商用货架产品
CPU	central processing unit	中央处理器
CTSO	Chinese Technical Standard Order	中国技术标准规定
CTSOA	certificate technical standard order approval	技术标准规定项目批准书
DAL	design assurance level	设计保证等级
DAR	decision analysis and resolve	决策分析和决定
DC	decision coverage	判定覆盖

DD	dependence diagram	依赖图
DER	designated engineering representative	委任工程代表
DME	distance measuring equipment	测距设备
DP	discussion papers	讨论议题
DVD	digital video disk	数字化视频光盘
EOC	executable object code	可执行目标代码
ESA	European Space Agency	欧洲航天局
ETSO	European Technical Standard Order	欧洲技术标准规定
EUROCAE	European Organization for Civil Aviation Equipment	欧洲民用航空设备组织
FAA	Federal Aviation Administration	美国联邦航空局
FAQ	frequently asked questions	常见问题解答
FAR	Federal Aviation Regulations	联邦航空条例
FDA	Food and Drug Administration	美国食品药品监督局
FDAL	function development assurance level	功能研制保证等级
FHA	functional hazard assessment	功能危害评估
FLS	field loadable software	外场可加载软件
FMEA	failure modes and effect analysis	失效模式与影响分析
FMECA	failure mode effects and criticality analysis	失效模式影响及危害性分析
FMES	failure modes and effect summary	失效模式与影响总结
FPGA	field programmable gate arrays	现场可编程门阵列
FTA	fault tree analysis	故障树分析
HLR	high level requirement	高级需求
HMI	human machine interface	人机界面
ICAO	International Civil Aviation Organization	国际民航组织
IDAL	item development assurance level	项目研制保证等级
IEC	International Electrotechnical Commission	国际电工委员会
IMA	integrated modular avionics	综合模块化航空电子
IPM	integration project management	集成项目管理
IT	information technology	信息技术
JAA	Joint Aviation Authorities	欧洲联合航空局

JAR	Joint Aviation Requirements	欧洲联合航空条例
LLR	low level requirement	低级需求
LRU	line replaceable unit	外场可更换单元
LSAP	loadable software aircraft parts	加卸载软件飞行器部件
MA	Markov analysis	马尔可夫分析法
MBDV	model-based development and validation	基于模型的开发和验证
MC/DC	modified condition/decision coverage	修正条件/判定覆盖
MDA	modification design approval	改装设计批准书
MIT	Massachusetts Institute Of Technology	麻省理工学院
MOC	means of compliance	符合性方法
MPS	minimum performance standard	最低性能标准
NASA	National Aeronautics and Space Administration	美国国家航空航天局
NDI	non-development item	非开发项
OID	organizational innovation and deployment	组织创新和部署
OOT	object oriented technology	面向对象技术
OPD	organizational process definition	组织过程定义
OPF	organizational process focus	组织过程焦点
OPP	organizational process performance	组织过程绩效
OSS	option selectable software	可选项软件
OT	organizational training	组织培训
PDS	previously developed software	先前开发软件
PE	programmable electron	可编程电子
PI	product integration	产品集成
PLD	programmable logic device	可编程逻辑器件
PMA	parts manufacture approval	零部件制造人批准书
PMC	Project Management Committee	项目管理委员会
PP	project plan	项目策划
PPQA	process and product quality assurance	过程和产品质量保证
PRA	particular risks analysis	特殊风险分析
PSAC	plan for software aspects of certifications	软件合格审定计划
PSSA	preliminary system safety assessment	初步系统安全性评估

QPM	quantitative project management	定量项目管理
RAM	random access memory	随机存取存储器
RD	requirement development	需求开发
ReqM	requirement management	需求管理
RskM	risk management	风险管理
RTCA	Radio Technical Commission for Aeronautics	航空无线电技术委员会
RTOS	real-time operating system	实时操作系统
SAE	Society of Automotive Engineers	美国汽车工程师学会
SAM	supplier agreement management	供方协议管理
SAS	software accomplishment summary	软件完成综述
SC	statement coverage	语句覆盖
SCI	software configuration index	软件构型索引
SCMP	software configuration management plan	软件构型管理计划
SDP	software development plan	软件开发计划
SEI	Software Engineering Institute	软件工程研究所
SFMECA	software failure mode effects and criticality analysis	软件失效模式影响及危害性分析
SFTA	software fault tree analysis	软件故障树分析
SLECI	software lifecycle environment configuration index	软件生命周期环境构型索引
SOI	stage of involvement	介入阶段
SPICE	software process improvement capability evaluation	软件过程改进能力评估
SQA	software quality assurance	软件质量保证
SQAP	software quality assurance plan	软件质量保证计划
SSA	system safety assessment	系统安全性评估
STC	supplement type certificate	补充型号合格证
SVP	software verification plan	软件验证计划
TC	type certificate	型号审定
TCAS	traffic collision avoidance system	空中防撞系统
TOR	tool operational requirements	工具操作需求
TQA	tool qualification agreement	工具鉴定许可书

TQL	tool qualification level	工具鉴定等级
TQP	tool qualification plan	工具鉴定计划
TS	technical solution	技术解决方案
TSO	Technical Standard Order	技术标准规定
UML	unified modeling language	统一建模语言
UMS	user modifiable software	用户可修改软件
VDA	validation of design approval	设计批准认可证
VSTC	validation of supplement type certificate	补充型号合格认可证
VTC	validation of type certificate	型号认可证
ZSA	zonal safety analysis	区域安全分析

索　　引

S